Handbibliothek für Bauingenieure

Ein Hand- und Nachschlagebuch
für Studium und Praxis

Begründet von Robert Otzen

Neue Reihe
herausgegeben von
Prof. Dr.-Ing. Ferd. Schleicher

Hochbauten der Eisenbahn

Von

Richard Spröggel

Springer-Verlag
Berlin / Göttingen / Heidelberg
1954

Hochbauten der Eisenbahn

Von

Dipl.-Ing. Richard Spröggel

Reichsbahndirektor a. D., Hannover

Mit 266 Abbildungen

Springer-Verlag

Berlin / Göttingen / Heidelberg

1954

ISBN-13: 978-3-540-01808-7   e-ISBN-13: 978-3-642-94627-1
DOI: 10.1007/978-3-642-94627-1

Vorwort.

Als im Jahre 1935 die deutschen Eisenbahnen auf eine 100 jährige Entwicklung zurückblickten, waren ihre Anlagen von einfachsten Anfängen zu hoher Vollendung gediehen. Der steigende Verkehr, größere Lasten, dichtere Zugfolge, größere Geschwindigkeit stellten hohe Anforderungen an den Betrieb, der seinerseits zur Erledigung dieser Aufgaben immer vollkommenerer baulichen Anlagen bedurfte. Seit der Jahrhundertfeier sind nun schon wieder viele ereignisreiche Jahre vergangen. Die Kriegsfolgen stellen neue schwierige Aufgaben für Betrieb und Bau der deutschen Eisenbahnen. Auch die dem Architekten bei den Eisenbahnen gestellten Aufgaben wurden immer vielgestaltiger und reichhaltiger.

Es ist deshalb nicht erstaunlich, wenn Bücher, die sich mit der Gebäudekunde dieser Bauten befassen, bei der oft stürmischen Entwicklung des Verkehrswesens nur für eine begrenzte Zeitdauer volle Gültigkeit haben können.

Das in der „Handbibliothek für Bauingenieure" im Jahre 1920 erschienene Buch über „Eisenbahn-Hochbauten" von C. CORNELIUS war dank der reichen Erfahrungen, welche der verdienstvolle Verfasser in einer langen beruflichen Tätigkeit sammeln konnte, äußerst wertvoll für Studierende und für alle, die beruflich mit dem Eisenbahnhochbau zu tun hatten. Für den Handgebrauch bei den Eisenbahndirektionen war es deshalb besonders nützlich, weil es in knappster Form alles Wesentliche brachte und die amtlichen Bestimmungen der früheren preußisch-hessischen Eisenbahnen berücksichtigte.

Im Vorwort zu seinem Buche teilt der Verfasser mit, daß er es bereits im Jahre 1914 geschrieben hat. Er hat bei dem infolge des ersten Weltkrieges bis zum Jahre 1920 verzögerten Erscheinen nur die Bücherschau durch die in der Zwischenzeit erschienenen Veröffentlichungen ergänzt. Seit der Bearbeitung ist also weit über ein Menschenalter vergangen. Auch CORNELIUS mußte feststellen, daß das etwa ein Menschenalter vor seinem Werk im Jahre 1882 erschienene Buch von E. SCHMITT: „Bahnhöfe und Hochbauten auf Lokomotiveisenbahnen" zu seiner Zeit durch die Entwicklung überholt war.

Verlag und Verfasser haben sich deshalb entschlossen, das Buch von CORNELIUS durch ein völlig neues Werk zu ersetzen.

Dem Verfasser ist es eine angenehme Pflicht, allen denen zu danken, die ihn bei der Abfassung dieses Buches unterstützt haben. Vor allem ist dies der derzeitige Hochbaureferent der Hauptverwaltung der Deutschen Bundesbahn, Herr Bundesbahndirektor KRUG. Ferner haben die Hochbaudezernenten der Bundesbahndirektionen den Verfasser durch die Bereitstellung von Plänen und Lichtbildern in dankenswerter Weise unterstützt. Sehr wertvoll war auch die Hilfe durch die Zentralämter in München und Minden i. Westf., die ihre Richtlinien und Musterblätter zur Verfügung stellten. Darüber hinaus haben die Herren Abteilungspräsident NIEDERSTRASSER, Bundesbahndirektoren DENCKER und FISCHER sowie Bundesbahnrat SCHMIDT, Regensburg, auf ihren Fachgebieten Ratschläge und Hinweise erteilt. Besonders wertvoll war dem Verfasser die Mitarbeit seines Kollegen, Bundesbahnrat KASEL, Regensburg, der das Manuskript sorgfältig durchgesehen hat.

Hannover, Februar 1954. **Richard Spröggel.**

Inhaltsverzeichnis.

Seite

I. Einleitung 1

II. Bauten für Betrieb und Verkehr 3

  A. Empfangsgebäude 3
    1. Allgemeines und Geschichtliches 3
    2. Raumbedarf 15
    3. Raumanordnung 17
      a) Grundformen des Personenbahnhofs 17
      b) Kleine Empfangsgebäude 19
      c) Große Empfangsgebäude in Seitenlage 28
      d) Große Empfangsgebäude in Kopflage 43
      e) Empfangsgebäude des Nahverkehrs 54
    4. Räume für die Reisenden 57
      a) Schalterhalle 57
      b) Warteräume und Wirtschaftsräume 63
      c) Aborte und Waschräume 68
    5. Diensträume 70
      a) Fahrkartenausgabe 70
      b) Gepäckabfertigung 72
      c) Handgepäckaufbewahrung 74
      d) Auskunftstelle 74
      e) Bahnhofskasse 74
      f) Betriebsdiensträume 75
    6. Sonstige Räume 76
      a) Gewerbliche Räume 76
      b) Weitere Sonderräume 78
      c) Dienst- und Mietwohnungen 79
    7. Bahnsteigsperre 79
    8. Bahnsteige 80
      a) Zugänge 80
      b) Bauten auf den Bahnsteigen 80
    9. Baugestaltung 82
   10. Städtebauliche Anordnung 84

  B. Stellwerkgebäude 86
    1. Zweck und Arten 86
    2. Lage und betriebliche Anforderungen, Höhenlage des Stellwerkraumes . . 87
    3. Raumbedarf 89
    4. Baugestaltung und bauliche Einzelheiten 92

  C. Sonstige Betriebsdienstgebäude 101
    1. Gebäude auf Verschiebe- und Betriebsbahnhöfen 101
    2. Schrankenwärterbuden 103

  D. Güterhallen und Güterabfertigungen 104
    1. Allgemeines 104
    2. Güterhallen 105
      a) Zweck, Größe und Form 105
      b) Bauliche Durchbildung 108
      c) Nebenanlagen 114
    3. Güterabfertigungsgebäude 117
      a) Zweck, Lage und Größe 117
      b) Raumbedarf und Raumanordnung 121
      c) Bauliche Einzelheiten und innere Ausstattung 123

Seite

III. Bauten für den Maschinendienst 126

  A. Allgemeines 126

  B. Betriebsmaschinendienst 127

    1. Lokomotivhallen 127

      a) Allgemeines über Lokomotivbetriebswerke 127

      b) Zweck der Lokomotivhallen 127

      c) Grundform 128

      d) Zahl, Anordnung und Abmessungen der Stände 130

      e) Bauweise 135

      f) Tore und Fenster 141

      g) Arbeits- und Untersuchungsgruben 143

      h) Lüftung und Rauchabführung 145

      i) Entwässerung 148

      k) Kanäle für Versorgungsleitungen 148

      l) Heizung 149

      m) Elektrische Anlagen 149

      n) Werkstätten 150

    2. Wagenhallen 150

      a) Allgemeines über Wagenbehandlungsanlagen 150

      b) Grundform und Abmessungen der Wagenhallen 151

      c) Raumbedarf für Werkstätten und Nebenräume 154

      d) Bauliche Durchbildung und Ausstattung 158

      e) Entseuchungsanlagen für Personen- und Güterwagen 159

    3. Lagerhäuser 160

    4. Wassersammelbehälter 165

    5. Hochbauten für elektrische Anlagen 170

      a) Hochbauten für die elektrische Zugförderung 170

      b) Hochbauten für die Stromversorgung der stationären Licht- und Kraft-

        anlagen 173

  C. Eisenbahnausbesserungswerke 174

IV. Bauten für die Verwaltung 183

  A. Allgemeines 183

  B. Geschäftsgebäude der Eisenbahndirektionen 184

  C. Dienstgebäude der Ämter 194

  D. Bahnmeistereien 197

  E. Bahnselbstanschlußämter 197

V. Wohlfahrtseinrichtungen 198

  A. Allgemeines 198

  B. Aufenthaltsgebäude und Speiseanstalten 199

  C. Übernachtungsgebäude 204

    1. Zweck, Lage, Bauweise 204

    2. Größe 205

    3. Raumanordnung 206

    4. Bauliche Einzelheiten 208

    5. Heizung und Lüftung 208

  D. Bäder und Aborte 209

    1. Bäder 209

    2. Aborte 210

  E. Ledigenheime 211

  F. Erholungsheime, Heilstätten, Waisenhorte 211

Literaturverzeichnis 215

I. Einleitung.

Die hochbautechnischen Aufgaben, welche das Eisenbahnwesen dem Architekten stellt, sind vielseitiger, als im allgemeinen angenommen wird. Dem Fernerstehenden mag vielleicht nur das dem Reiseverkehr dienende Empfangsgebäude als solche Aufgabe ins Auge fallen. Der Reisende tritt oft nur in diesem Gebäude mit dem Eisenbahnwesen in Beziehung und bezeichnet es gemeinhin als den Bahnhof, während es in Wirklichkeit nur ein allerdings städtebaulich besonders wichtiger Teil des Personenbahnhofes ist. Der Kunde der Eisenbahn tritt im übrigen im Güterverkehr mit der Güterabfertigung in Beziehung. Zu diesen der Öffentlichkeit zugängigen Hochbauten kommen die für die Verwaltung, für den Betrieb, Lokomotiv-, Wagen- und Werkstattdienst. Zu erwähnen ist ferner die Gruppe der Wohlfahrtsbauten, Aufenthalts- und Übernachtungsgebäude sowie Wohngebäude für die Bediensteten. Auf großen Bahnhöfen werden Wohngebäude oft zu Siedlungen zusammengefaßt und erfordern dann alle dazu nötigen Anlagen, wie Schulen, Kirchen, Kindergärten, Wäschereien usw. Nicht selten treten solche Bauaufgaben an den Eisenbahnarchitekten heran. Die neueste Entwicklung hat es ferner mit sich gebracht, daß auch der Kraftwagen bei den Eisenbahnverwaltungen eine nicht unerhebliche Rolle spielt, wofür Unterstell-, Werkstatt-, Dienst- und Personalräume nötig sind, die auf großen Stationen zu Kraftwagenbetriebswerken (Kbw) zusammengefaßt werden.

Der Sinn eines Buches über Hochbauten der Eisenbahnen kann jedoch nur sein, solche Bauten zu behandeln, deren Einrichtungen durch die besonderen Erfordernisse des Eisenbahndienstes *wesentlich* beeinflußt werden. Trotz der vom Verlage entgegenkommenderweise zugestandenen Verstärkung des Bandes, hat der Verfasser deshalb abweichend von CORNELIUS darauf verzichtet, auf die Wohnungsbauten näher einzugehen, um die Eisenbahnhochbauten im engeren Sinne ausführlicher behandeln zu können. Es ist dies um so nötiger, als neue Erkenntnisse und neue Erfordernisse bei manchen dieser Bauten zu berücksichtigen sind.

Auch von der Beschreibung bahneigener Anlagen für nicht schienengebundene Fahrzeuge (Kraftwagenbehandlungsanlagen) wird hier abgesehen. Dagegen müssen die durch die Elektrifizierung der Eisenbahn erforderlich werdenden Hochbauten in die Betrachtung einbezogen und der Einfluß der Elektrifizierung auf gewisse Hochbauten berücksichtigt werden. So erwünscht die Heranziehung ausländischer Beispiele zum Vergleich auch gewesen wäre, so mußte doch aus Raumgründen hiervon abgesehen werden. Es kommt hinzu, daß ausländische Anlagen nicht ohne weiteres mit deutschen verglichen werden können, weil andere Betriebs- und Verkehrsverhältnisse dabei berücksichtigt werden müßten. Die Entwicklung der Gebäudetypen aus den deutschen Gewohnheiten des Eisenbahnwesens ergibt deshalb ein einheitlicheres Bild bei einem kurz gefaßten Handbuch. Die Bearbeitung beruht auf den bei der früheren Deutschen Reichsbahn geltenden Bestimmungen, z. T. auch auf Richtlinien, die neuerdings bei der Deutschen Bundesbahn, vor allem bei den Eisenbahnzentralämtern, erarbeitet worden sind.

Nicht alle Eisenbahnhochbauten gehören zu den Eisenbahnanlagen im engeren Sinne. Verwaltungs- und Wohngebäude sowie ein Teil der Wohlfahrtsbauten liegen oft außerhalb der Gleisanlagen und ihrer Einfriedigung gleich anderen

Hochbauten an öffentlichen Straßen und Plätzen. Damit ist rechtlich allerdings nicht ohne weiteres gesagt, daß sie nicht zu den Eisenbahnanlagen gehören. Für die baurechtliche Behandlung dieser Bauten der Deutschen Bundesbahn z. B. ist maßgebend, ob sie zu den Eisenbahnanlagen gehören oder nicht. Eisenbahnanlagen sind nach Ziff. 3 der Richtlinien über die Planfeststellung bei Reichseisenbahnanlagen (Bauten, Grundstücke únd feste technische Einrichtungen), die der Abwicklung und Sicherung des Verkehrs- und Betriebsdienstes dienen. Es ist also z. B. zu berücksichtigen, daß viele Bahnselbstanschlußämter, die in Verwaltungsgebäuden untergebracht sind, für dieses ganze Gebäude die Eigenschaft als Eisenbahnanlage begründen. Für diese Eisenbahnanlagen ist nach § 36 des BBahnG vom 13. 12. 1951 der höheren Verwaltungsbehörde im Planfeststellungsverfahren Gelegenheit zur Stellungnahme zu geben, wenn die Pläne ihren Geschäftsbereich berühren. Bei Hochbauten, die nicht zu den Eisenbahnanlagen gerechnet werden, findet kein Planfeststellungsverfahren statt. Für diese Bauvorhaben bedarf es vielmehr der Anzeige an die höhere Baupolizeibehörde nach der Verordnung vom 20. 11. 1938 über die baupolizeiliche Behandlung von öffentlichen Bauten.

Ist so für die baurechtliche Stellung von Eisenbahnhochbauten die Lage am Schienenstrang nicht ohne weiteres entscheidend, so ist sie in bautechnischer Beziehung stets von größter Bedeutung. Die Hochbauten, die der Abwicklung des Verkehrs zwischen Straße und Schiene dienen, sind für den Reiseverkehr das Empfangsgebäude und für den Güterverkehr die Güterhalle. Diese müssen also den Anforderungen beider Verkehrswege entsprechen. Auch Betriebsbauten, die am Rande der Eisenbahnanlagen liegen, müssen diesen Anforderungen genügen. Andere Hochbauten liegen inmitten der Gleisanlagen. Bei ihnen muß auf die Bedingungen und Gefahren des Schienenverkehrs besondere Rücksicht genommen werden.

Die wesentlichste dieser Bedingungen ist die Freihaltung des Verkehrsraumes für die Eisenbahnfahrzeuge. Dieser Verkehrsraum ist in der Eisenbahn-Bau- und Betriebsordnung (BO) durch den Regellichtraum (Anlage B) festgelegt, der hinsichtlich der oberen Umgrenzung auf Strecken mit elektrischer Oberleitung durch Anlage C ergänzt wird. Bei jedem Entwurf für Eisenbahnhochbauten, die unmittelbar an den Gleisen liegen, müssen also die Bestimmungen der BO hinsichtlich des Regellichtraumes beachtet werden. Zweckmäßig wird deshalb in den Gebäudeschnitten quer zur Gleisachse stets die Umgrenzung des lichten Raumes nach der Anlage B oder C für das nächstgelegene Gleis eingetragen, um sicherzustellen, daß alle Bauteile, wie Wände, Dächer, Stützen, Bahnsteigkanten, Rampen usw., nicht in den Regellichtraum einspringen. Auch nach außen aufgehende Türen oder Fenster dürfen nicht in den Regellichtraum einschlagen. Türen in der Gebäudeumfassung sollen möglichst nicht nach außen aufschlagen. Kann dies aus baupolizeilichen oder anderen Gründen nicht vermieden werden, so sollten sie in Nischen liegen. Hierdurch wird eine Gefährdung durch den Eisenbahnbetrieb verringert. Offenstehende Türflügel sind gegen Wind und Wetter geschützt. Die bauliche Betonung des Eingangs ist oft erwünscht. Tore, durch die Eisenbahnfahrzeuge einfahren, müssen entsprechende Maße aufweisen. Ihre Torflügel müssen in geöffnetem Zustande so festgestellt werden können, daß das erforderliche Durchfahrtmaß an allen Stellen erhalten bleibt.

Bei dicht an Gleisen liegenden Gebäuden sind Türen an der Gleisseite zu vermeiden. Ist dies nicht möglich, so muß durch außerhalb des Regellichtraums vor der Tür anzuordnende Schranken sichergestellt werden, daß Heraustretende dem Fahrzeug nicht zu nahe kommen können.

Gebäude sollen möglichst nicht hinter dem Prellbock eines Stumpfgleises liegen. Läßt sich dies nicht vermeiden, so sind zum Schutz des Gebäudes besondere Vorkehrungen zu treffen (Besandung des Stumpfgleises, Anordnung eines

Bremsprellbockes u. dgl.). Stützen von Bauwerken, die bei Entgleisungen dem Anprall von Fahrzeugen ausgesetzt sein können (z. B. bei Brücken- oder Pilzstellwerken), sind durch Betonklötze zu schützen.

Dienstgebäude innerhalb der Gleisanlagen sind zugängig zu machen, ohne daß verkehrsreiche Gleise überschritten werden müssen.

II. Bauten für Betrieb und Verkehr.

A. Empfangsgebäude.

1. Allgemeines und Geschichtliches.

Das Empfangsgebäude dient dem Reiseverkehr. Es enthält die für den Verkehr der Reisenden zu und von den Zügen erforderlichen öffentlichen Räume sowie die für die Eisenbahnbediensteten bei der Abwicklung des Reiseverkehrs nötigen Dienst- und Aufenthaltsräume. Aus diesen Bedürfnissen ergeben sich auf großen Bahnhöfen mehrere Raumgruppen mit zahlreichen Räumen sehr verschiedener Größe und Bedeutung. Auf kleinen Bahnhöfen verringert sich die Zahl und Größe dieser Räume bis zu je einem Dienst- und Warteraum bei kleinsten Anlagen.

Beim Bau der ersten Eisenbahnen gab es für diese Gebäude, abgesehen etwa von Posthöfen, naturgemäß keine Vorbilder. Auch konnte die Entwicklung des Eisenbahnverkehrs damals keineswegs in vollem Umfange vorausgesehen werden. Trotzdem setzten schon bald Bestrebungen ein, unter Berücksichtigung der gemachten Erfahrungen, Grundsätze für die Gestaltung dieser neuen vorbildlosen Bauten zu erarbeiten und zu einer Vereinheitlichung der Verkehrsanlagen zu kommen. So wurde bereits 1846 der „Verein deutscher Eisenbahnverwaltungen" gegründet, der 1850 Grundzüge für die Gestaltung der Eisenbahnen herausgab. Darin heißt es hinsichtlich der Empfangsgebäude: „Für die Ankunft und Abfahrt der Personenzüge sind gedeckte Hallen die beste Einrichtung. Es müssen darin ankommende und abgehende Züge zugleich auf beiden Seiten Platz finden (§ 51). Im Empfangsgebäude sind folgende Räume erforderlich: eine geräumige Vorhalle, welche gegen die Straße abgeschlossen werden kann, in Verbindung mit der Billett- und Gepäckexpedition, ein Postraum und mindestens zwei Wartesäle mit Restauration. Ferner ein Büro für den Bahnhofsvorsteher, ein Telegraphenzimmer und eine Stube für den Schaffner. Die Wartesäle und die Güterexpedition müssen mit der Wagenhalle in direkter Verbindung stehen. Im Gebäude selbst oder in direktem bedachtem Zusammenhange mit demselben sind Retiraden vorzusehen (§ 52). An die Seite der Halle für ankommende Züge schließt sich die Gepäckausgabe und nötigenfalls eine Zollabfertigung. Auch an dieser Seite sind Retiraden nötig. Das Einsteigen in Droschken und Equipagen soll unter Dach stattfinden können."

Später kam hinzu: „Auch ist, besonders auf Übergangsstationen, Sorge zu tragen, daß die Reisenden vom Perron aus sowohl die Billett- und Gepäckschalter erreichen als auch den Bahnhof verlassen können, ohne die Wartesäle passieren zu müssen." Die Richtlinien von 1850 lassen erkennen, daß sie sich vor allem auf für damalige Verhältnisse größere Bahnhöfe beziehen. Meist waren es die als Kopfbahnhöfe ausgebildeten Endbahnhöfe in größeren Städten, da damals noch kein geschlossenes Netz vorhanden war. Ein noch bis in die neueste Zeit benutztes Gebäude dieser Art ist das im Jahre 1846 fertiggestellte Empfangsgebäude des Hauptbahnhofes in Braunschweig (Abb. 1 u. 2).

Nach 1870 bahnten sich infolge veränderter Verhältnisse und der Verkehrssteigerung Entwicklungen der Gesamtanlagen an, die auch auf das Empfangsgebäude von Einfluß waren. Die Verstaatlichung ermöglichte eine Zusammenfassung getrennter Systeme, was zur Folge hatte, daß in großen Städten die früheren einzelnen Endbahnhöfe der verschiedenen Strecken zu einem Hauptbahnhof zusammengefaßt wurden. Nicht immer führte dies zum Bau von Durchgangsbahnhöfen. In Frankfurt (Main) und später in Leipzig wurde z. B. die Form des Kopfbahnhofes beibehalten. In Berlin blieben einzelne Kopfbahnhöfe

Abb. 1. Ansicht von NW.

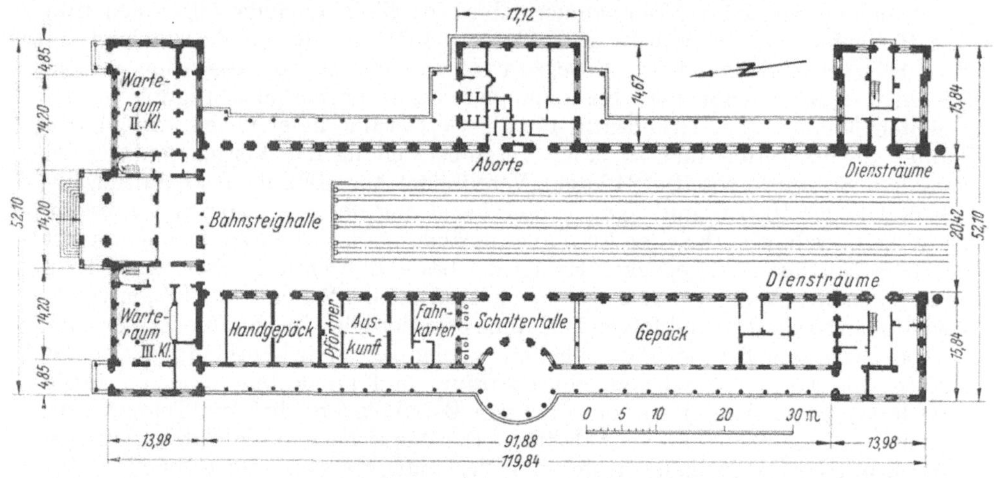

Abb. 2. Ursprünglicher Grundriß.
Abb. 1 und 2. Empfangsgebäude Braunschweig 1846.

bestehen, und die Strecken der Ost-West-Richtung wurden durch die Stadtbahn verbunden, was den Bau von Empfangsgebäuden in besonderer Form zur Folge hatte. Ähnliche Lösungen fand man in Hamburg und Dresden, was auch dort die Planung der Empfangsgebäude stark beeinflußte.

Mit dem zunehmenden Verkehr sowohl auf der Bahn als auch auf den großstädtischen Straßen ist man schon bald nach 1870 in Deutschland dazu übergegangen, die beiden Verkehrswege in verschiedene Höhen zu legen, so daß gleisfreie Kreuzungen erzielt wurden. Der erste moderne Durchgangsbahnhof mit dem Empfangsgebäude in Seitenlage ist der Ende der siebziger Jahre erbaute Hauptbahnhof in Hannover, der deshalb für viele ähnliche Anlagen im In- und Auslande als Vorbild gedient hat.

Das Empfangsgebäude ist in seiner ursprünglichen Form in Abb. 3 u. 4 dargestellt. Es wurde an Stelle des ehedem vorhandenen Gebäudes und in der gleichen Höhenlage errichtet unter Beibehaltung des Vorplatzes. Der Bahnkörper wurde jedoch so weit gehoben, daß seitlich des Empfangsgebäudes Straßen unter den Gleisen durchgeführt werden konnten. Damit ergab sich die Möglichkeit,

Abb. 3. Ansicht (mit späteren Vorbauten vor den Seitenflügeln für die Fahrkartenausgaben).

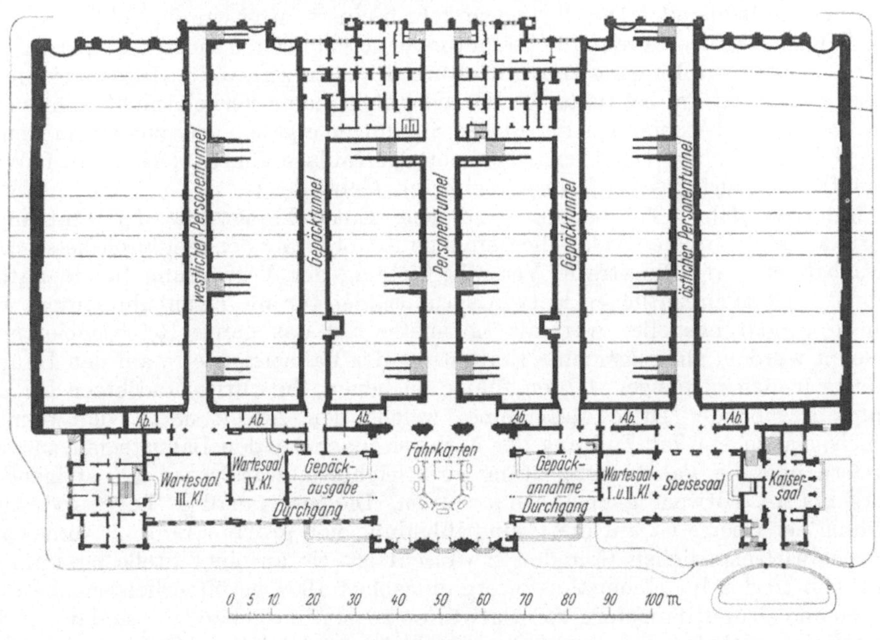

Abb. 4. Ursprünglicher Grundriß.

Abb. 3 und 4. Empfangsgebäude Hannover Hbf. 1877—79.

auch die Reisenden und das Gepäck durch Tunnels über Treppen und Aufzüge zu den Bahnsteigen gelangen zu lassen und diese damit ohne Gleisüberschreitung zugängig zu machen.

Den Bedürfnissen zur Zeit der Erbauung entsprach das Gebäude in großzügiger und zweckmäßiger Weise. Im Zuge der späteren Entwicklung und späterer Erkenntnisse zeigten sich folgende Nachteile, deren Erörterung uns den Weg der künftigen Entwicklung zeigen kann: Der Bahnkörper ist unmittelbar an das Gebäude herangerückt, so daß eine ausreichende Belichtung der Erdgeschoßräume auf dieser Seite schwierig ist. Die Fahrkartenausgabe war zunächst als freistehender hölzerner Pavillon in die Mittelhalle eingebaut. Dies war für die Schalterbelichtung unzweckmäßig, so daß man sich bald entschloß, als die Zahl der Schalter nicht mehr ausreichte, neue Fahrkartenausgaben vor beiden Seitenflügeln zu bauen.

Der äußeren Symmetrie entsprach die Anordnung der Haupträume im Innern. In beiden Seitenflügeln waren, getrennt voneinander, Wartesäle vorhanden, was die Bewirtschaftung erschwerte. Auch die Bahnsteigtunnels wurden symmetrisch angelegt und in ungewöhnlich großer Zahl, nämlich drei, vorgesehen. Für die beiden zwischen den Personentunnels liegenden Gepäcktunnels war diese Anordnung nicht besonders nachteilig. Von der Schalterhalle rechts liegt in Verbindung mit der Gepäckannahme der Tunnel für abgehendes, links in Verbindung mit der Gepäckausgabe der für ankommendes Gepäck. Diese Anordnung entspricht dem Weg der Reisenden bei Rechtsverkehr, ist insofern also günstig. Die Trennung des Gepäckverkehrs bewirkte *Personalmehrverbrauch* bei schwachem Verkehr. Größere Nachteile ergaben sich durch die Anlage von drei Tunnels für den Personenverkehr. Der mittlere ging von der Mittelhalle aus und hätte zunächst wohl allein genügt. Die beiden Seitentunnel führen durch die Wartesäle und sollten zur Bequemlichkeit der dort befindlichen Reisenden dem unmittelbaren Zugang von den Wärtesälen zu den Bahnsteigen dienen. Es wurde aber bald als unangenehm empfunden, daß der ruhige Aufenthalt in den Wartesälen durch den entstehenden Durchgangsverkehr beeinträchtigt wurde. Bei Einführung der Bahnsteigsperre wurden die Seitentunnel geschlossen, da man die Sperranlage an einer Stelle, am Eingang zum Mitteltunnel, vereinigen wollte. Dieser reichte in seiner Breite von 7 m bei später immer mehr steigendem Verkehr nicht mehr allein aus, so daß sich besonders an der Sperre Stauungen ergaben, was zu verschiedenen vergeblichen Verbesserungsversuchen der Sperranlage führte. (Abb. 5 u. 6 Wiederaufbauentwurf des im Kriege zerstörten Gebäudes.)

Mit dem Jahr 1895 beginnt eine neue Entwicklungsstufe der Empfangsgebäude, deren äußerer Anlaß die damalige Neuordnung der preußisch-hessischen Eisenbahnen war. Die straffe Vereinheitlichung der Verwaltung führte naturgemäß auch zu einheitlichen Entwurfsgrundsätzen für alle Eisenbahnbauten, was um so bedeutungsvoller war, als sie später auf das ganze Reichsgebiet ausgedehnt wurden. Die allgemeine Einführung der Bahnsteigsperre auf den Hauptbahnen in den neunziger Jahren führte zu neuen Entwurfsgrundsätzen für die Empfangsgebäude. Diese Maßnahme, welche den Zweck hatte, den damals üblichen allzu starken Zudrang der Nichtreisenden zu den Bahnsteigen zu verhindern und die Fahrkartenprüfung zu erleichtern, war wegen des steigenden Verkehrs als notwendig angesehen worden. Die zweckmäßige Lage und Ausbildung der Sperre ist auf die Grundrißbildung von großem Einfluß, zumal aus personalwirtschaftlichen Gründen erwünscht ist, sie an einer Stelle zusammenzufassen. In den im Eisenbahn-Verordnungsblatt 1901 veröffentlichten „Grundsätzen und Grundrißmustern von Entwürfen zu Stationsgebäuden" sind die neuen Richtlinien enthalten, die, zunächst für kleine und mittlere Gebäude gedacht, sich auch für große Anlagen sinngemäß anwenden lassen und bis heute ihren Wert nicht verloren haben. Bereits die vor 1903 erbauten Empfangsgebäude in Essen (Ruhr) und Koblenz zeigen deren Einfluß. In den Grundsätzen heißt es unter anderem: „Das Stationsgebäude ist derart anzuordnen, daß der Reisende nach dem Eintritt in das Gebäude die Lage der wichtigsten Räume überblicken kann und daß auf dem Wege zum Fahrkartenschalter, zur Gepäckabfertigung und zu den Warteräumen oder unmittelbar zum Bahnsteig eine Kreuzung der Verkehrsrichtungen möglichst vermieden wird. Da rechts ausgewichen zu werden pflegt, so ist der Fahrkartenschalter und die Gepäckabfertigung tunlichst zur Rechten der Eintretenden anzuordnen. Wird der Fahrkartenschalter, wie dies

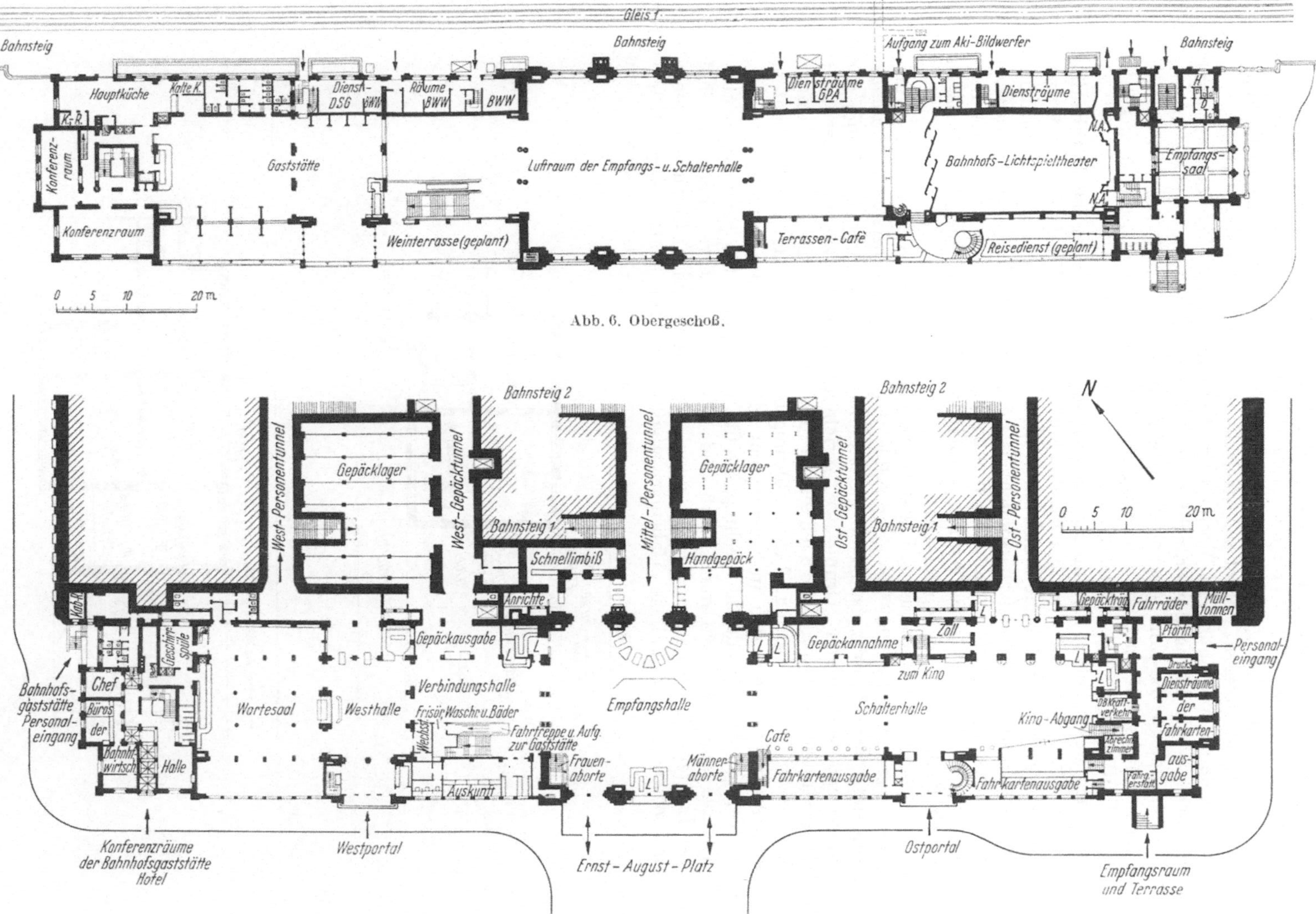

Abb. 6. Obergeschoß.

Abb. 5. Erdgeschoß.
Abb. 5 und 6. Empfangsgebäude Hannover Hbf. Wiederaufbauentwurf.

auf kleinen und Übergangsstationen zweckmäßig sein kann, zunächst dem Bahnsteige angelegt, so ist für einen unmittelbaren Ausgang von der Gepäckabfertigung
zum Bahnsteige zu sorgen. Die Zahl der Ein- und Ausgänge, an denen die Fahrkarten geprüft werden, richtet sich nach der Art und Stärke des Verkehrs.

Bei deren Anordnung ist Vorsorge zu treffen, daß zur Fahrkartenprüfung
möglichst wenig Personal gebraucht wird, z. B. bei schwachem Verkehr für alle
Klassen und für Zu- und Abgang ein Bediensteter ausreicht." Die Warteräume
sollen tunlichst auf einer Seite des Eingangs vereinigt werden (also meistens links
vom Eintretenden) (Abb. 7 bis 11).

Einen wesentlichen Einfluß auf die Entwicklung der Eisenbahnhochbauten
in dieser Zeit hatte der damalige Hochbaureferent in den Eisenbahnabteilungen
des preußischen Ministeriums der öffentlichen Arbeiten, ALEXANDER RÜDELL,
dessen ausgeprägte Künstlerpersönlichkeit im In- und Auslande hohes Ansehen
genoß, so daß er nicht nur bei allen preußischen Neubauten, sondern auch darüber hinaus bei Wettbewerben für zahlreiche außerpreußische große Anlagen
seinen Einfluß geltend gemacht hat.

Die von ihm vertretenen Anschauungen sind aus einer Aufsatzreihe in den
Jahrgängen 1902 bis 1909 des „Zentralblatts der Bauverwaltung" über damals
errichtete neue Empfangsgebäude zu entnehmen. Diese unter Beachtung der
vorstehend behandelten „Grundsätze" errichteten Gebäude zeigen immer mehr
das Bestreben, hinsichtlich der Lichtzuführung neue Wege zu beschreiten. RÜDELL
forderte reichliche natürliche Lichtzuführung in alle Räume der Verkehrsbauten,
eine Auffassung, die sich in verstärktem Maße bis heute durchgesetzt hat.
Er hielt jedoch liegende oder schräggestellte Oberlichter bei Eisenbahnbauten
für ungeeignet, weil sie durch Ruß und Staub bald so verschmutzen, daß
der Lichteinfall ungenügend wird, zumal eine regelmäßige Reinigung teuer
und schwierig ist, so daß sie erfahrungsgemäß unterbleibt. Statt dessen forderte

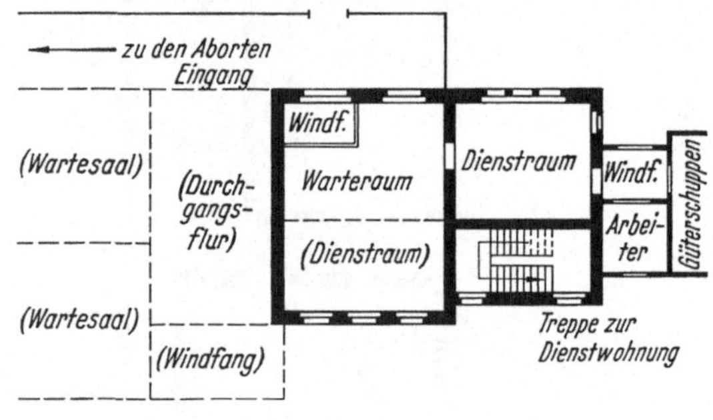

Abb. 7.

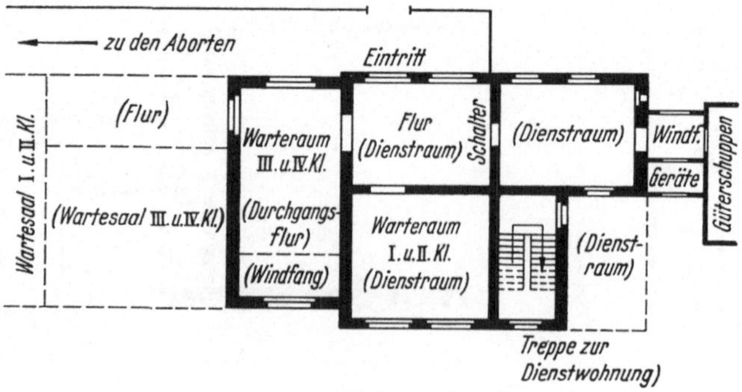

Abb. 8.

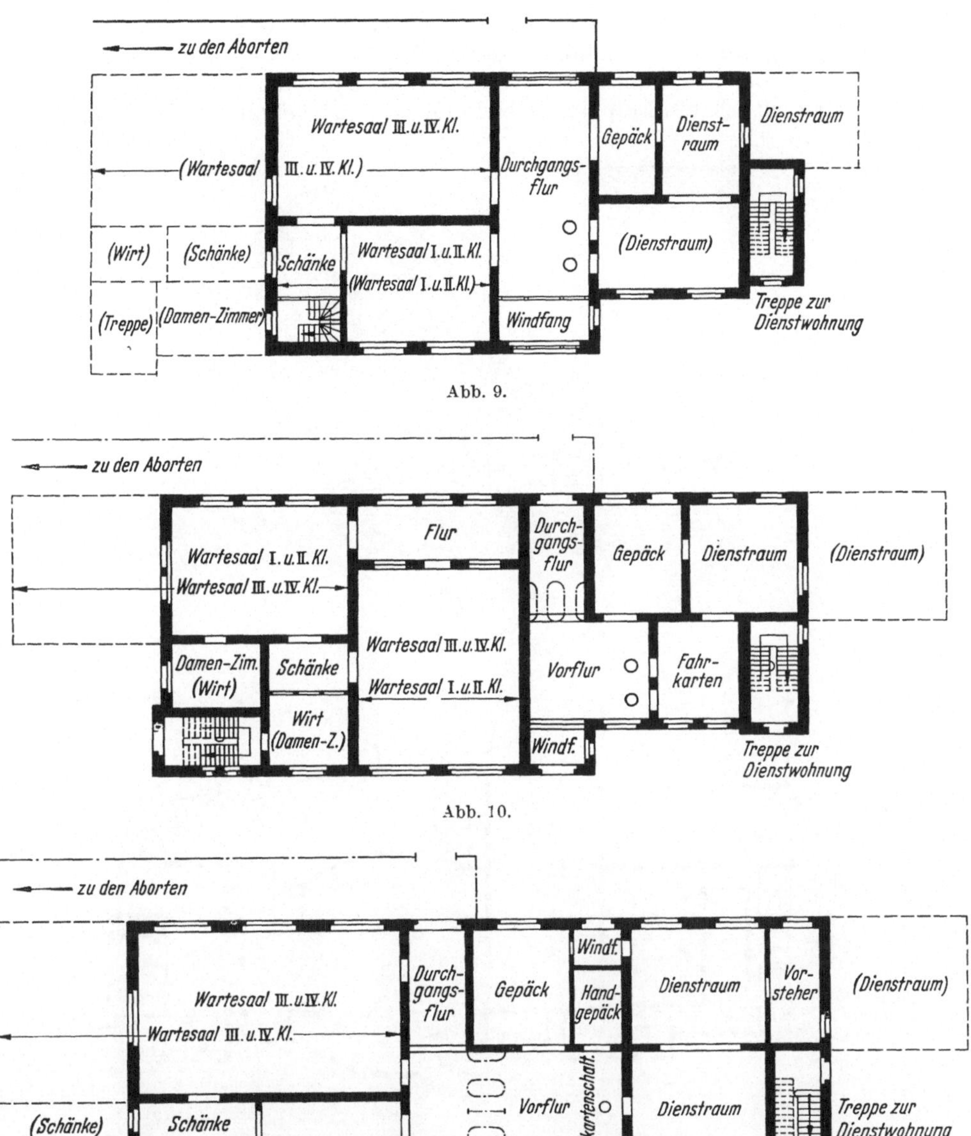

Abb. 9.

Abb. 10.

Abb. 11.

Abb. 7—11. Grundrißmuster zu Stationsgebäuden der preußisch-hessischen Eisenbahn.

er eine Aufgliederung des Baukörpers, gegebenenfalls unter Einschaltung von Lichthöfen, Absetzen des Gebäudes vom Bahnkörper, so daß alle Räume ausreichend natürlich belichtet werden können. Insbesondere die Schalterhallen sollen durch besonders reichliche Glasflächen belichtet und dadurch charakteristisch für unsere Verkehrsbauten sein. Unter Beachtung dieser Grundsätze gewannen gegen Ende dieser Entwicklungsstufe die Baukörper an Klarheit der Gestaltung. Vor allem in Westdeutschland, wo durch Verkehrsschwierigkeiten im Ruhrgebiet

der Umbau vieler Bahnhöfe nötig wurde, sind damals zahlreiche neue gutgegliederte Empfangsgebäude errichtet worden. Als Beispiel sei hier das von dem
späteren Nachfolger Rüdells, Hugo Röttcher, in den damals üblichen Formen
eines Neubarock erbaute Empfangsgebäude *Köln-Deutz* gebracht (Abb. 12 und 13).

Abb. 12. Ansicht.

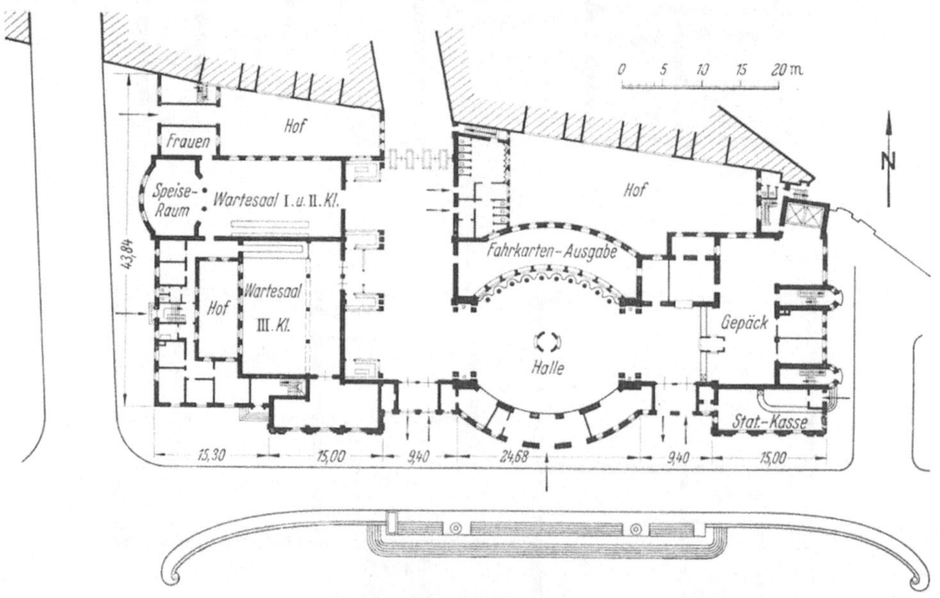

Abb. 13. Erdgeschoßgrundriß.
Abb. 12 und 13. Empfangsgebäude Köln-Deutz 1914.

Die Entwicklung führt uns nun weiter durch die Zeit zwischen den beiden
Weltkriegen und damit zum Ende des ersten Jahrhunderts deutscher Eisenbahngeschichte. Auch in dieser Zeit sind zahlreiche Neubauten entstanden. Die damals
heraufkommende, nicht mehr im Eklektizismus verwurzelte, sachliche Art der
Baugestaltung entsprach dem Wesen des Bahnhofsgebäudes und erleichterte die
Berücksichtigung praktischer Forderungen. Am Anfang dieser Entwicklung steht
das 1913 bis 1925 errichtete Empfangsgebäude *Stuttgart Hbf.* Die Lage der Stadt
in einem Talkessel hatte hier (Abb. 14 bis 16) zur Beibehaltung der Form des

Kopfbahnhofes geführt, während das am Ende dieses Zeitabschnittes fertiggestellte und hier als weiteres Beispiel gebrachte Empfangsgebäude des Hauptbahnhofes in *Düsseldorf* die Form des Durchgangsbahnhofes zeigt (Abb. 17 bis 21).

Abb. 14. Ansicht.   Photo METZ

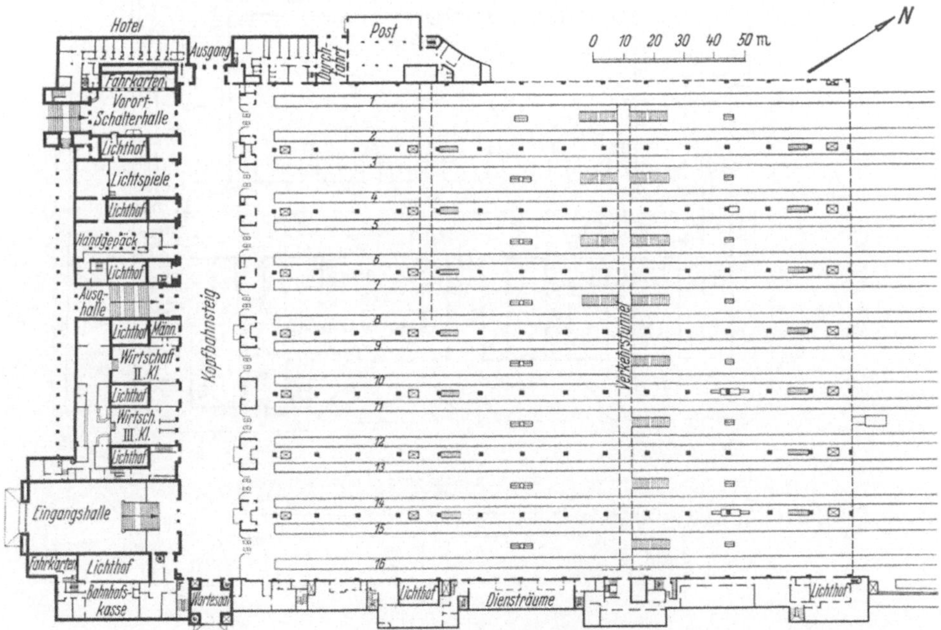

Abb. 15. Grundriß in Bahnsteighöhe.
Abb. 14 u. 15. Empfangsgebäude Stuttgart Hbf. 1913—1925.

Die Erfahrungen, die mit den zahlreichen Neubauten in dieser Zeit gemacht wurden, hat RÖTTCHER in seinem Buch „Empfangsgebäude der Deutschen Reichsbahn" in folgenden Hauptforderungen für die Raumfolge zusammengefaßt:

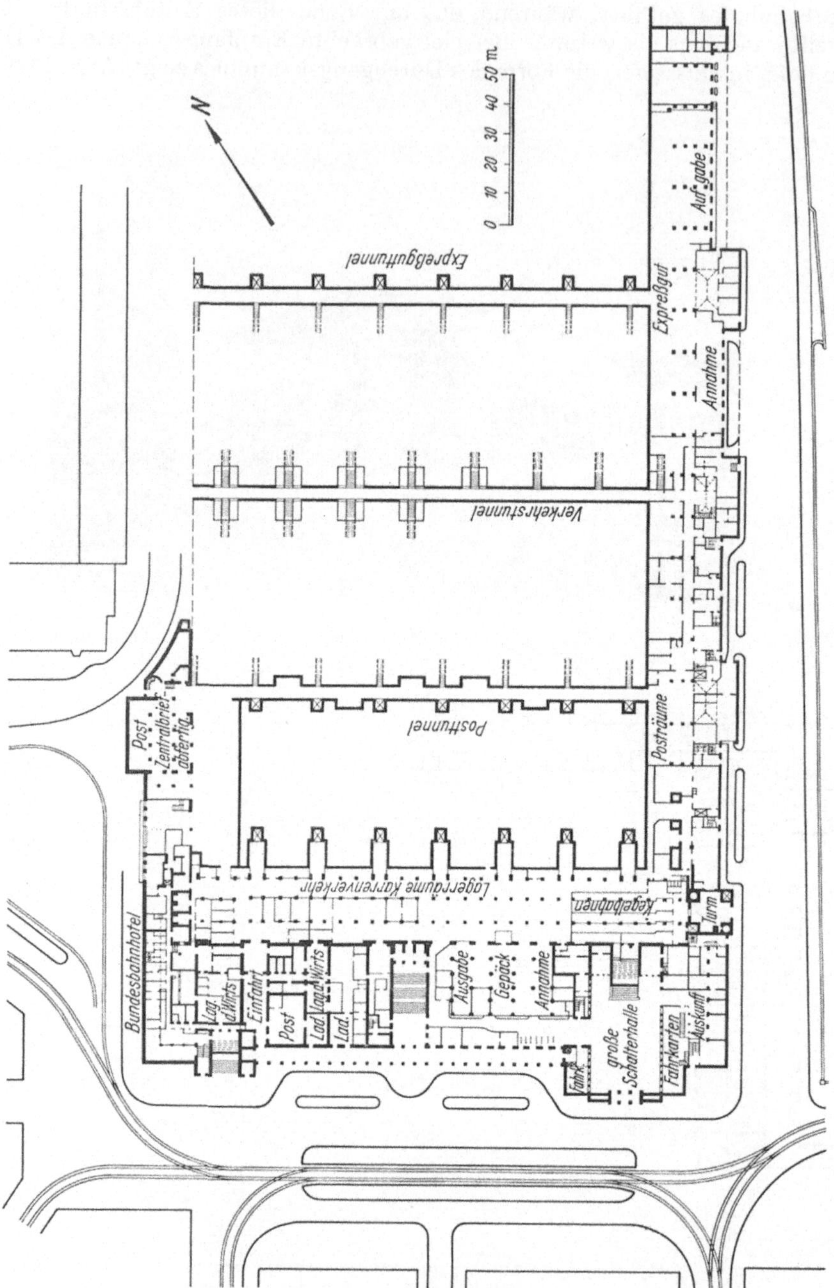

Abb. 16. Empfangsgebäude Stuttgart Hbf. Grundriß in Straßenhöhe.

1. Der Weg des abfahrenden und ankommenden Reisenden soll gefahrlos, d. h. ohne Gleiskreuzungen, klar, d. h. übersichtlich und zwangsläufig, kurz, d. h. gradlinig und ohne Schleifen und bequem, d. h. ohne verlorene Steigungen und ohne vermeidbare Kreuzungen sein.

2. Der Weg des Gepäcks soll den Weg des Reisenden nicht kreuzen.

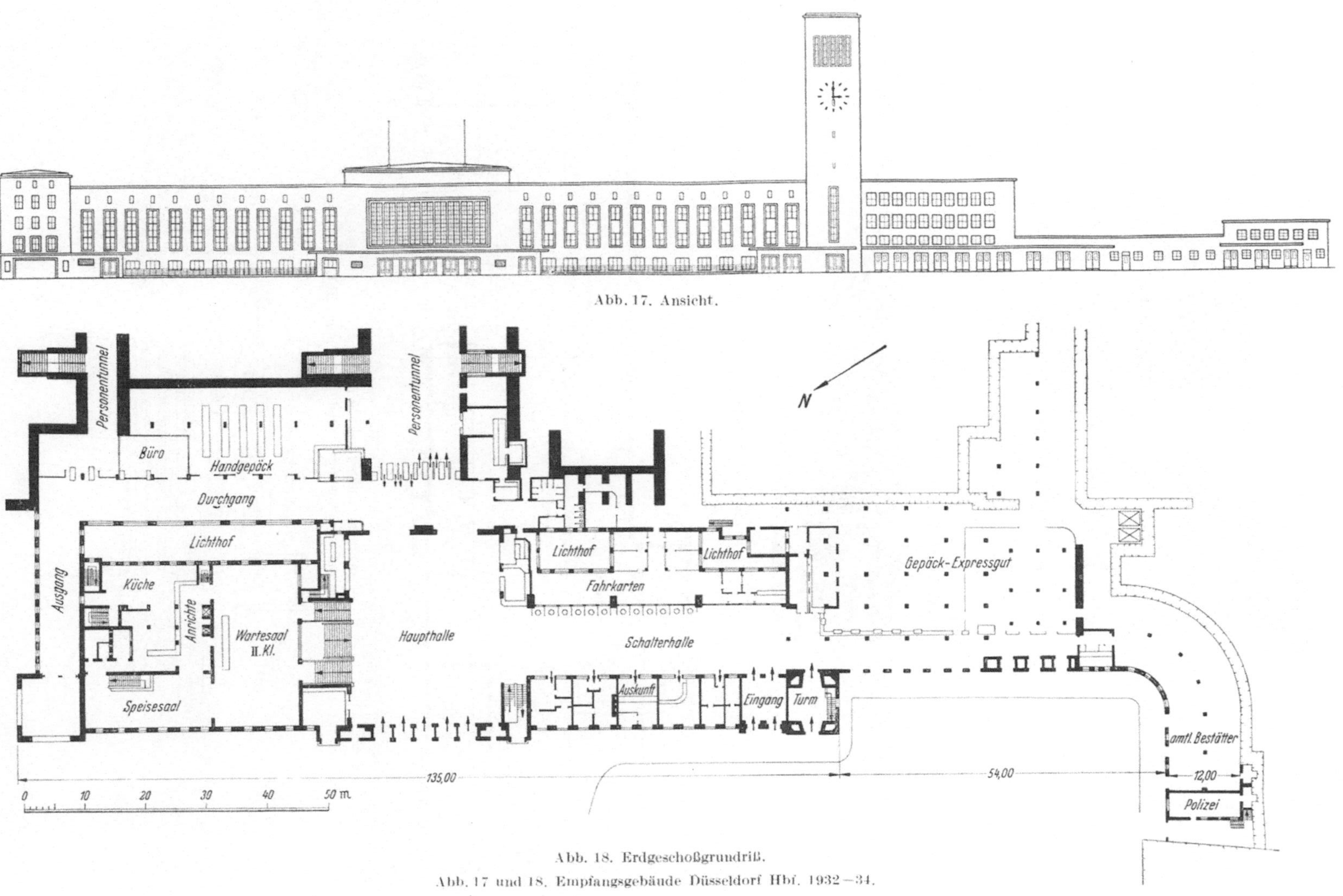

Abb. 18. Erdgeschoßgrundriß.

Abb. 17 und 18. Empfangsgebäude Düsseldorf Hbf. 1932—34.

Abb. 19. Ansicht.

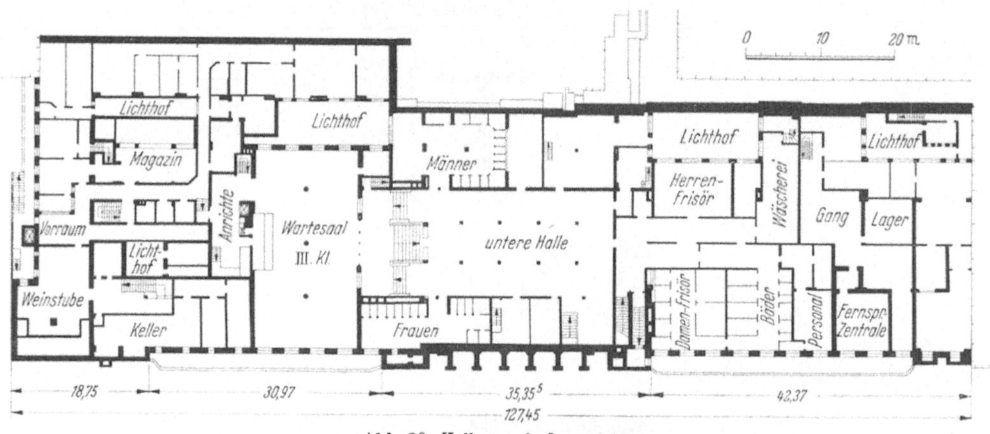

Abb. 20. Kellergeschoßgrundriß.
Abb. 19 und 20. Empfangsgebäude Düsseldorf Hbf.

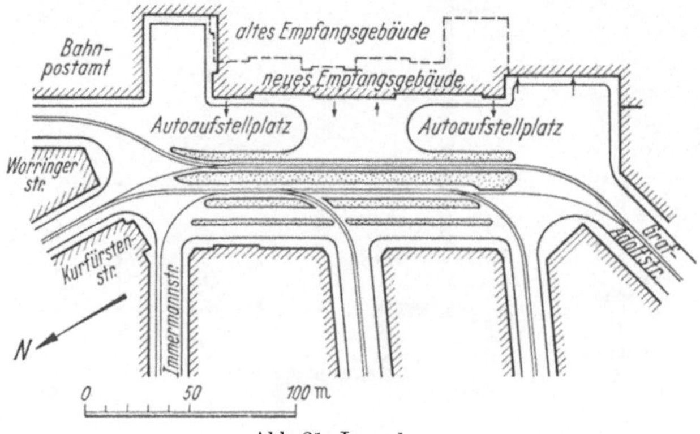

Abb. 21. Lageplan.

3. Die Räume sollen unter Rücksichtnahme auf Personalersparnis innerhalb ihrer Raumgruppen und die Raumgruppen innerhalb des Gebäudes nach ihrer Benutzungsart zweckmäßig geordnet, zusammengefaßt oder getrennt sein.

4. Die Bahnsteigsperre soll sich zweckmäßig und wirtschaftlich durchführen lassen.

Diese Leitsätze dienen einer sicheren und bequemen Abwicklung des Verkehrs und einer personalwirtschaftlich günstigen Regelung des Betriebs- und Verkehrsdienstes. Beides ist heute nötiger denn je. Sie können uns in Verbindung mit den „Grundsätzen" von 1901 auch heute noch als Richtlinie bei der Entwurfsbearbeitung dienen.

2. Raumbedarf.

Im Laufe der geschilderten Entwicklung ist der Gesamtorganismus großer Empfangsgebäude immer verwickelter geworden. Immer mehr hatte die Vereinigung großer Schalter-, Empfangs- und Bahnsteighallen sowie von Wartesälen mit zahlreichen kleinen Räumen für Betriebs-, Verkehrs- und Wirtschaftszwecke den Architekten vor schwierige Aufgaben gestellt. Durch technische Neuerungen im Betriebs- und Verkehrsdienst sowie in den Wirtschaftsräumen, durch soziale Anforderungen und die Vermehrung der Nebenbetriebe kamen immer mehr Raumforderungen hinzu, so daß ein immer umfangreicheres Raumprogramm entstand. Um einen Überblick über die notwendigen Räume in ihrem Zusammenhang und ihrer ungefähren Anordnung zu geben, sind sie in einer schematischen Darstellung hier zusammengefaßt (S. 16). Hierbei ist zu beachten, daß die Räume für den Betriebsdienst zum Teil in Obergeschossen über den Räumen für den Verkehrsdienst und zum Teil in Aufbauten auf den Bahnsteigen oder in Stellwerken liegen können. Es ist selbstverständlich, daß dies Raumprogramm durch örtliche Besonderheiten stark beeinflußt wird, daß es sich ferner auf große Anlagen bezieht und es bei kleinen und mittleren Gebäuden mehr oder weniger zusammenschrumpft. Die Größe des Empfangsgebäudes, die Zahl und Art seiner Räume und die notwendige Größe der einzelnen Räume hängt von sehr vielen Umständen ab. Nicht ohne weiteres ist es möglich, die Einwohnerzahl der Gemeinde oder des Verkehrsgebietes, dessen Bewohner auf den Bahnhof angewiesen sind, als Maßstab zu nehmen, weil der Verkehr von zu vielen anderen Gegebenheiten abhängig ist, wie von der Frage, ob es sich um einen End-, einen Durchgangs- oder Umsteigebahnhof handelt. Ferner ist es wesentlich, ob die Ortschaft eine Land- oder Industriegemeinde ist, ob mit starkem Vorort-, Berufs- oder Ausflugsverkehr zu rechnen ist. Markt- und Wallfahrtsverkehr können besonders große Wartesäle oder offene Wartehallen erfordern. Durch besondere Umstände kann Stoßverkehr vermehrte Schalter bedingen, zum Beispiel auf Bahnhöfen, in deren Nähe Rennen oder andere sportliche Veranstaltungen stattfinden. In Badeorten können besonders große Gepäckräume für den starken Verkehr beim Beginn und Schluß der Ferien notwendig sein. Auf die Größe der Warteräume sind die Zugfolge, die Entfernung von der Ortschaft und von anderen Gaststätten von Einfluß.

Bei der Dichte des deutschen Eisenbahnnetzes und der heutigen Lage im Verkehrswesen ist im übrigen der Bau neuer Bahnhöfe selten, es sei denn, daß er durch die Anlage neuer industrieller Werke od. dgl. bedingt ist. Beim Neubau von Empfangsgebäuden wird es sich meist um den Ersatz abgängiger, unzulänglicher oder kriegszerstörter Bauten handeln. Hierbei werden die Erfahrungen mit dem Altbau eine richtige Bemessung des Neubaues leicht ermöglichen. Im übrigen gibt die Verkehrsstatistik, die Zahl der verkauften Fahrkarten, die Menge des aufgelieferten Reise- und Handgepäcks einen Anhalt, wobei allerdings die zu erwartende Entwicklung gebührend zu berücksichtigen ist. Auch ist der

Schematische Übersicht über die Räume für den Betriebs- und Verkehrsdienst.

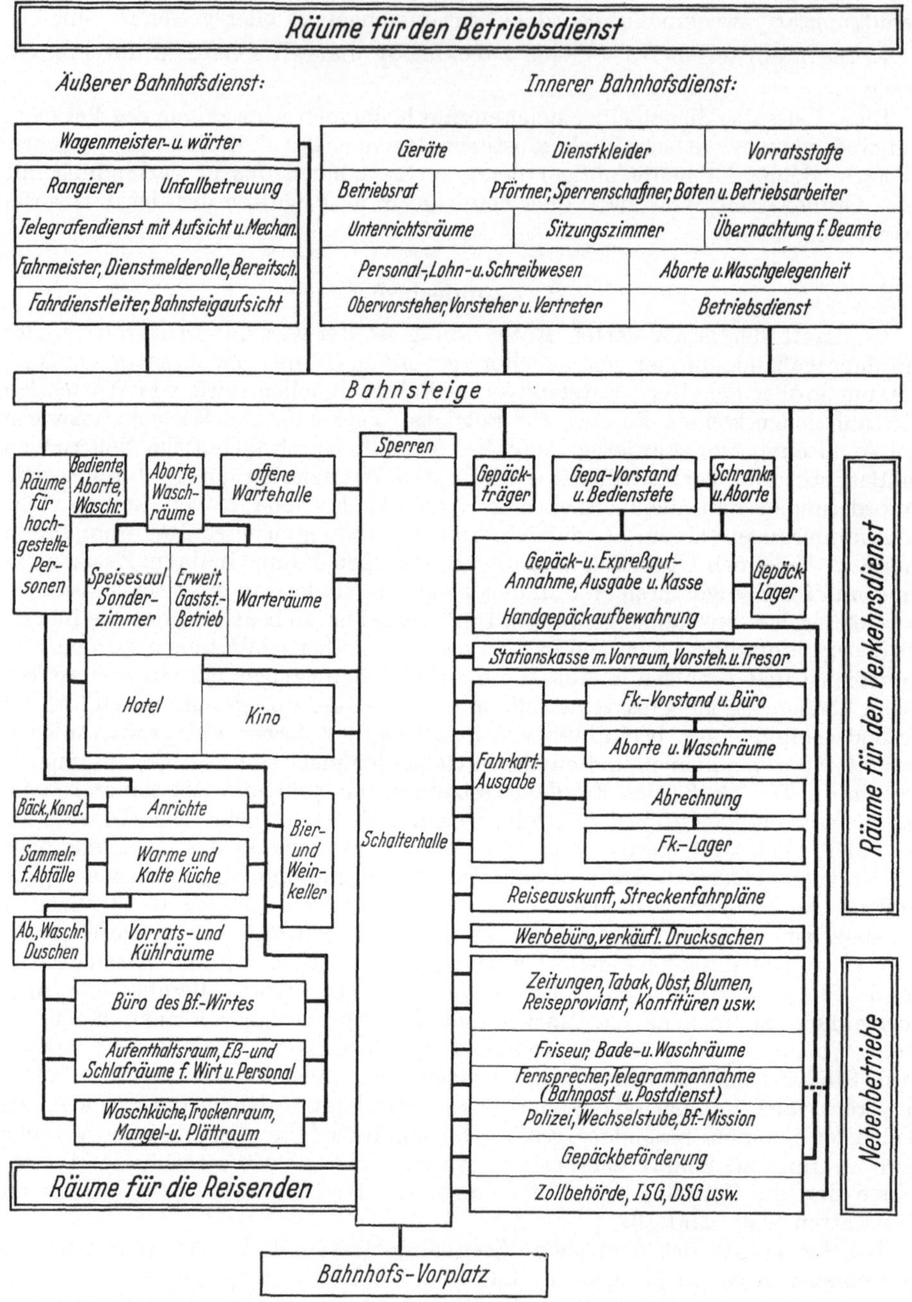

*Ferner: Dienst- u. Mietwohnungen, Aufenthalts- u. Übernachtungsräume für Zugbegleitmannschaften,
Räume für Teile des Betriebsmaschinendienstes, Bahnmeistereien*

Vergleich mit geeigneten ähnlichen und in der Nähe gelegenen Bahnhöfen ein guter Maßstab.

Bei völlig neuen Bahnhöfen ist es oft schwierig, den nötigen Raumbedarf von vornherein richtig festzulegen. Um nicht zuviel Kapital zu investieren und damit die Wirtschaftlichkeit zu beeinträchtigen, ist es nicht zu umgehen, zunächst bescheiden zu planen und eine Erweiterungsmöglichkeit, am besten durch Aufstellung eines Rahmenentwurfes, zu berücksichtigen, wie es bereits die „Grundsätze und Grundrißmuster" von 1901 vorsehen. Der Bau von Behelfsbauten sollte jedoch, da auf die Dauer unwirtschaftlich, vermieden werden.

3. Raumanordnung.

a) Grundformen des Personenbahnhofs.

Im Laufe der Entwicklung des Eisenbahnwesens sind bei den deutschen Eisenbahnen folgende Grundformen des Empfangsgebäudes aufgetreten:

Der Kopfbahnhof (Abb. 22).

In der ersten Zeit der Eisenbahnen bestanden nur einzelne Strecken und kein durchgehendes Netz. Kopfbahnhöfe waren die Endbahnhöfe der Strecken in den größeren Städten, so daß in diesen oft mehrere getrennte Kopfbahnhöfe angelegt und Umsteigende gezwungen waren, sich zu Fuß oder mit dem Wagen von einem zum anderen Bahnhof zu begeben. Beim Ausbau des Eisenbahnsystems ist man dazu übergegangen, die einzelnen Kopfbahnhöfe zu einem Hauptbahnhof zusammenzufassen. Hierbei ist es in einzelnen Fällen beim Kopfbahnhof geblieben. Da der Kopfbahnhof heute betrieblich ungünstig beurteilt wird, ist es aber auch oft dazu gekommen, daß ein Durchgangsbahnhof gebaut wurde. Die Gleise des Kopfbahnhofes können hoch, ebenerdig oder tief liegen. Die Tieflage ist in Deutschland noch nicht ausgeführt. Beim Kopfbahnhof neuerer Art liegt das Empfangsgebäude mit den Haupträumen quer vor Kopf der Gleise. Seitenflügel erstrecken sich gegebenenfalls seitlich der Gleise.

Der Durchgangsbahnhof.

Die Mehrzahl der deutschen Bahnhöfe sind Durchgangsbahnhöfe. Für die Lage des Empfangsgebäudes ergeben sich hierbei verschiedene Möglichkeiten:

Das Empfangsgebäude erhebt sich *seitlich der Gleise*, welche im Einschnitt, ebenerdig oder auf einem Damm liegen können. Wegen der Übersichtlichkeit und Wirtschaftlichkeit dieser Anordnung wird sie weitaus am häufigsten gewählt (Abb. 23).

Das Empfangsgebäude liegt *zwischen den Gleisen (Insellage)* (Abb. 24). Diese Anordnung stammt aus der Zeit der Privatbahnen, als man für zwei getrennte Strecken mit einem Empfangsgebäude auskommen wollte und für notwendig hielt, daß man von den Wartesälen aus den Lauf der Züge beobachten konnte. Sie kann als unübersichtlich und überholt angesehen werden, zumal die Anordnung eines ausreichenden Vorplatzes schwierig ist.

Die *Abfertigungsräume* liegen in einem *Empfangsgebäude in Seitenlage*, die *Wartesäle auf einem hochliegenden Zwischenbahnsteig (teilweise Insellage)*. Auch diese Anlage hatte den Grund, daß man von den Wartesälen aus den Zuglauf beobachten wollte. Diese Lage der Wartesäle wurde wegen des Umsteigeverkehrs für erwünscht gehalten. Sie stammt aus der Zeit vor Einführung der Bahnsteigsperre. Die Lage der Wartesäle innerhalb der Sperre ist aber nur bei überwiegendem Umsteigeverkehr und geringem Ortsverkehr angebracht. Diese Anordnung wird deshalb bei Umbauten meist aufgegeben und durch das Empfangsgebäude in Seitenlage ersetzt (z. B. Köln, Düsseldorf, Hildesheim).

Das Empfangsgebäude liegt *quer über den tiefliegenden Gleisen*. Diese Anordnung ist selten (Hamburg Hbf.), hat sich aber gut bewährt (Abb. 25).

Das Empfangsgebäude liegt *längs unter den hochliegenden Gleisen*. Diese Lösung ist wegen der Belichtung der Räume schwierig und bisher nur bei großstädtischen Stadtbahnen wegen des teuren Grund und Bodens ausgeführt (Berlin-Friedrichstraße und Zoo, Hamburg-Dammtorbahnhof, Dresden Wettinerstraße) (Abb. 26).

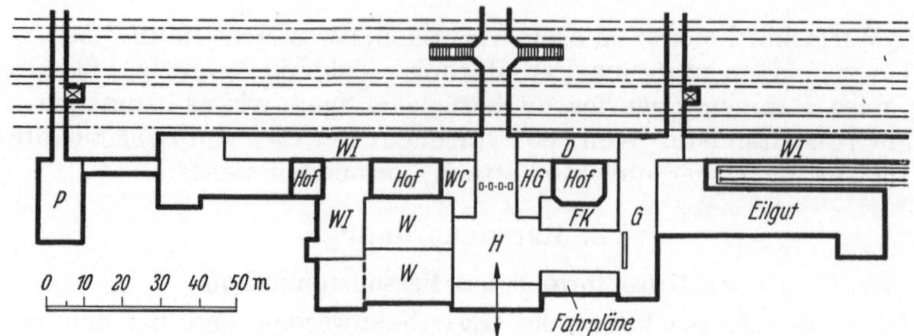

Abb. 23. Oldenburg.

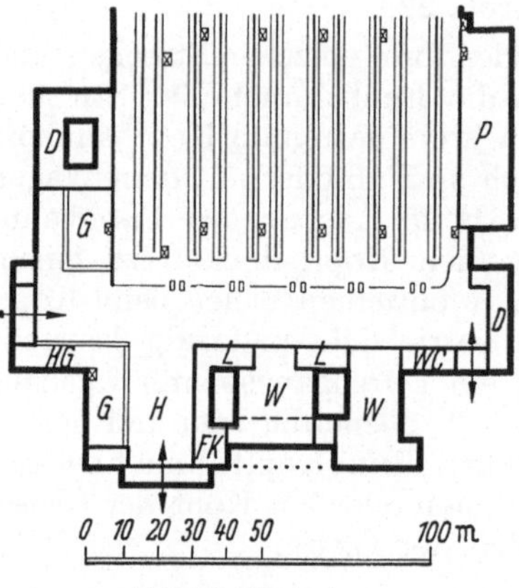

Abb. 22. Wiesbaden.

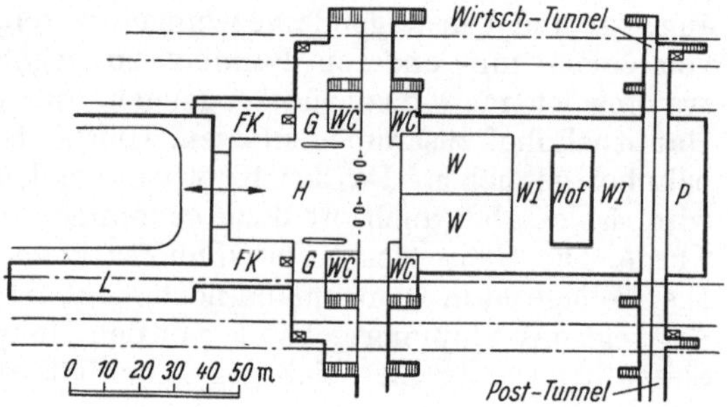

Abb. 24. Halle.

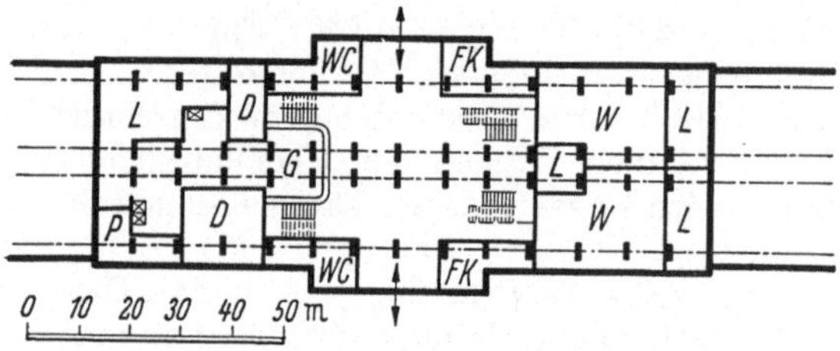

Abb. 23. Hamburg. Dammtor.

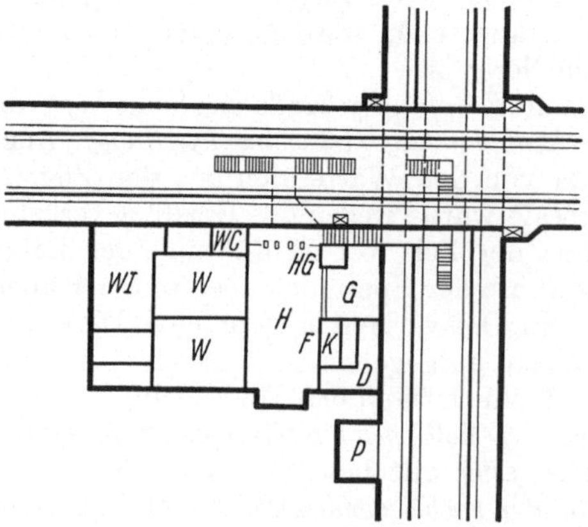

Abb. 27.

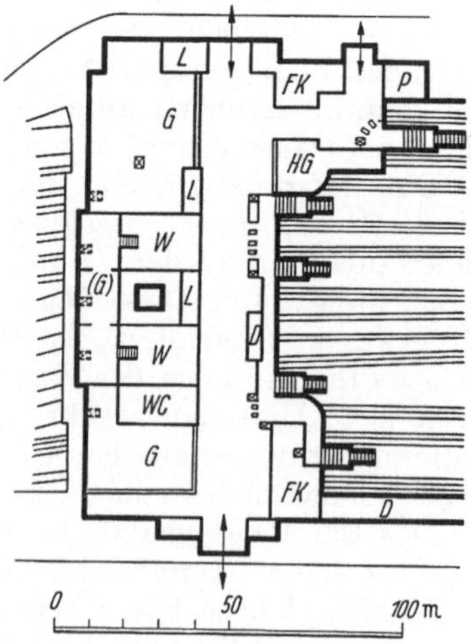

Abb. 25. Hamburg Hbf.

Abb. 22—27. Grundformen des Empfangsgebäudes.
Abb. 22. Kopfbahnhof.   Abb. 23—26. Durchgangsbahnhöfe.   Abb. 27. Kreuzungsbahnhof.

Der vereinigte Kopf- und Durchgangsbahnhof.

Die Kopfgleise liegen ebenerdig, die durchgehenden Gleise auf beiden Seiten hoch. Das Empfangsgebäude liegt vor den Kopfgleisen und unter den Durchgangsgleisen (Dresden Hbf.). Diese Anlage bietet ebenfalls Schwierigkeiten in der Belichtung der Räume.

Der Kreuzungsbahnhof (Turmstation) (Abb. 27).

Diese Form entsteht, wenn sich kreuzende Strecken auf dem Personenbahnhof nicht an parallelen Bahnsteigen zusammengeführt werden, die Bahnsteige vielmehr quer zueinander und übereinanderliegen. Das bekannteste Beispiel ist Osnabrück Hbf. Hier liegen Bahnhofsvorplatz und Schalterhalle in halber Höhe zwischen den oberen und unteren Bahnsteigen, so daß die Reisenden die Hausbahnsteige durch Überwindung des halben Unterschiedes zwischen den beiden Bahnsteighöhen erreichen konnten. Diese Möglichkeit bestand aber nur so lange, wie die Reisenden die Zwischenbahnsteige durch Gleisüberschreiten erreichten. Wegen des steigenden Verkehrs mußten später hohe Bahnsteige gebaut werden, so daß bei Fortfall des unteren Hausbahnsteiges die Reisenden zu den unteren Bahnsteigen über den oberen Hausbahnsteig und zu den oberen Zwischenbahnsteigen durch einen Tunnel gehen müssen. Diese Anordnung ist sehr unübersichtlich. Im allgemeinen dürfte der Kreuzungsbahnhof heute nur noch bei großstädtischen Stadt- und Vorortbahnen in Betracht kommen (Berlin Westkreuz).

b) Kleine Empfangsgebäude (Abb. 27a—59).

Es sollen hierunter einfache Gebäude für ländliche und kleinstädtische Verhältnisse ohne große Hallen und größere bewirtschaftete Warteräume verstanden werden. Abgesehen von Bahnhöfen für den Stadt- und Vorortverkehr, die besonders behandelt werden, liegen die kleineren Empfangsgebäude meist auf Durchgangsbahnhöfen seitlich der Gleise oder auf Haltepunkten seitlich der durchgehenden Strecke. Auch auf Endbahnhöfen stehen sie meist seitlich der Strecke, wenn die Gleise als Auszieh- oder Abstellgleise weitergeführt sind. In den meisten Fällen liegt der Bahnhofsvorplatz oder die Zufahrtstraße in der gleichen Höhe wie die Bahnsteige. Bei schwachem Verkehr gelangt man dann von der Schalterhalle unmittelbar auf einen Hausbahnsteig und von dort unter Gleisüberschreitung auf einen Zwischenbahnsteig, um das nächste Gleis zu erreichen.

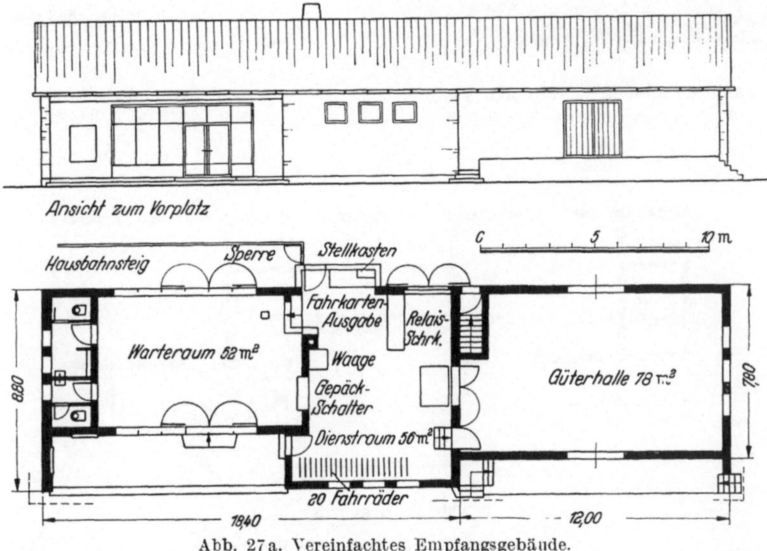

Abb. 27a. Vereinfachtes Empfangsgebäude.

2*

Abb. 28. Fahrkartenausgabe im Erdgeschoß eines
Stellwerks.   Photo MÄDE.

Abb. 29. Ansicht.

Abb. 31. Ansicht.   Photo MÄDE.

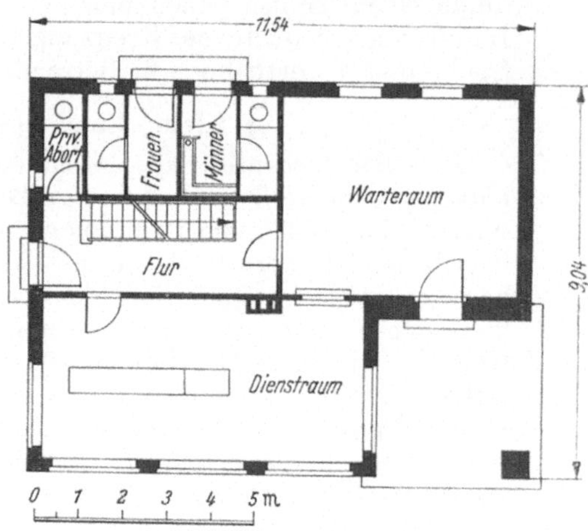

Abb. 30. Erdgeschoßgrundriß.
Abb. 29 und 30. Empfangsgebäude Lindwedel.

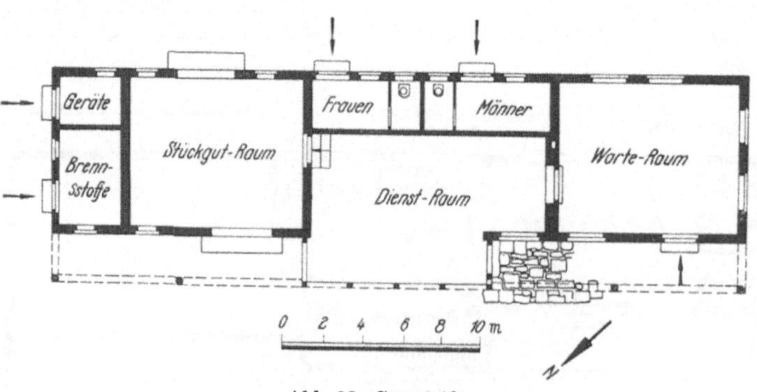

Abb. 32. Grundriß.
Abb. 31 und 32. Empfangsgebäude Weesenstein.

Abb. 33 und 34. Empfangsgebäude
Meitingen.

Abb. 33. Ansicht.

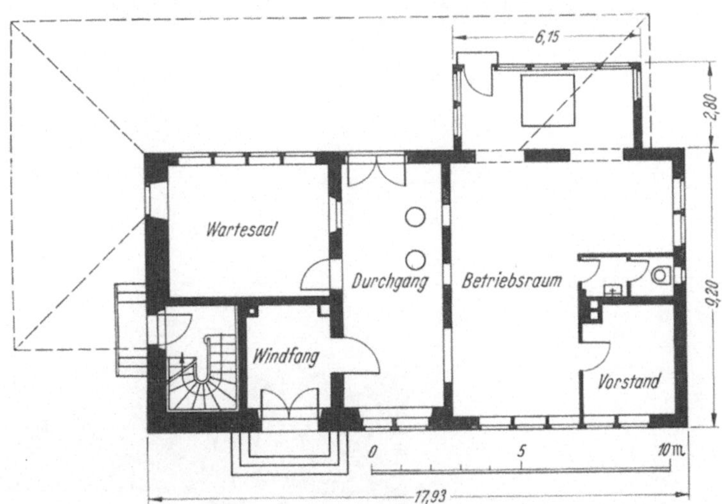

Abb. 34. Grundriß.

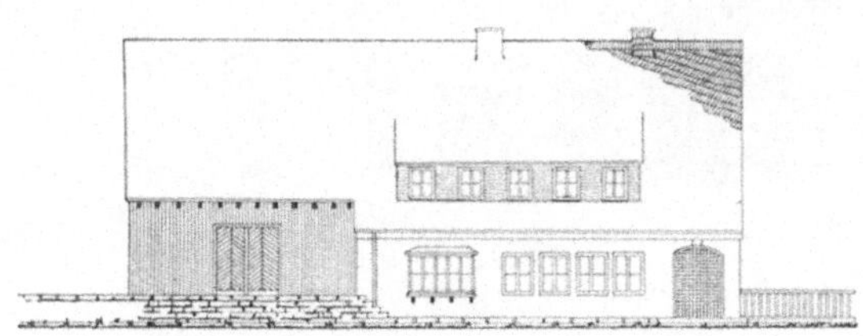

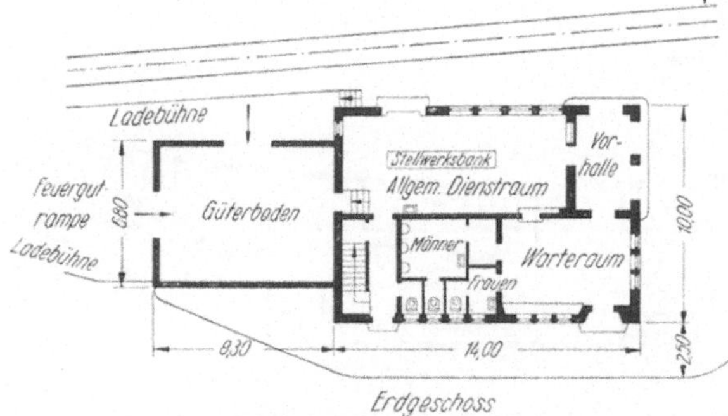

Abb. 36. Grundriß und Ansicht.

Abb. 35. Ansicht.   Photo MÄDE

Abb. 35 und 36.   Empfangsgebäude Bärenstein.

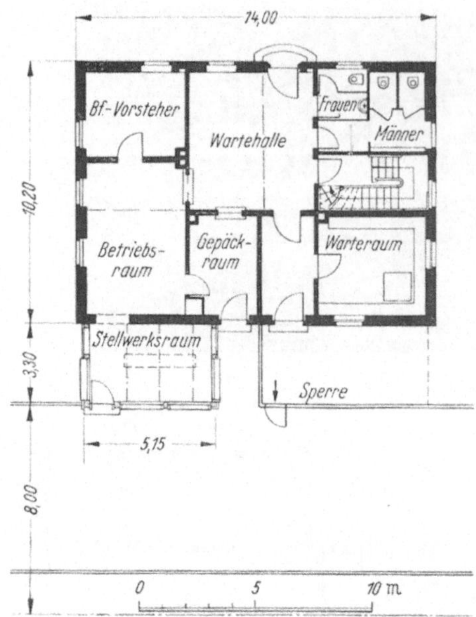

Abb. 37. Ansicht.   Photo BURGER

Abb. 38. Grundriß.

Abb. 37 und 38. Empfangsgebäude
Eggolsheim.

Abb. 39. Ansicht.
Photo MÄDE

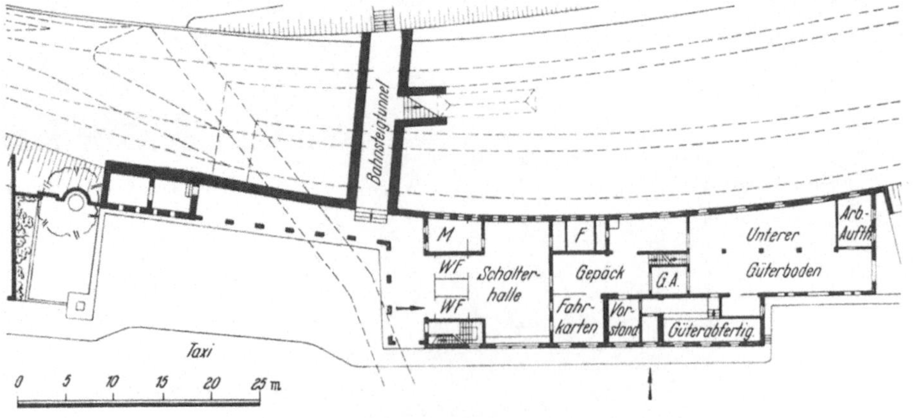

Abb. 40. Erdgeschoßgrundriß.
Abb. 39 und 40. Empfangsgebäude Glashütte (Sachs.).

Bei stärkerem Verkehr wird der Zwischenbahnsteig durch einen Tunnel oder eine Brücke für die Reisenden zugängig gemacht. Der Tunnel wird bevorzugt, weil die Brücke leicht die Übersichtlichkeit behindert und auch größere verlorene Steigung bedingt. Das Gepäck wird in den meisten Fällen über die Gleise getragen oder gekarrt. Hohe Bahnsteige (0,76 m) sind auf kleinen Bahnhöfen selten. Wo sie vorhanden sind, müssen an den Enden Rampen vorgesehen werden,

Abb. 41. Ansicht. Photo BURGER

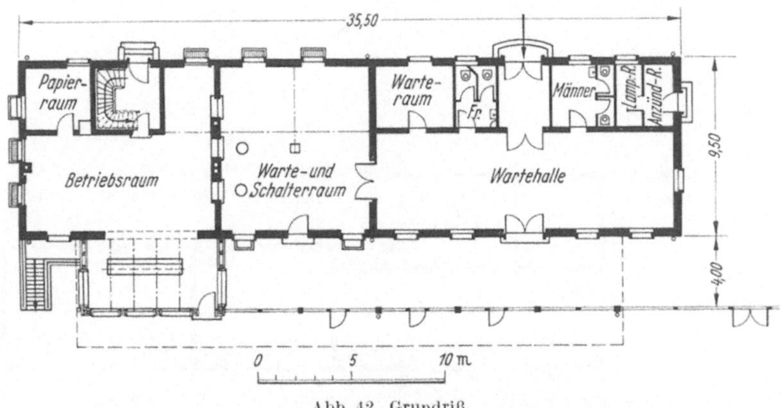

Abb. 42. Grundriß.

Abb. 41 und 42. Empfangsgebäude Illesheim.

über die das Gepäck gekarrt wird. Die Zugangstreppe zum Personentunnel (oder zur Brücke) liegt auf dem Hausbahnsteig oder im Gebäude. In diesem Falle muß der Grundriß danach eingerichtet werden. An Räumen sind stets erforderlich die Schalterhalle und ein Dienstraum, der dem Fahrkartenverkauf, der Fahrdienstleitung, der Gepäck- und Expreßgutabfertigung und den Bürogeschäften dient. Bei größeren Bahnhöfen kommt ferner ein besonderer Gepäckraum und ein Vorsteherzimmer hinzu. Auf kleinen Bahnhöfen unterstehen alle Dienstgeschäfte einem Vorsteher. Die Diensträume müssen also zusammenhängend liegen, zumal es bei schwachem Verkehr vorkommt, daß nur ein Bediensteter anwesend ist. Die bei fast allen Eisenbahnen zur Zeit herrschende schlechte Finanzlage zwingt dazu, einer sparsamen Personalwirtschaft besondere Beachtung zu schenken. Die Hauptverwaltung der Deutschen Bundesbahn hat deshalb Muster für einfache Empfangsgebäude entwickelt, deren Dienstraum so angeordnet ist, daß bei normalem Verkehr ein Mann sämtliche Abfertigungsgeschäfte des Betriebs- und Verkehrsdienstes wahrnehmen kann. Ein solches Muster ist in Abbildung 27 a dargestellt.

Außerdem kommen ein oder zwei Warteräume in Betracht. Sollen sie bewirtschaftet sein, ist eine Küche für den Wirt notwendig. Gegebenenfalls genügt

Abb. 43. Ansicht.   Photo BURGER

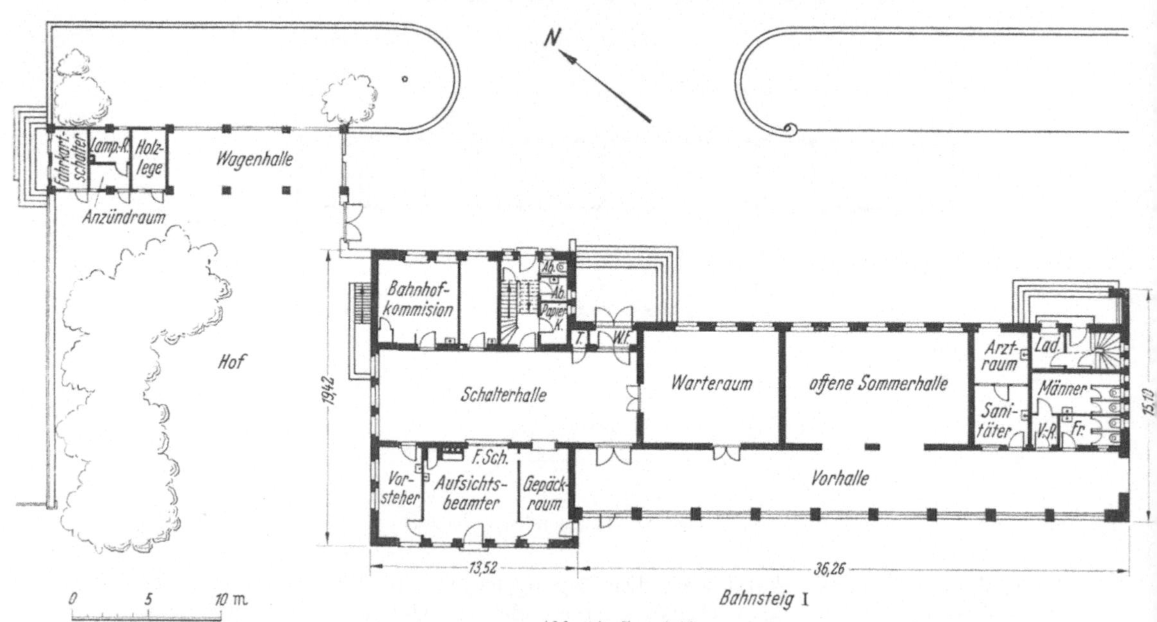

Abb. 44. Grundriß.

Abb. 43 und 44. Empfangsgebäude Fischbach.

auch ein Verkaufsraum für Erfrischungen. Aborte für Männer und Frauen können im Empfangsgebäude nur untergebracht werden, wenn sie Wasserspülung erhalten. Sonst müssen sie in einem freistehenden Gebäude liegen. Für den Fall, daß der Hausbahnsteig überdacht wird, empfiehlt sich, das Abortgebäude so anzuordnen, daß es von der Überdachung aus zugänglich ist. Bei vorhandener Bahnsteigsperre wird es oft so ausgeführt, daß Aborte sowohl außerhalb als auch innerhalb der Sperre zugänglich sind. Mindestens in allen Fällen, wo eine Bahnwirtschaft eingerichtet wird oder Wohnungen in dem Gebäude liegen, sollte für Spülaborte gesorgt werden. Erfahrungsgemäß sind Bahnwirtschaften ohne Spülaborte heute nicht mehr wettbewerbsfähig. Für die Gesunderhaltung der Bediensteten und ihrer Familienangehörigen sind innerhalb des Gebäudes gelegene Aborte dringend notwendig.

Abb. 45. Ansicht.   Photo MÄDE

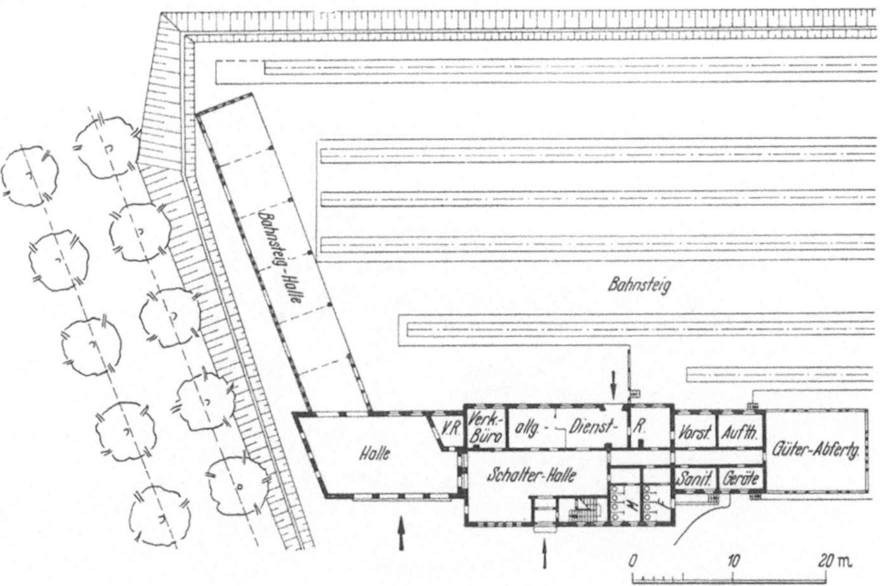

Abb. 46. Grundriß.

Abb. 45 und 46. Empfangsgebäude Altenberg (Erzgeb.).

Gewöhnlich betritt der Reisende das Empfangsgebäude durch einen Windfang von der Straßenseite aus. In der Halle liegt dann rechts vom Eintretenden der Fahrkartenschalter und dem Eingang gegenüber der Gepäckschalter. Das bedingt also, daß die Fahrkartenausgabe nach der Straße und der Gepäckraum nach dem Bahnsteige zu liegen. Links vom Eintretenden liegt der Warteraum; wenn zwei vorhanden sind, beide nebeneinander oder versetzt hintereinander, so daß der hintere durch einen Flur zugänglich ist. Zwischen dem Gepäckraum und den Warteräumen führt der Zugang durch die Sperre zu den Bahnsteigen, wenn eine solche notwendig ist, was bei Hauptbahnen in der Regel, bei Nebenbahnen seltener der Fall ist. Oft liegt die Sperre auch außerhalb des Gebäudes unter einer

Überdachung. Auf Bahnhöfen, auf denen mit Stoßverkehr, z. B. Berufs- und Ausflugsverkehr, zu rechnen ist, wird diese Sperre so angelegt, daß die Reisenden bei der Ankunft das Empfangsgebäude nicht zu durchschreiten brauchen und daß auch die abfahrenden Reisenden, soweit sie im Besitz von Fahrkarten sind, dies nicht nötig haben. Auch bei der Lage der Sperre im Empfangsgebäude wird in solchem Falle zweckmäßig eine besondere Sperre im Freien vorgesehen, die nur bei Stoßverkehr besetzt wird. Sie muß so liegen, daß der Weg zu ihr für die Reisenden kürzer und bequemer ist als der durch das Empfangsgebäude.

Abb. 47. Ansicht.

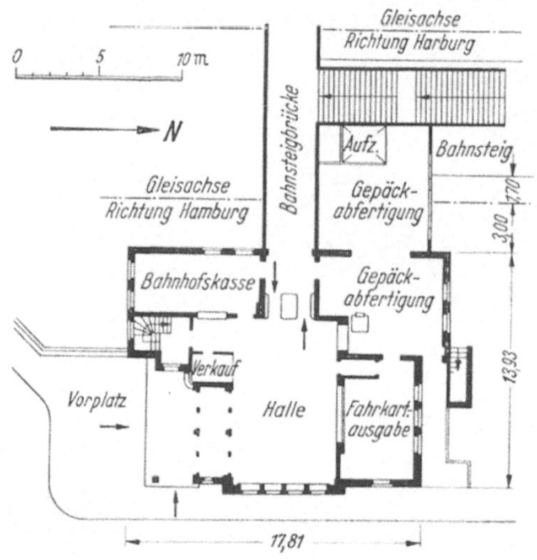

Abb. 48. Grundriß.

Abb. 47 und 48. Empfangsgebäude Hamburg-Wilhelmsburg.

Bei kleinsten Empfangsgebäuden liegt der Zugang für die Reisenden zum Schaltervorraum oft auch an der Gleisseite oder an der Schmalseite, so daß er auch als Ausgang benutzt wird. Falls es sich um einen Bahnhof mit Ausflugs-, Wallfahrtsverkehr od. dgl. handelt, wird mit dem Empfangsgebäude zuweilen eine offene Wartehalle zweckmäßig verbunden. Wird auf dem Bahnhof Stückgut abgefertigt, so ist mit dem Empfangsgebäude meist ein Güterschuppen unmittelbar oder mittelst eines Zwischenbaues verbunden. Der Güterdienst untersteht dann gleichfalls dem Bahnhofsvorsteher, und die Abfertigung geschieht am Fahrkarten- oder einem besonderen Güterschalter.

Über den Diensträumen werden oft im Obergeschoß ein bis zwei Wohnungen für Bedienstete und über den Warteräumen eine Wohnung für den Bahnwirt vorgesehen.

Abb. 49. Vorplatzansicht.　　Photo BURGER

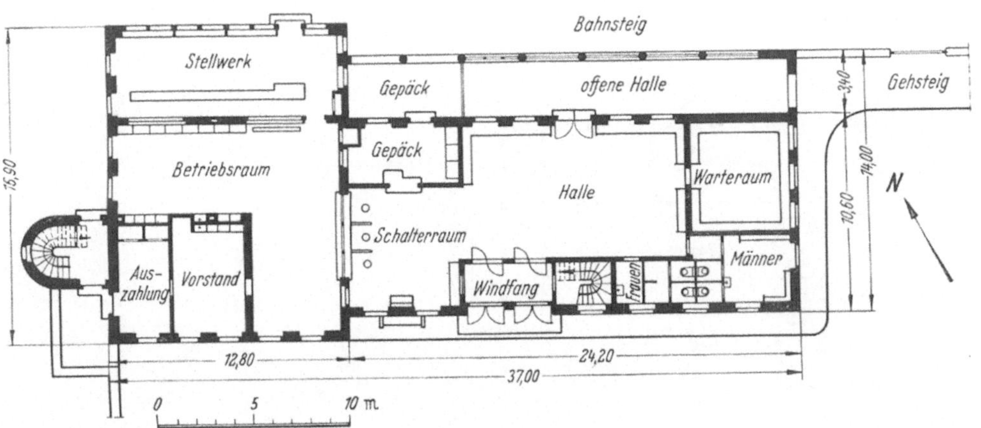

Abb. 50. Grundriß

Abb. 51. Bahnsteigansicht.　　Photo BURGER
Abb. 49 bis 51. Empfangsgebäude Hammelburg.

c) Große Empfangsgebäude in Seitenlage (Abb. 59—90).

Auch auf großen Bahnhöfen ist das Empfangsgebäude in Seitenlage die häufigste und meist auch die zweckmäßigste Lösung. Hierbei können die Bahnsteige in gleicher Höhe mit dem Vorplatz, auf einem Damm darüber oder im Einschnitt darunter liegen.

Da die Bahnsteige auf größeren Bahnhöfen in Deutschland in der Regel gleisfrei zugänglich gemacht werden, müssen die Reisenden im ersten Falle

Abb. 52. Ansicht.

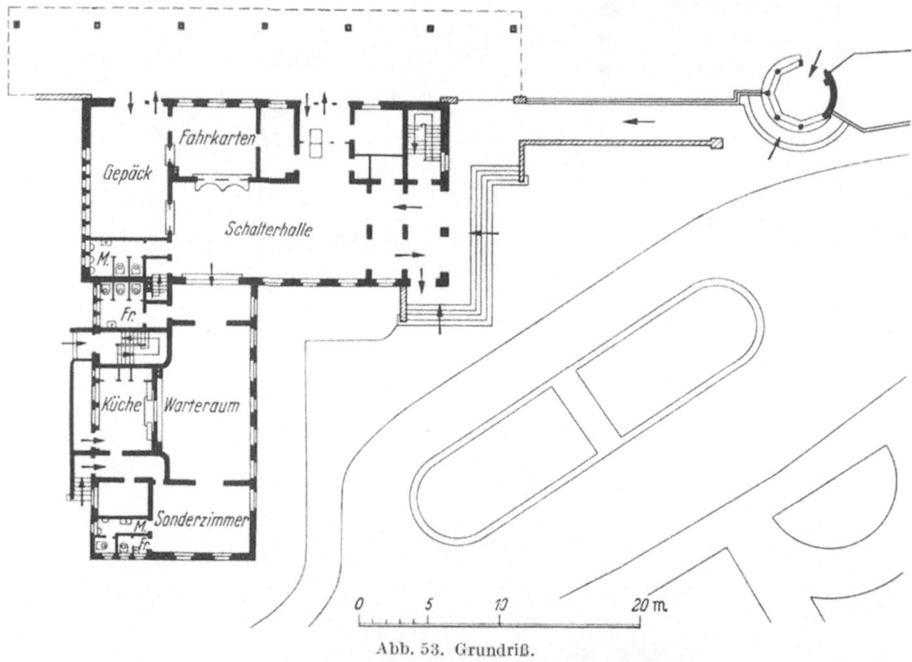

Abb. 53. Grundriß.

Abb. 52 und 53. Empfangsgebäude Glückstadt.

zunächst über eine Treppe zum Bahnsteigtunnel hinunter und dann wieder über eine Treppe zu den Bahnsteigen hinaufsteigen. Es entsteht also eine verlorene Steigung. — Bei hochgelegenen Bahnsteigen liegt der Tunnelfußboden gewöhnlich in etwa gleicher Höhe mit der Schalterhalle und dem Bahnhofsvorplatz. Die Reisenden gelangen also ohne verlorene Steigung hinein und brauchen nur zu den Bahnsteigen über eine Treppe hinaufzusteigen. Wenn die Gleise im Einschnitt liegen, werden die Bahnsteige über eine Brücke zugänglich gemacht, so daß die Reisenden über eine Treppe hinabsteigen. Das Reisegepäck

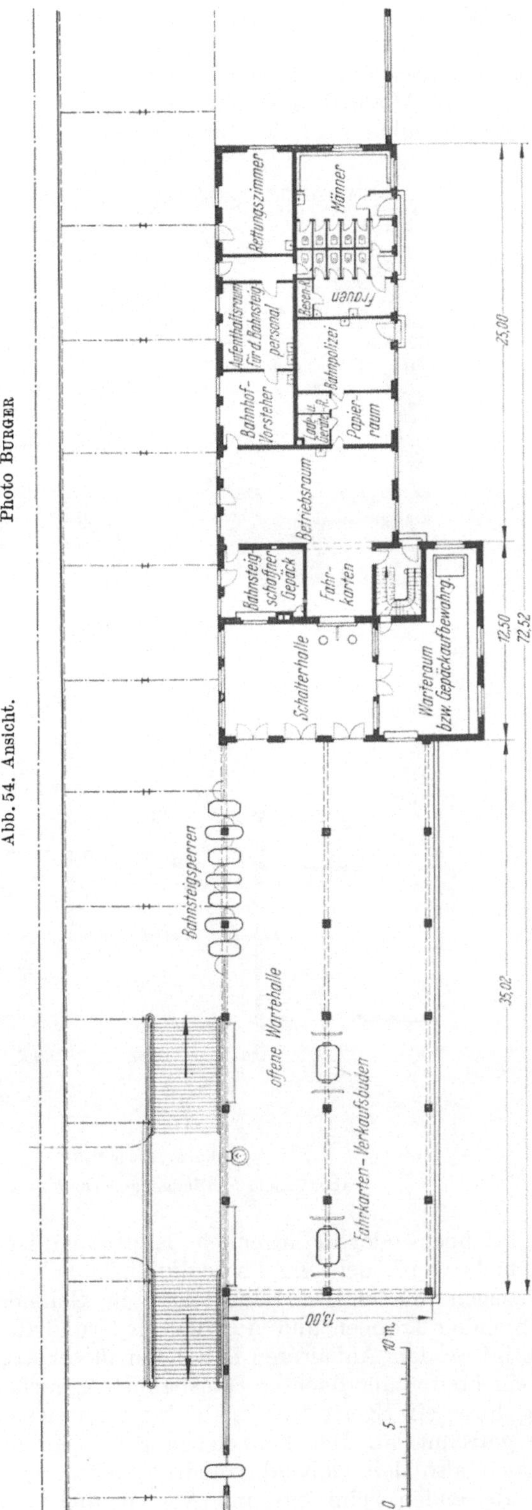

Abb. 54. Ansicht.

Abb. 55. Grundriß.

Abb. 54 und 55. Empfangsgebäude Nürnberg-Dutzendteich.

wird ebenfalls durch einen Tunnel oder über eine Brücke zu den Bahnsteigen
befördert. Das Heben und Senken geschieht durch Aufzüge. Auch hierbei entsteht also bei Gleisen in Geländehöhe eine verlorene Steigung. Ob für das Gepäck
besondere Gepäckbahnsteige vorhanden sind oder ob es von den Personenbahnsteigen aus verladen wird, ist für den Grundriß des Empfangsgebäudes ohne

Abb. 56. Ansicht.

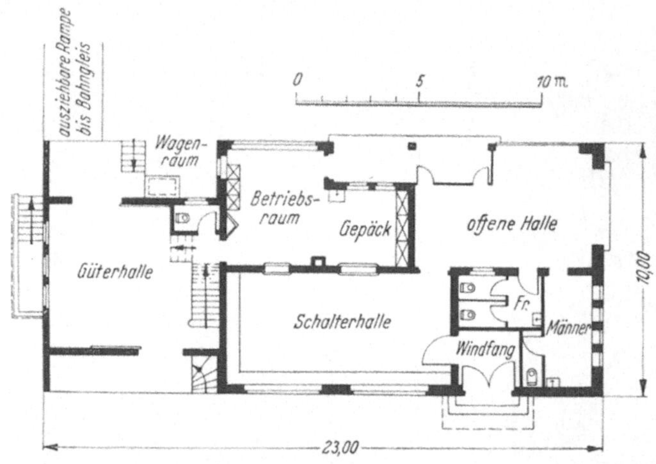

Abb. 57. Grundriß.
Abb. 56 und 57. Empfangsgebäude St. Ottilien.

Belang. Bei hoch- oder tiefliegenden Bahnsteigen ist es auch für das Empfangsgebäude nicht von Bedeutung, ob sie durch Tunnels oder über Brücken zugänglich
sind. Dagegen müssen bei Bahnsteigen in Geländehöhe die zu den Tunnels
hinabführenden Treppen und Aufzüge im Grundriß des Empfangsgebäudes berücksichtigt werden. Auf älteren Bahnhöfen dieser Art findet sich eine Anordnung,
bei der ein breiter überdachter Hausbahnsteig vorhanden ist, der in der Längsrichtung durch ein Sperrgitter, in einen sperrefreien und einen nicht sperrefreien
Streifen getrennt ist. Die Tunnelzugangstreppen liegen innerhalb der Sperre,
beeinflussen also den Gebäudegrundriß nicht. Diese Lösung hat den Vorteil,
daß die Reisenden beim Zu- und Abgang nicht durch das Empfangsgebäude
zu gehen brauchen, dessen Räume also nicht belasten. Auch ist es für Übergangs-

reisende angenehm, daß sie vom Hausbahnsteig unmittelbar die Warte- und Diensträume erreichen können. Sehr nachteilig ist allerdings die Beeinträchtigung der

Abb. 58. Ansicht.

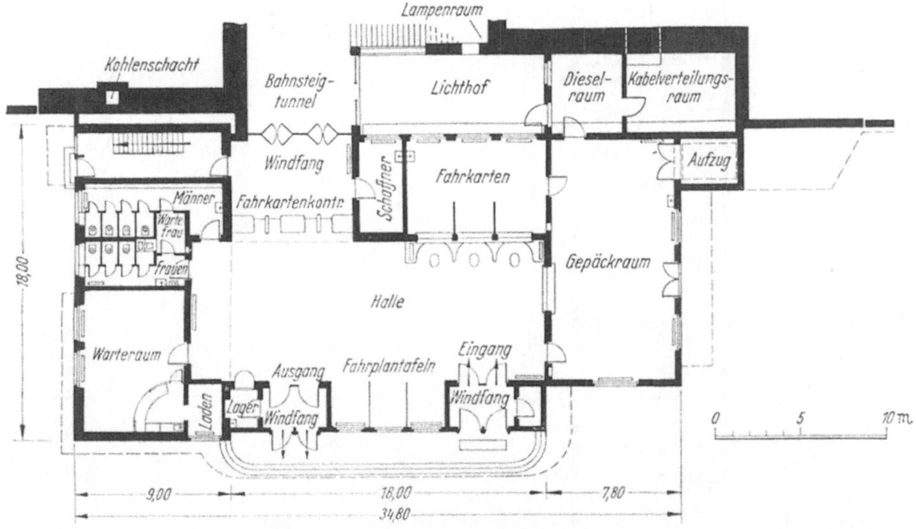

Abb. 59. Erdgeschoßgrundriß.
Abb. 58 und 59. Empfangsgebäude Augsburg-Oberhausen.

Belichtung in den bahnseitigen Räumen des Empfangsgebäudes durch das breite
Bahnsteigdach.

Der am meisten angewendete gleisfreie Zugang zu den Bahnsteigen führt
durch einen Tunnel. Die Lage im Einschnitt mit einer Brücke als Zugang mag

Abb. 60. Ansicht.

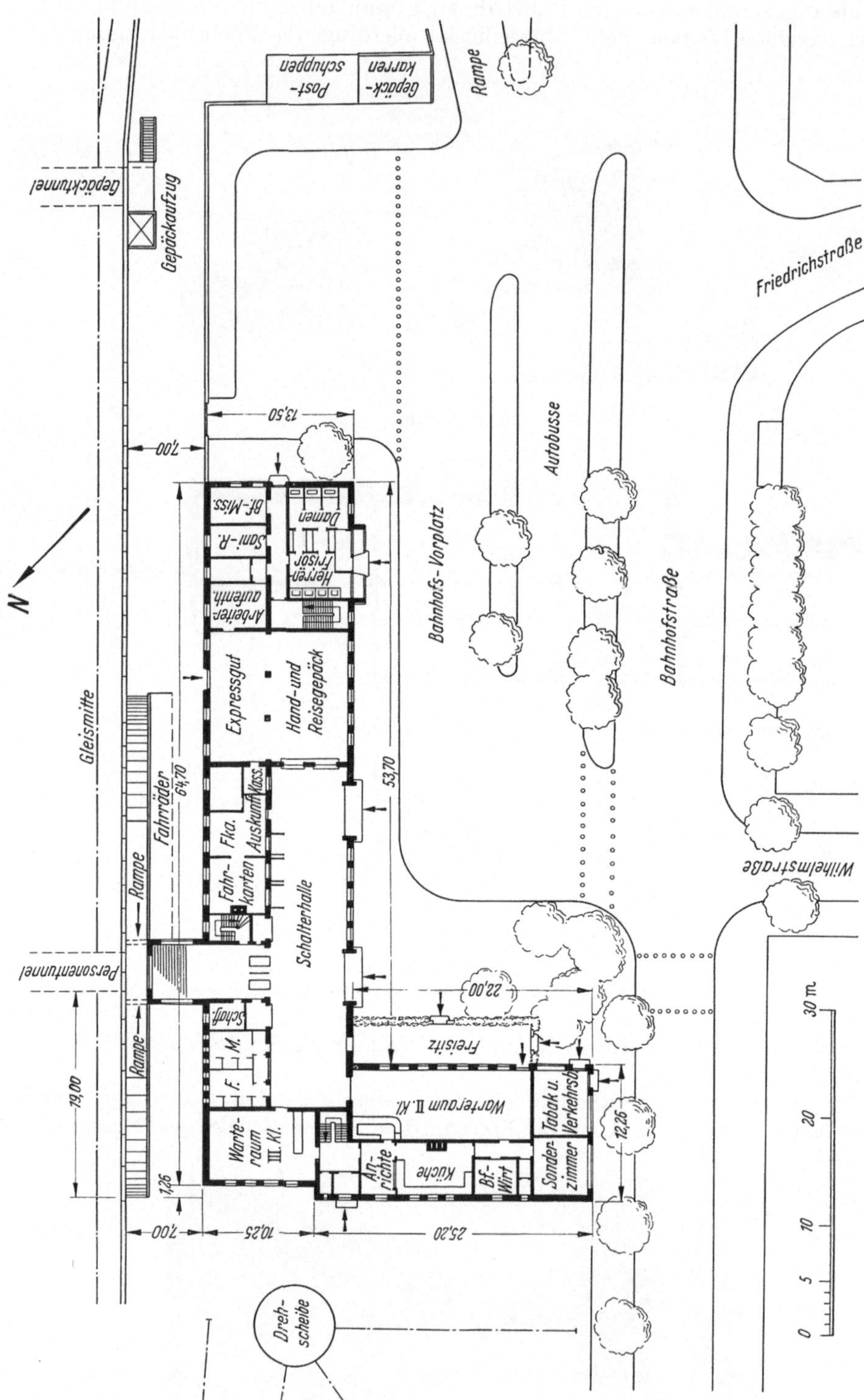

Abb. 61. Grundriß.

Abb. 60 und 61. Empfangsgebäude Nienburg (Weser)

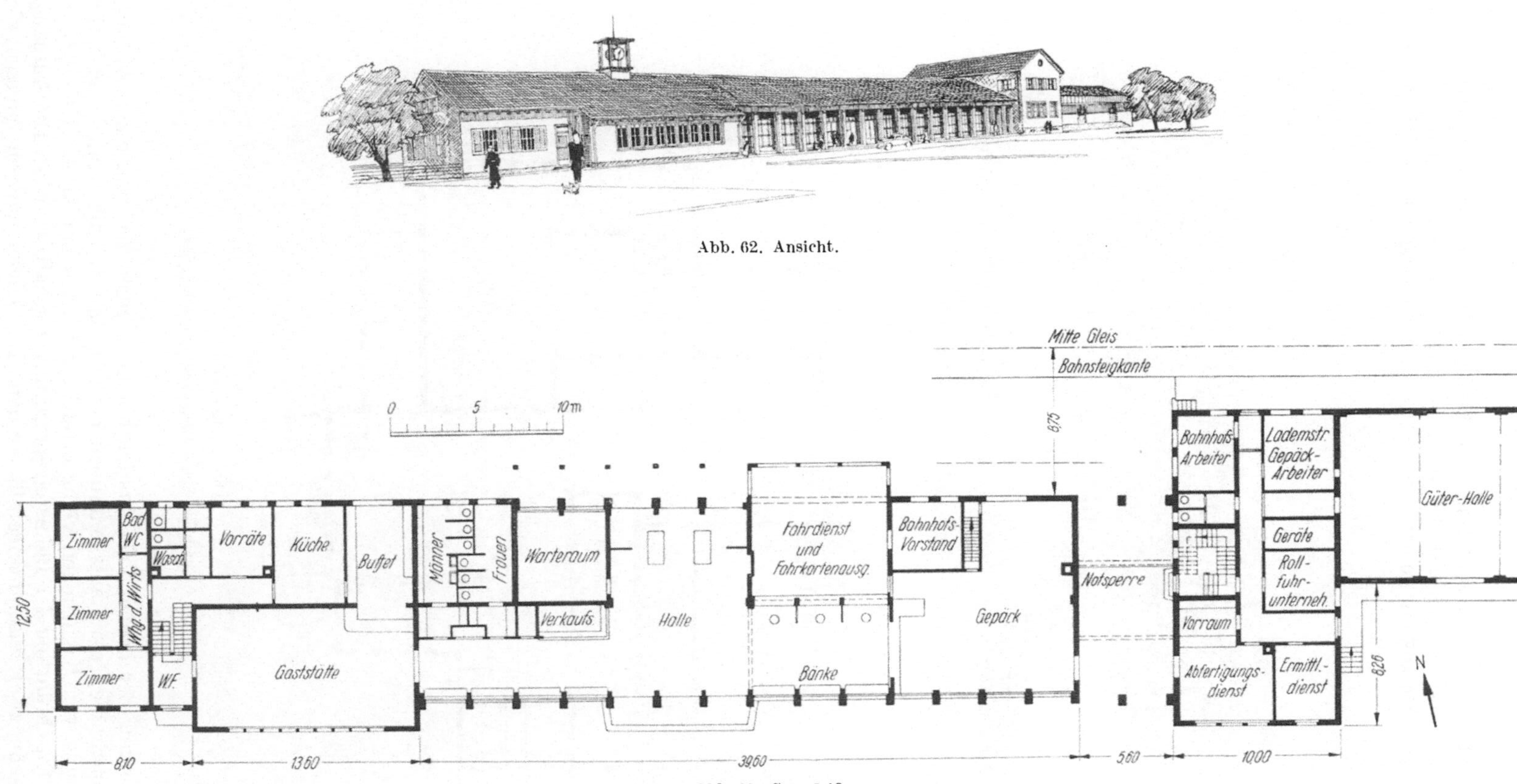

Abb. 63. Grundriß.

Abb. 62 und 63. Empfangsgebäude Freudenstadt.

städtebaulich oft erwünscht sein. Sie läßt sich jedoch nur selten durchführen. Der Tunnel muß eine Mindestlichthöhe von 2,40 m haben. In der Regel wird für Zu- und Abgang ein gemeinsamer Tunnel mit genügender Breite ausgeführt.

Abb. 64. Ansicht.

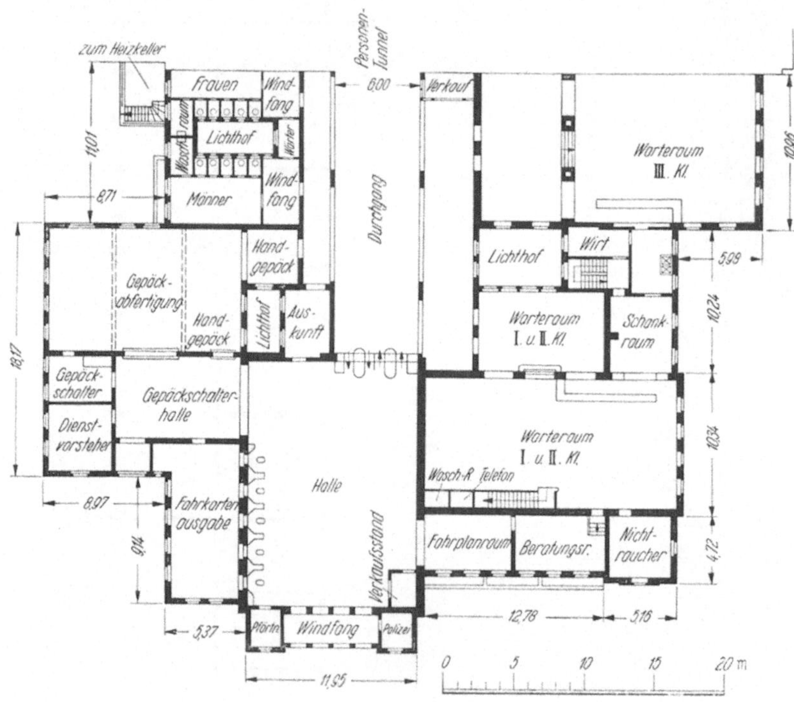

Abb. 65. Grundriß.

Abb. 64 und 65. Empfangsgebäude Rheine (Westf.).

Die Trennung der beiden Verkehrsrichtungen in einen Zu- und einen Abgangstunnel macht die Gesamtanlage unübersichtlich, ohne daß die damit beabsichtigte Vermeidung von Kreuzungen völlig erreicht wird. Sie hat ferner den Nachteil, daß die Durchführung der Bahnsteigsperre unwirtschaftlich wird. Die Ausgangssperre kann zwar zusammengefaßt werden. Die Zugangssperren müssen aber einzeln auf den Bahnsteigen an den Treppen vorgesehen werden, um die ankommenden Reisenden an der Benutzung dieser Treppen zu hindern.

Im Gegensatz zum kleinen Empfangsgebäude sind im großen eine höhere Zahl von Bediensteten tätig. Für den Betriebs- und Verkehrsdienst bestehen getrennte Dienststellen. Für die verschiedenen Dienstzweige sind größere Räume und eine Anzahl von Nebenräumen nötig. Es ergibt sich hieraus die Notwendigkeit, sie zu getrennten Raumgruppen zusammenzufassen und diese so anzuordnen, daß ein reibungsloser Dienstbetrieb und eine wirtschaftliche Personalverwendung möglich ist.

Im übrigen wird die Raumfolge im Empfangsgebäude noch beeinflußt durch die Gestalt des Bahnhofsvorplatzes und die allgemeine städtebauliche Lage. Bei großer Tiefe des Vorplatzes ist eine *Tiefenhalle* möglich. Die Schalterhalle liegt dann in ihrer Längsrichtung quer zu den Gleisen. Der Reisende betritt die Halle

Abb. 66. Modellansicht.
Empfangsgebäude Plattling.

vom Vorplatz aus durch genügend tiefe Windfänge. Rechts von der Halle werden die Fahrkartenschalter angeordnet. Hinter derselben schließt sich an einem Nebenflur oder einer Seitenhalle die Gepäckabfertigung an, die mit dem Gepäcktunnel in Verbindung steht. Durch die Seitenhalle kann das Gepäck unmittelbar zum Vorplatz gebracht werden. Die Sperre liegt in der Achse des Personentunnels. Zwischen der Gepäckabfertigung und dem Personentunnel liegt die Handgepäckaufbewahrung zweckmäßig so, daß sie sowohl vor als auch hinter der Sperre zugänglich ist, damit die Reisenden ihr Handgepäck gegebenenfalls nicht durch die Sperre zu tragen brauchen. Durch die Verbindung der Gepäckabfertigung mit der Handgepäckaufbewahrung ist ein personalwirtschaftlich guter Einsatz der Bediensteten gewährleistet. Auf der der Fahrkartenausgabe gegenüberliegenden Seite der Schalterhalle werden die Wartesäle angeordnet, mit den dahinter anschließenden Wirtschaftsräumen. Aborte für Männer und Frauen liegen zweckmäßig zwischen den Warteräumen und der Sperre. Die Auskunft liegt in der Nähe des Eingangs in Verbindung mit der Fahrkartenausgabe. Ein Raum für den Pförtner liegt ebenfalls nahe am Eingang, der für die Sperrschaffner nahe der Sperre. Verkaufsstände für Zeitungen, Tabakwaren, Süßigkeiten und anderen Reisebedarf sind ferner an geeigneten Stellen vorzusehen. Fahrplantafeln und etwaige Postschalter kommen in der Seitenhalle in der Nähe des Gepäcks unter.

Die Tiefenhalle hat den Nachteil, daß der Strom der ankommenden Reisenden unter Umständen bei starkem Andrang die vor den Fahrkartenschaltern wartenden Reisenden sowie den Zugang zu den Warteräumen stört. Die Halle muß also eine genügende Breite haben. Zweckmäßig ist es auch, die Fahrkartenschalter in Nischen zu legen und vor die Warteräume einen Seitenflur zu legen, der den

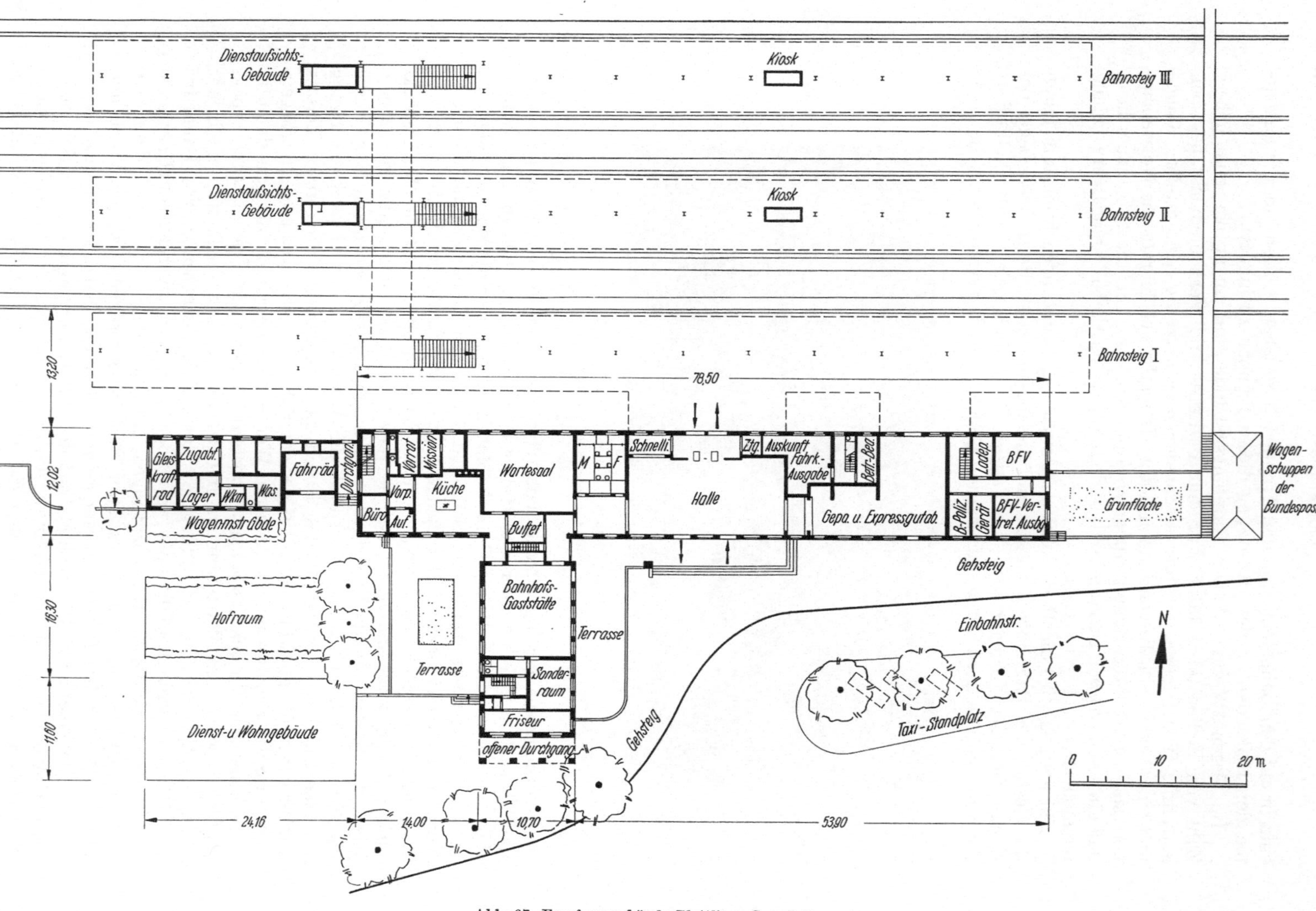

Abb. 67. Empfangsgebäude Plattling, Grundriß.

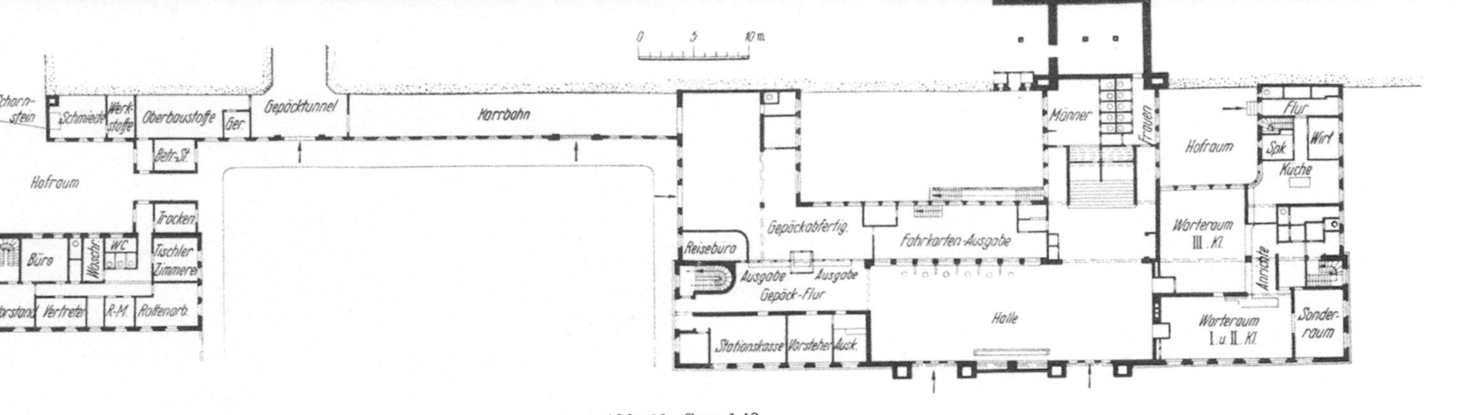

Abb. 68. Grundriß.

Abb. 69. Ansicht.
Abb. 68 bis 70. Empfangsgebäude Bergedorf.

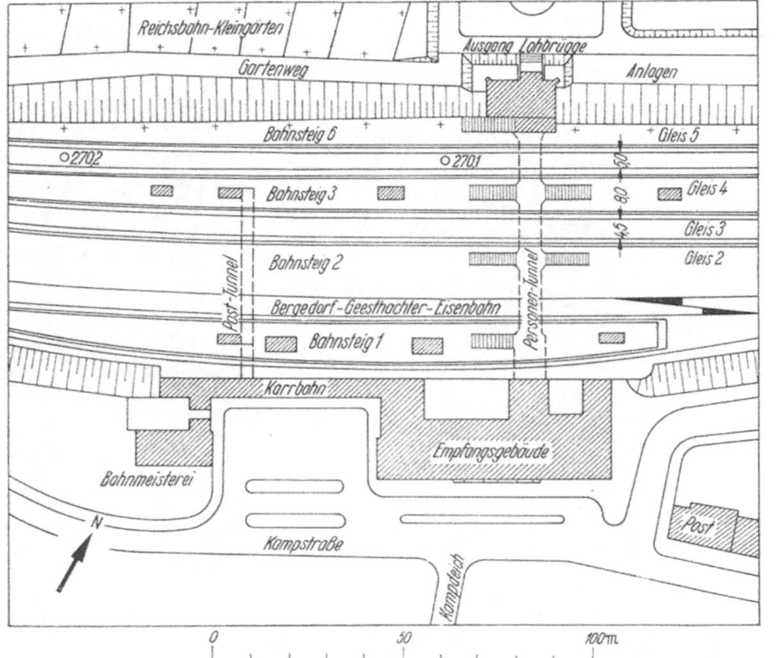

Abb. 70. Lageplan.

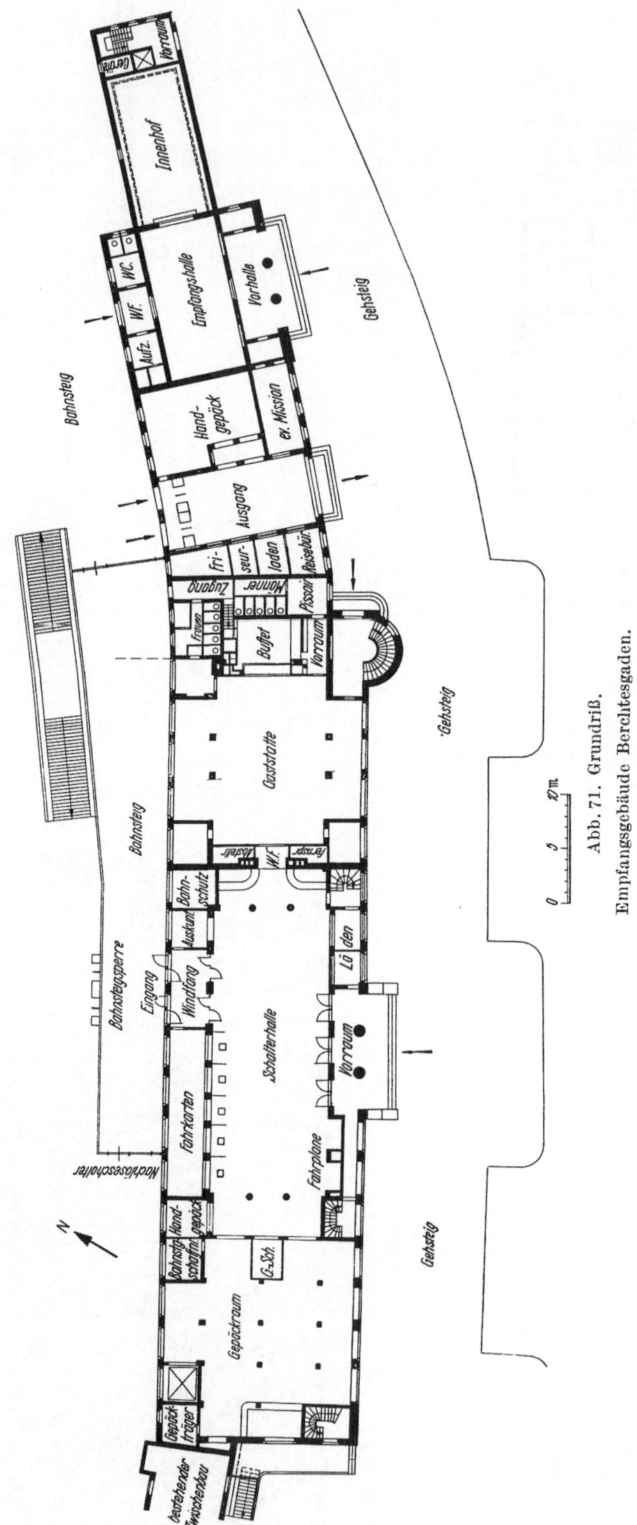

Abb. 71. Grundriß.
Empfangsgebäude Berchtesgaden.

Abb. 72. Ansicht.
Empfangsgebäude Berchtesgaden.

Zugang erleichtert und gegebenenfalls die Einbeziehung der Warteräume in die Sperre ermöglicht.

Bei geringerer Tiefe des Bahnhofsvorplatzes wird eine *Breitenhalle* zu wählen sein. Bei der Breitenhalle liegt der Ausgang in der Achse des Personentunnels, so daß die ankommenden Reisenden auf kürzestem Wege das Empfangsgebäude verlassen können. Der Eingang liegt versetzt dazu und führt unmittelbar auf die gegenüber auf der Bahnseite angeordnete Fahrkartenausgabe zu. Die Gepäckabfertigung liegt an der, vom Eintretenden gesehen, rechten Kopfseite der Schalterhalle, so daß das Gepäck unmittelbar vom und zum Bahnhofsvorplatz gebracht werden kann, ohne den übrigen Hallenteil zu kreuzen. Bei dieser Anordnung ist zwar eine rückläufige Bewegung des Reisenden von der Fahrkartenausgabe zur Gepäckabfertigung nicht zu vermeiden, was aber in Kauf genommen werden kann, da nur ein kleiner Teil der Reisenden Gepäck aufgibt. Handgepäckaufbewahrung und Auskunft liegen zweckmäßig zwischen der Gepäckabfertigung und der Fahrkartenausgabe. Die Wartesäle mit ihren Wirtschaftsräumen liegen an der, vom Eintretenden gesehen, linken Kopfseite der Schalterhalle, die Aborte zwischen den Wartesälen und der Sperre. Räume für die Polizei, den Pförtner, für Fahrpläne und Verkaufsstände werden an der Straßenseite der Schalterhalle untergebracht, ein Raum für Sperrschaffner am Tunneleingang hinter der Sperre.

Die vorstehend beschriebenen Regellösungen werden durch örtliche Verhältnisse stark beeinflußt. Wenn der Hauptverkehrsstrom von der Stadt nicht senkrecht zum Gleiskörper, sondern parallel dazu verläuft, so kann es in Frage kommen, den Weg der Reisenden innerhalb des Empfangsgebäudes rechtwinklig abzuknicken. Die Schalterhalle liegt dann in ihrer Längsrichtung parallel zum Bahnkörper. Sie hat auf der, vom Eintretenden gesehen, rechten Seite die Fahrkartenausgabe und links die Gepäckabfertigung, so daß diese unmittelbar mit dem Gepäcktunnel in Verbindung steht. Nach Durchschreiten der Halle gelangt man links zur Sperre und geradeaus in die Warteräume. Vorausgesetzt hierbei ist, daß die Schalterhalle für den Eintretenden links vom Bahnkörper liegt. Liegt sie rechts, ist es zweckmäßig, vorn neben der Halle links die Wartesäle und rechts die Fahrkartenausgabe und hinter dem Zugang zum Personentunnel die Gepäckabfertigung anzuordnen.

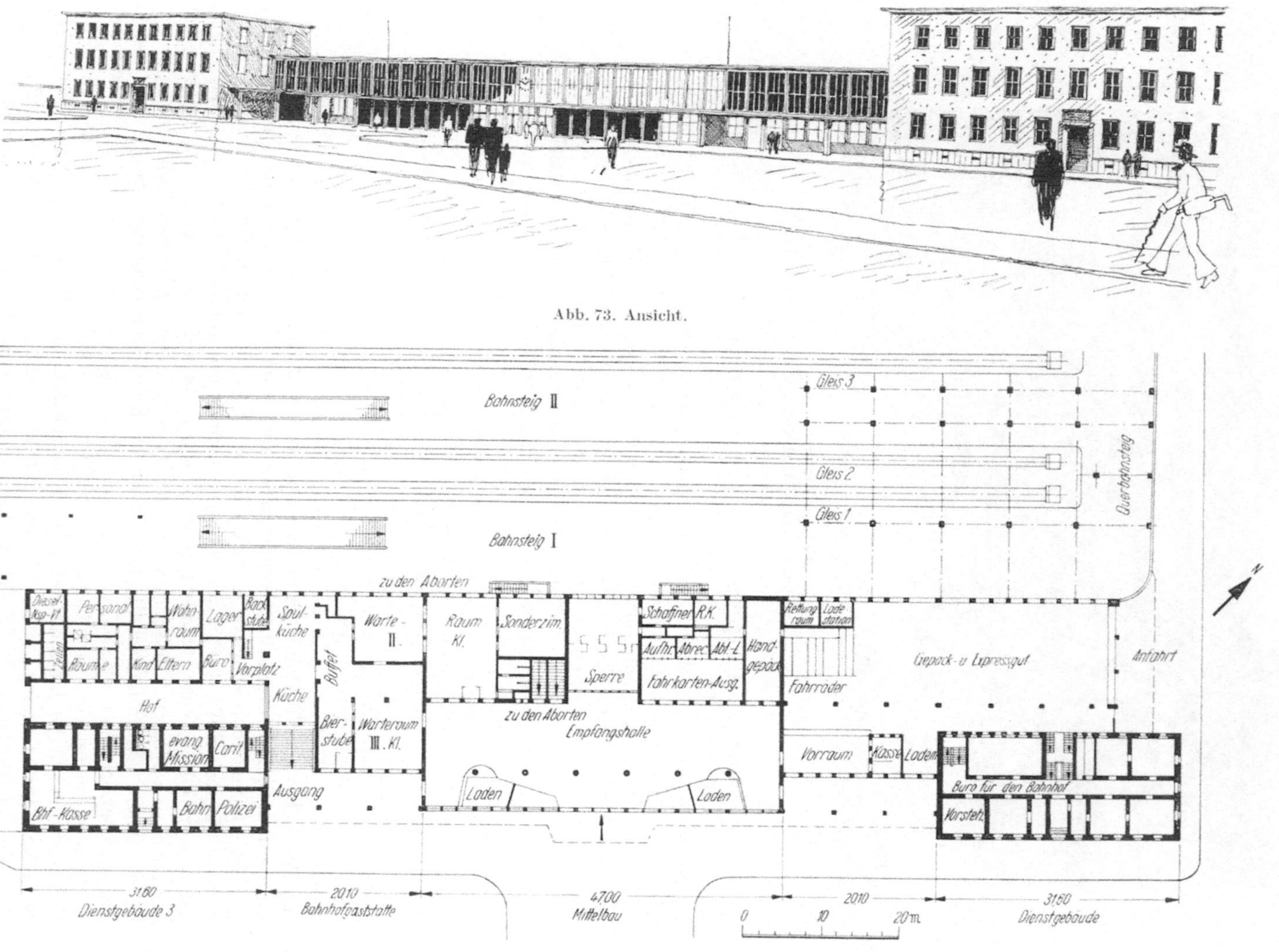

Abb. 73 und 74. Empfangsgebäude Ludwigshafen.

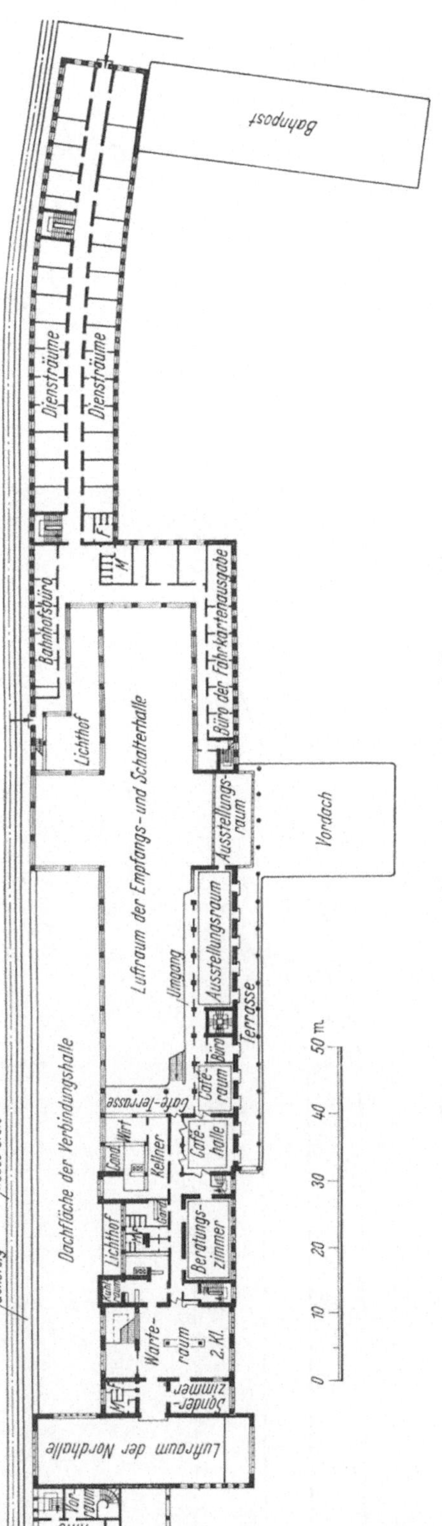

Abb. 75. Obergeschoßgrundriß.

Abb. 77. Schalterhalle.

Abb. 76. Außenansicht.

Abb. 75 bis 77. Empfangsgebäude Münster (Westf.).

42

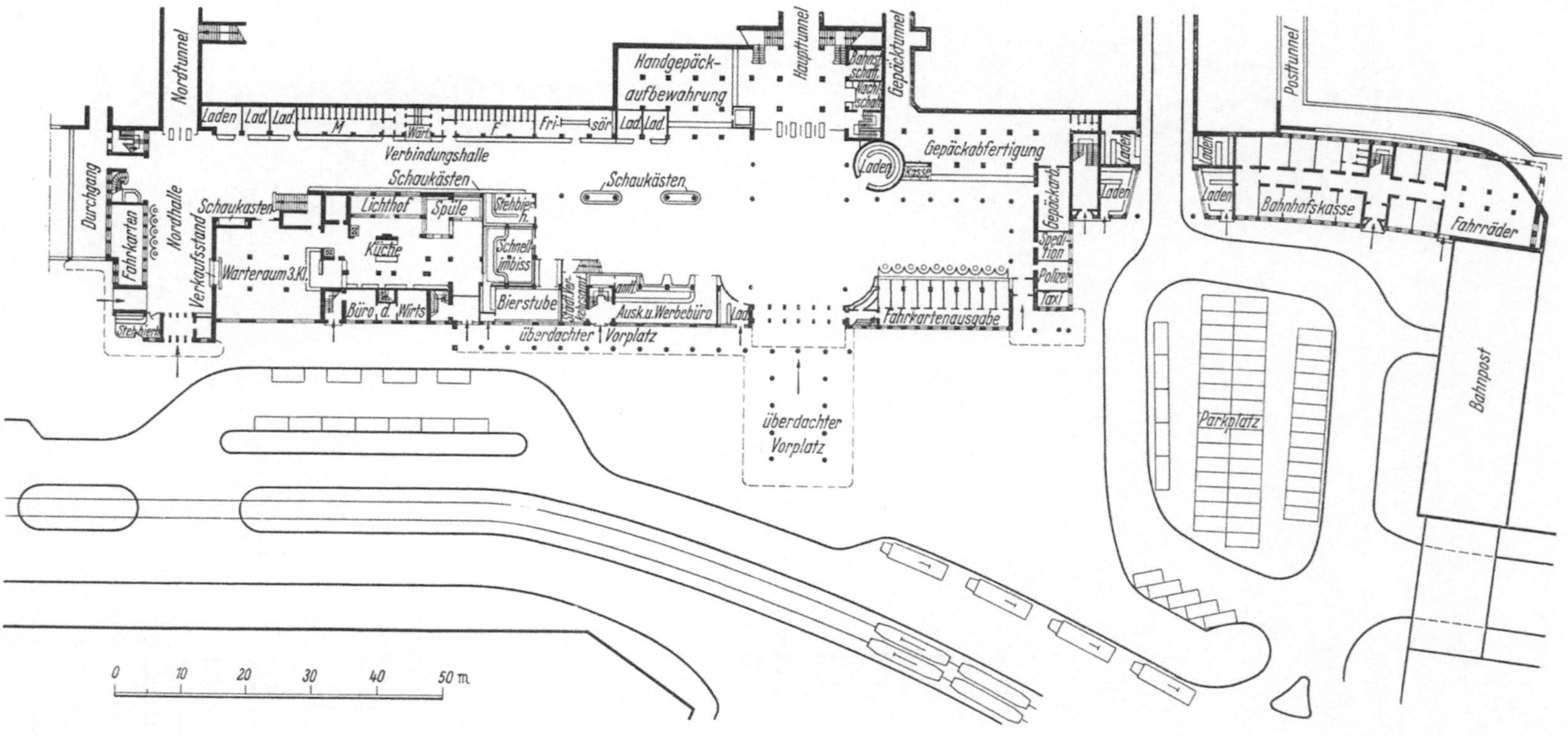

Abb. 78. Erdgeschoßgrundstück.
Empfangsgebäude Münster (Westf.).

d) Große Empfangsgebäude in Kopflage
(Abb. 14 bis 16, 91 bis 100).

Das Empfangsgebäude liegt quer vor Kopf der Gleise. Die Gleise können in Vorplatzhöhe, hoch oder vertieft liegen, jedoch ist die letzte Lösung in Deutschland bisher nicht ausgeführt worden.

Photo SCHMÖLZ

Abb. 79. Ansicht.

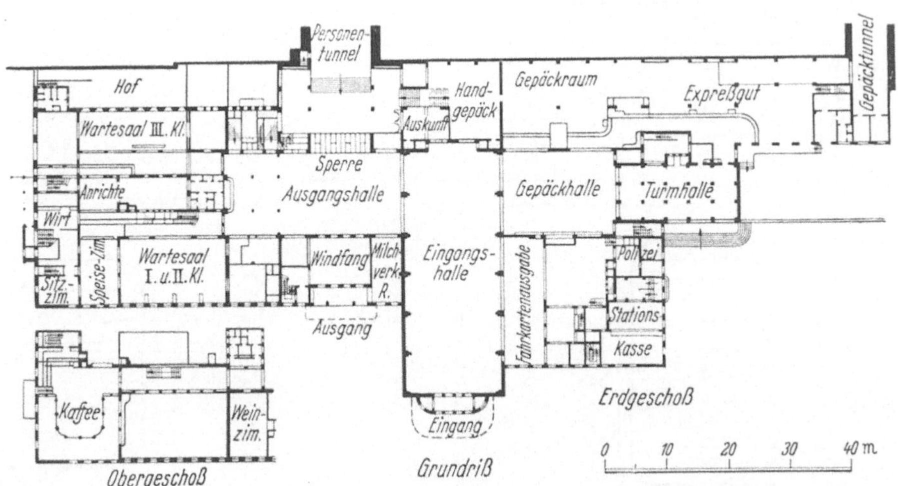

Abb. 80. Grundriß.

Abb. 79 und 80. Empfangsgebäude Oberhausen Hbf.

Die Bahnsteiggleise endigen stumpf vor einem Querbahnsteig, in den die zwischen den Gleisen befindlichen Zungenbahnsteige für Reisende und gegebenenfalls für Gepäck ausmünden. Die Bahnsteigsperren liegen meist im Zuge eines Sperrgitters, das den Querbahnsteig in seiner Längsrichtung in einen breiteren Teil am Empfangsgebäude und in einen schmaleren Teil vor den Gleisen trennt, auf dem ein Querverkehr der umsteigenden Reisenden möglich ist. In einigen Fällen liegt jedoch der ganze Querbahnsteig innerhalb der Sperre, wobei die Sperren im Empfangsgebäude angeordnet sind. Diese Einrichtung ist insbesondere dann getroffen worden, wenn sich ein zu starker und störender öffentlicher

Abb. 81. Ansicht.   Photo SCHMÖLZ

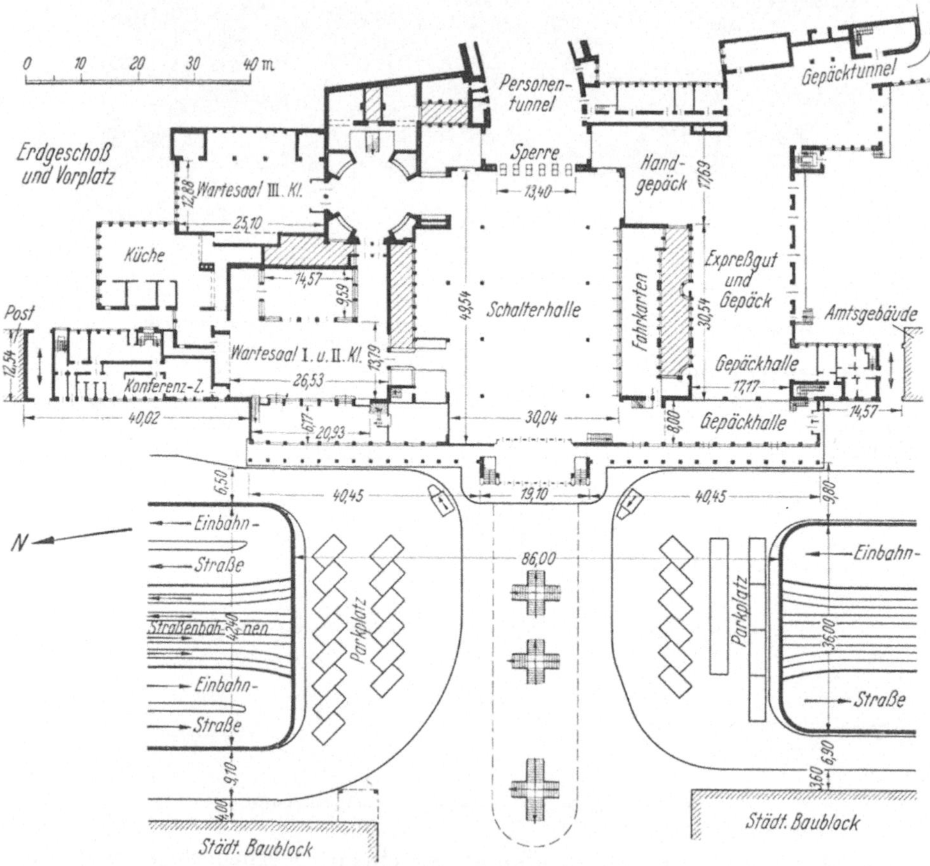

Abb. 82. Grundriß.

Abb. 81 und 82. Empfangsgebäude Duisburg Hbf.

Durchgangsverkehr in der nach beiden Seiten offenen Querbahnsteighalle entwickelt hat (Dresden, München). In beiden Fällen ist mittlerweile die Sperre in den Querbahnsteig hinausverlegt worden.

Die Hochlage der Gleise hat den Vorteil, daß das Gepäck nur einmal gehoben oder gesenkt zu werden braucht und daß Straßen und Wasserläufe leicht unter

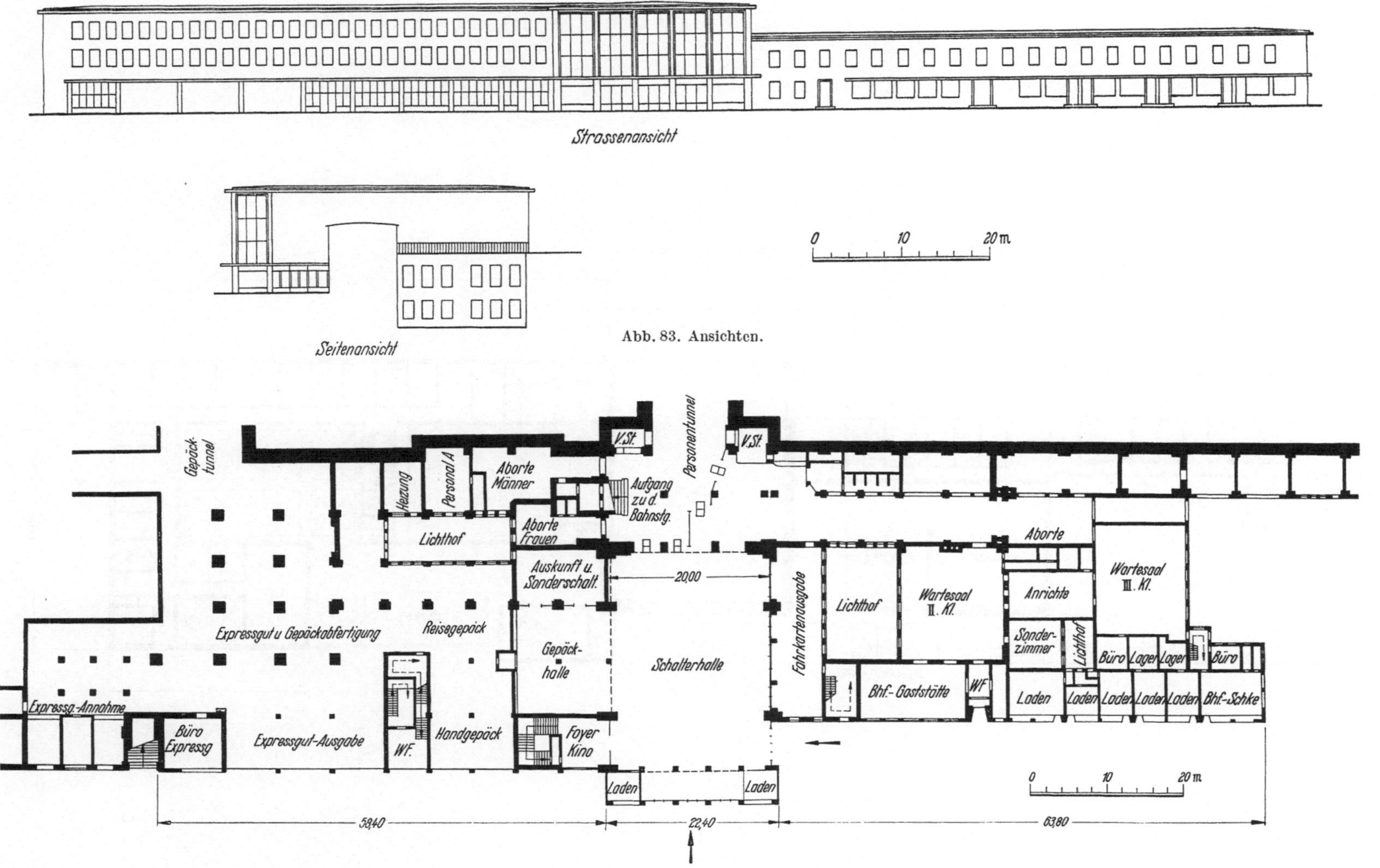

Abb. 83 und 84. Empfangsgebäude Dortmund (Hbf.).

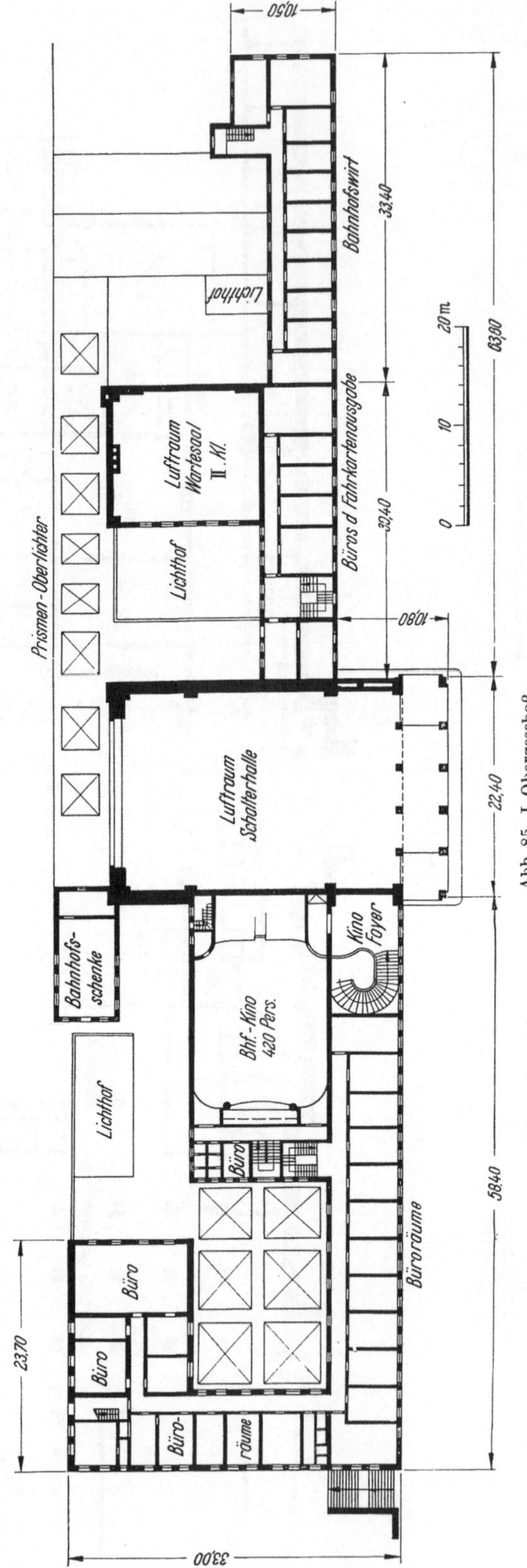

Abb. 85. I. Obergeschoß.
Empfangsgebäude Dortmund (Hbf.).

Abb. 86. Ansicht.

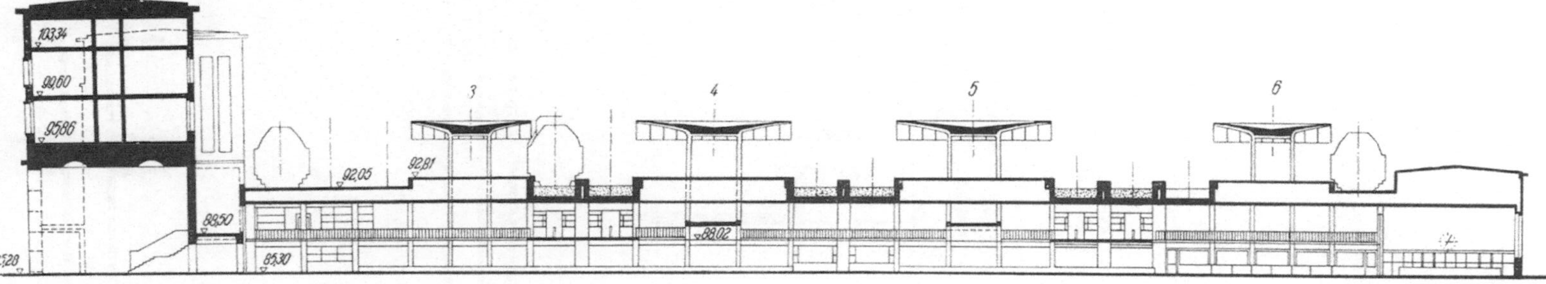

Abb. 87. Querschnitt.

Abb. 86 und 87. Empfangsgebäude Essen Hbf.

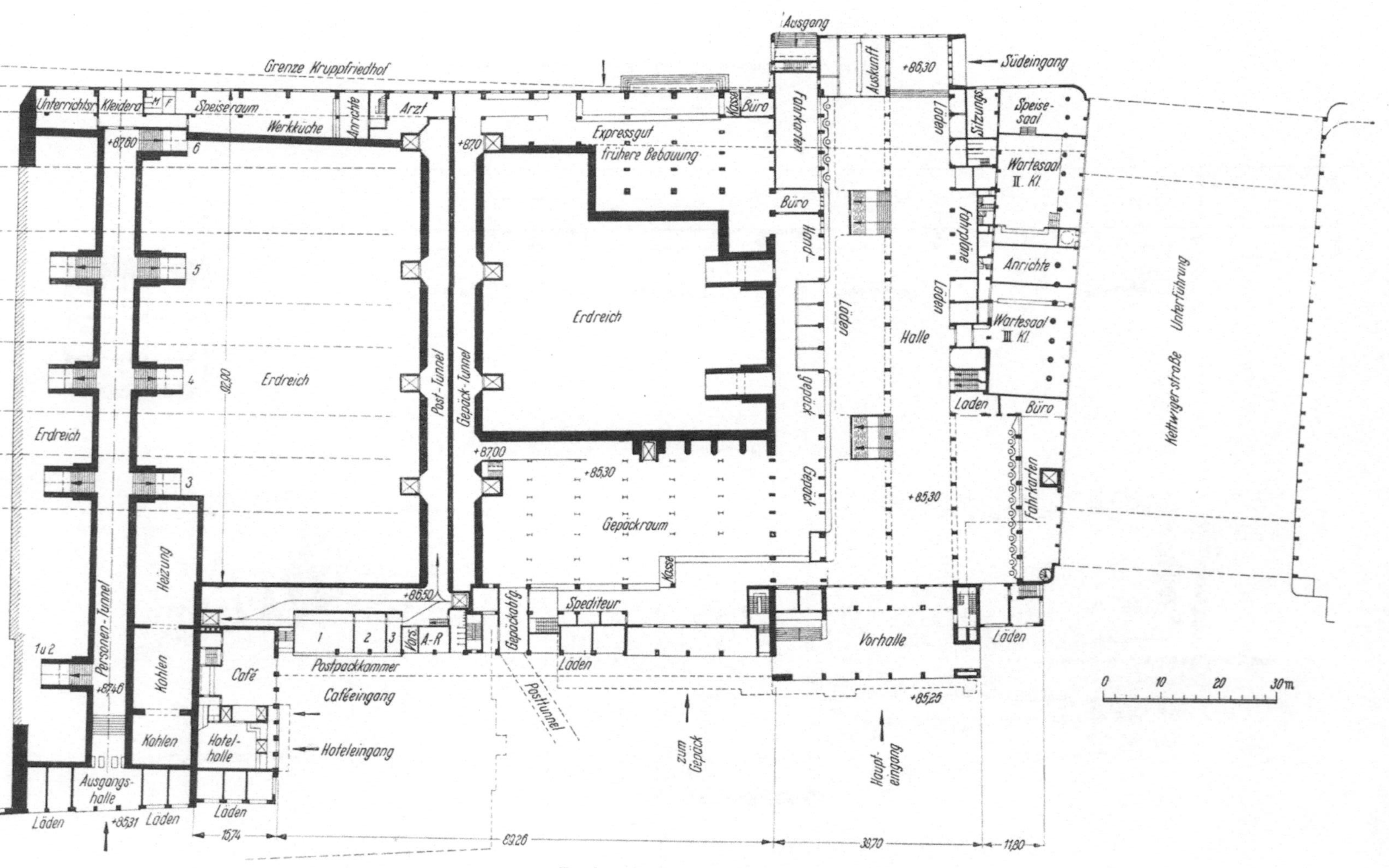

Empfangsgebäude Essen Hbf.

Abb. 88. Grundriß des Erdgeschosses.

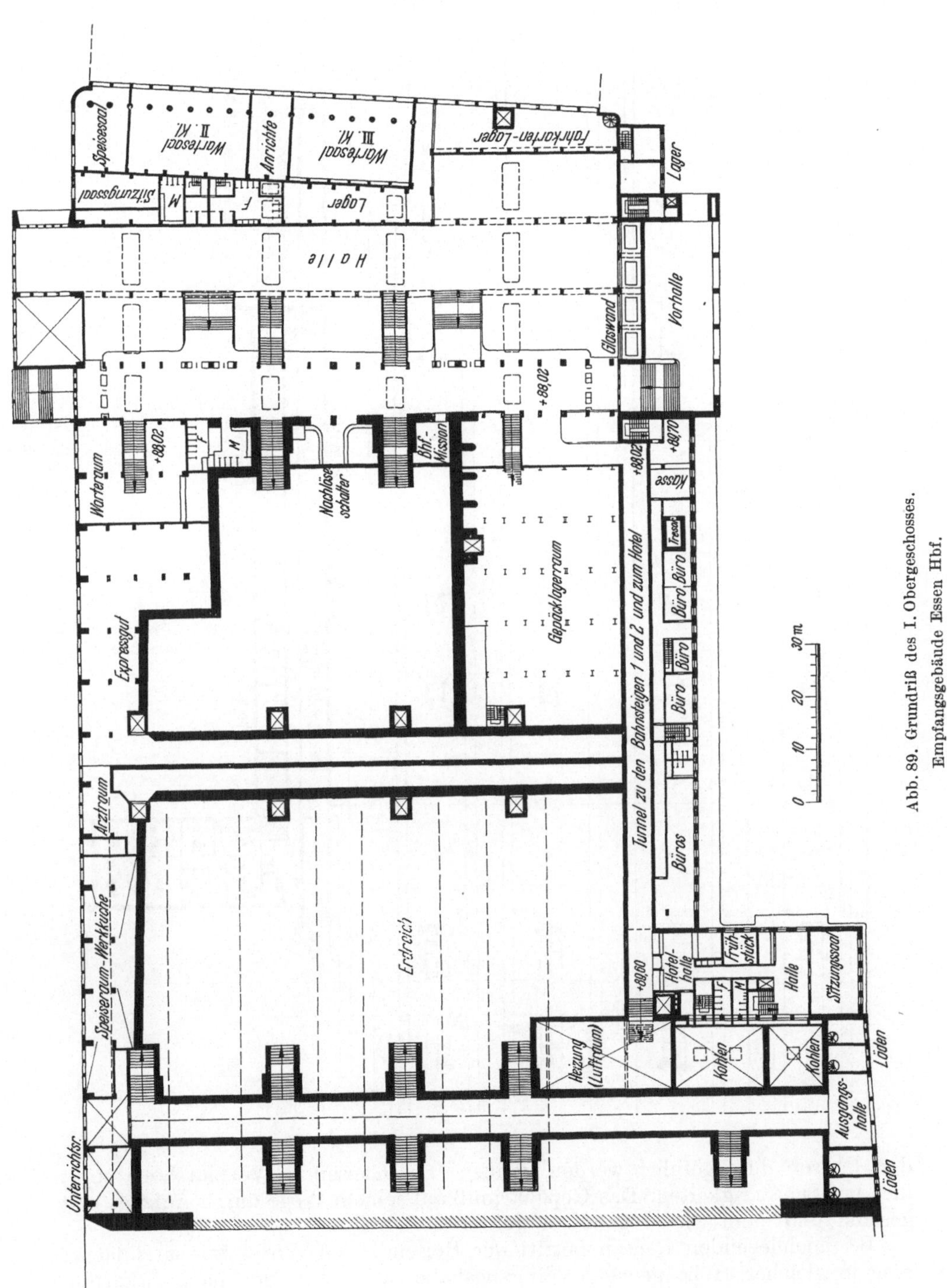

Abb. 89. Grundriß des I. Obergeschosses.
Empfangsgebäude Essen Hbf.

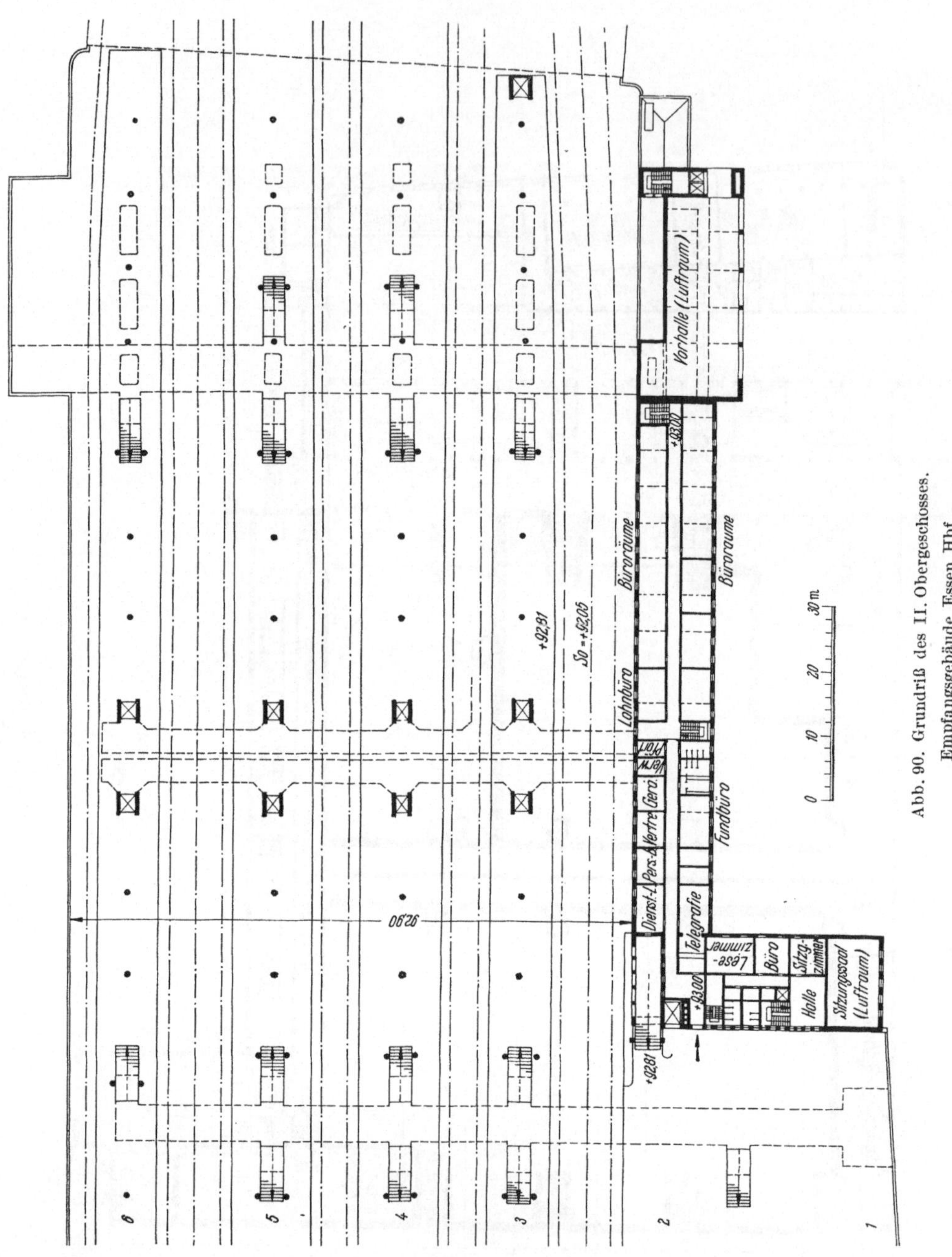

Abb. 90. Grundriß des II. Obergeschosses. Empfangsgebäude Essen Hbf.

den Gleisen durchgeführt werden können. Bei Gleisen in Vorplatzhöhe stößt dies auf Schwierigkeiten. Das Gepäck muß auf seinem Wege durch Aufzüge erst gesenkt und dann wieder gehoben werden.

Bei hochliegenden Gleisen betritt der Reisende vom Vorplatz aus zunächst eine in gleicher Höhe gelegene Eingangshalle, an der rechts die Fahrkartenschalter liegen. Links schließt sich eine langgestreckte Gepäckhalle mit Gepäckabfertigung und Handgepäckabfertigung an, so daß das Gepäck unmittelbar von und zum Vorplatz befördert werden kann. Eine breite Treppe führt von der

Photo Grah

Abb. 91. Ansicht von Süden.

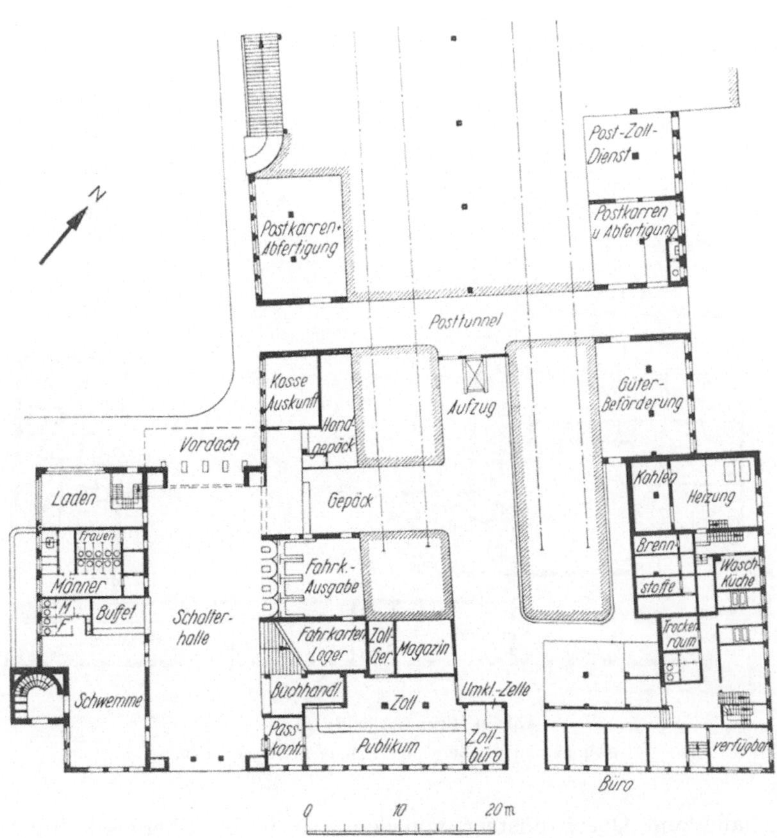

Abb. 92. Grundriß in Straßenhöhe.
Abb. 91 und 92. Empfangsgebäude Friedrichshafen.

4*

Abb. 93. Gesamtansicht.

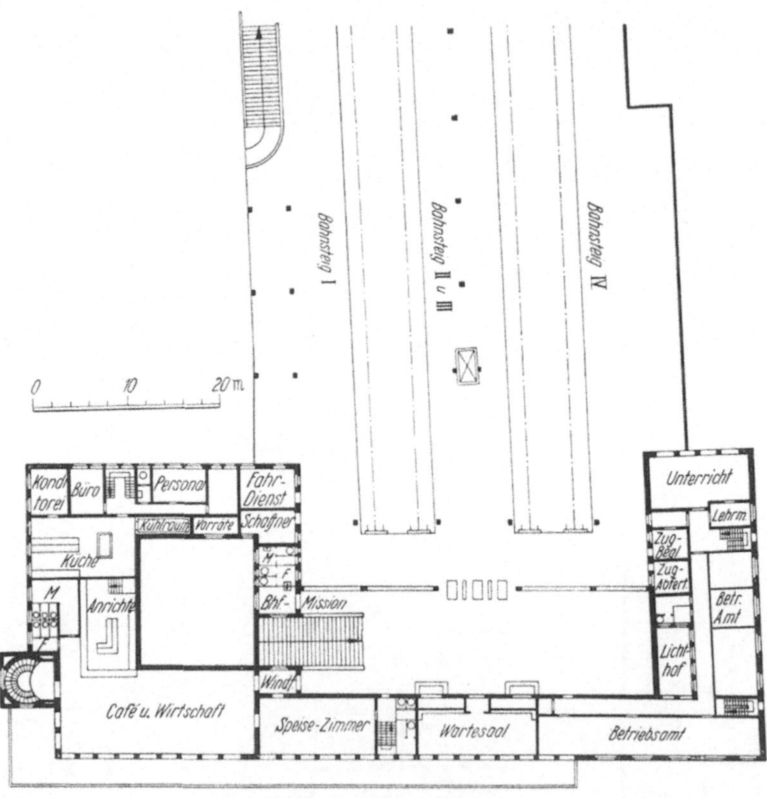

Abb. 94. Grundriß in Gleishöhe.
Abb. 93 und 94. Empfangsgebäude Friedrichshafen.

Eingangshalle zum Querbahnsteig, von dem aus die im Obergeschoß gelegenen Warteräume und die Aborte zugänglich sind. Die Betriebsdiensträume liegen in Seitenflügeln längs der Gleise.

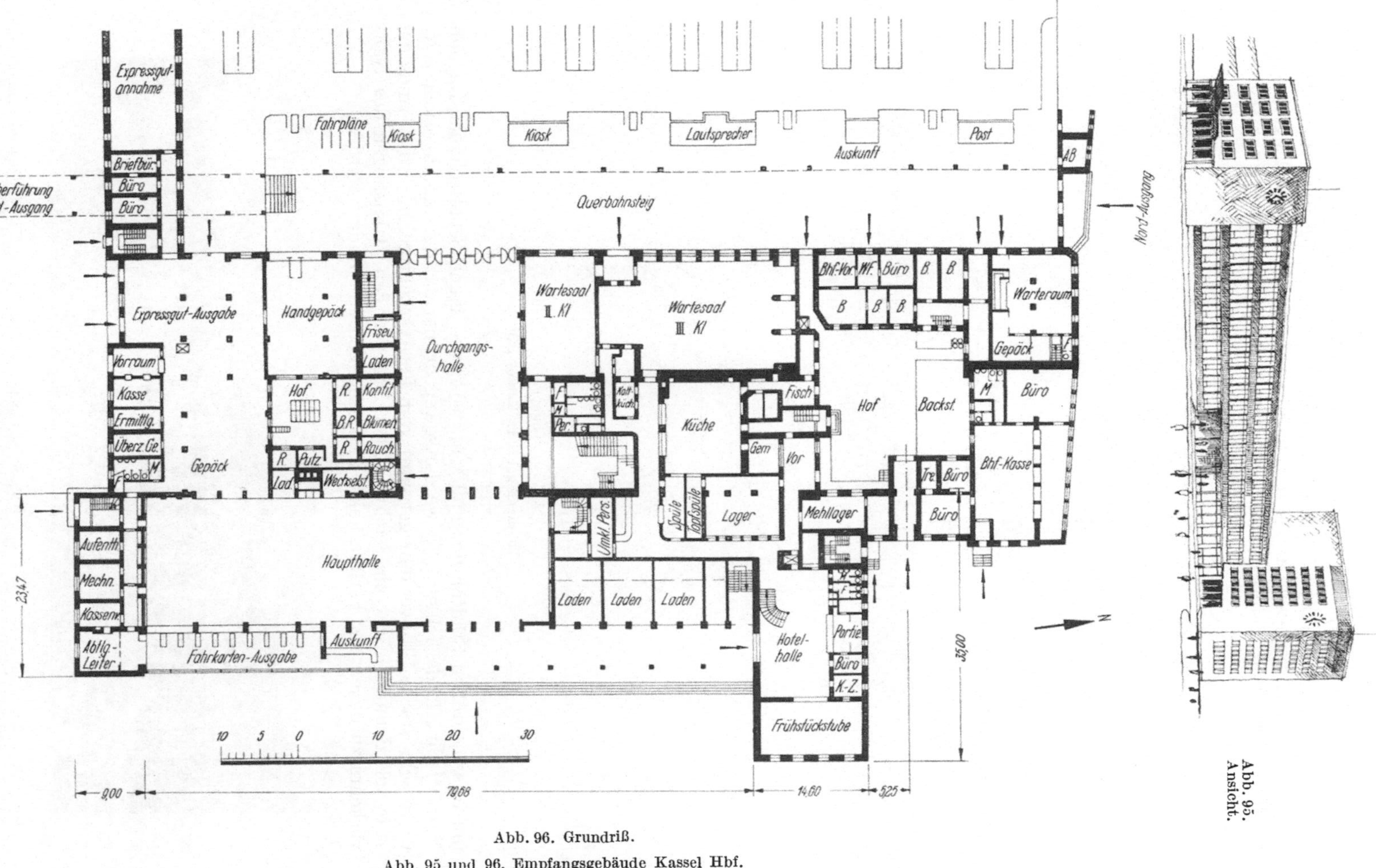

Abb. 96. Grundriß.

Abb. 95 und 96. Empfangsgebäude Kassel Hbf.

e) Empfangsgebäude des Nahverkehrs.

Auf vielen Fernbahnhöfen kommt auch Nahverkehr in Betracht. Einrichtungen in den Empfangsgebäuden sind hierfür aber nur dann notwendig, wenn besondere Gleise und Bahnsteige für den Nahverkehr vorhanden sind. Das wird

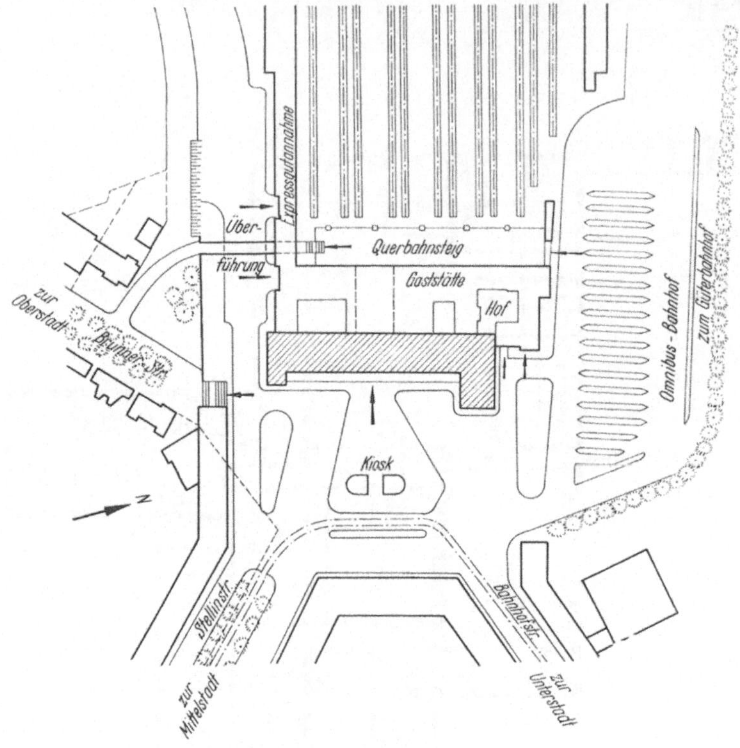

Abb. 97. Lageplan.
Empfangsgebäude Kassel Hbf.

nur in sehr großen Städten der Fall sein, wo dann eigene Schalterhallen für den Nahverkehr erforderlich sind. Sie werden so angeordnet, daß der im Nahverkehr zeitweise sehr starke Stoßverkehr getrennt vom Fernverkehr geführt wird. Andererseits soll dadurch nicht ein leichter Übergang von den Bahnsteigen des Nahverkehrs zu denen des Fernverkehrs und umgekehrt behindert werden.

Abb. 98. Ansicht.   Photo Steidl
Empfangsgebäude München (Starnberger Bf.).

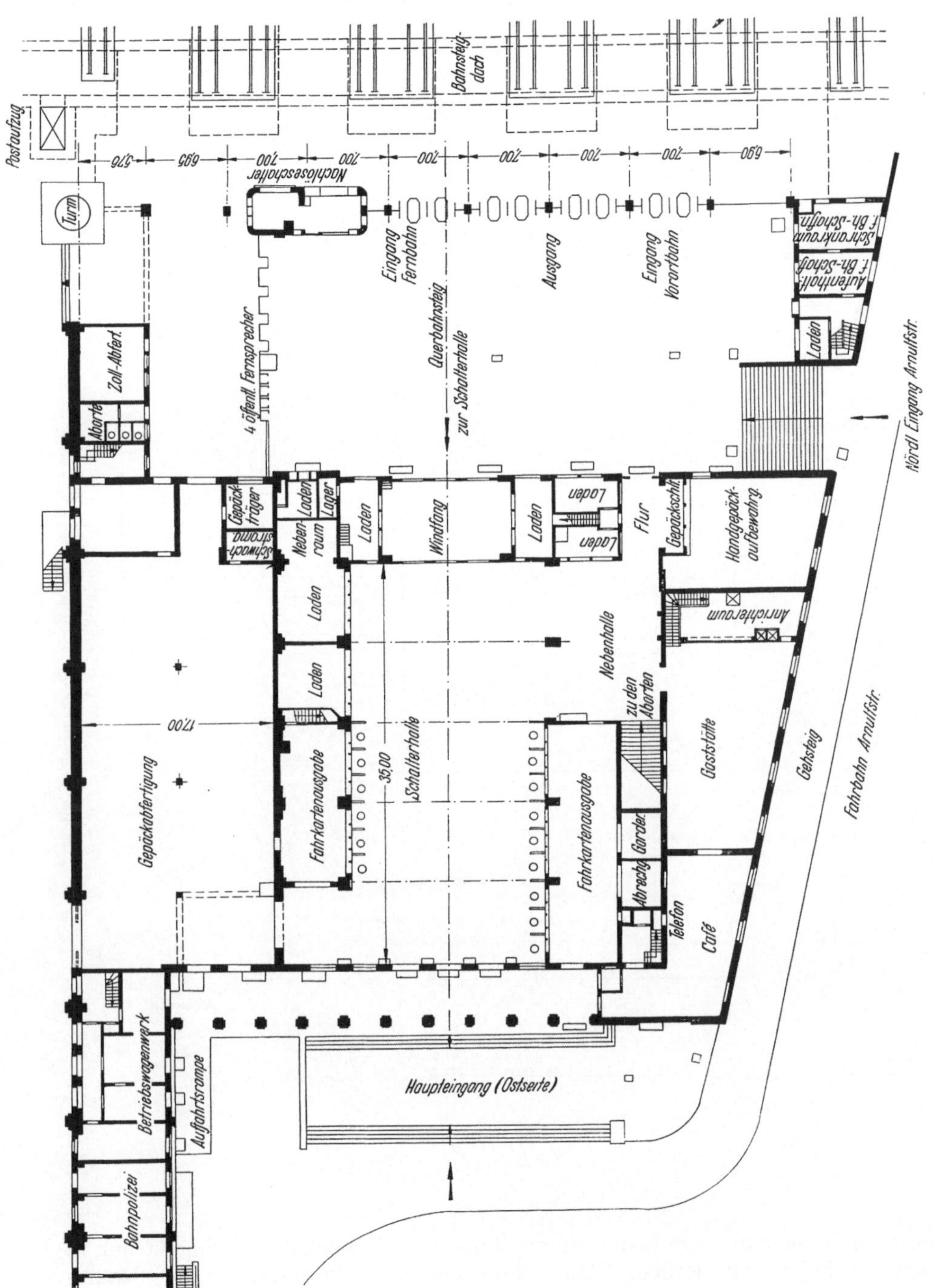

Abb. 99. Grundriß.
Empfangsgebäude München (Starnberger Bf.).

Besondere Nahverkehrsbahnhöfe sind die der Stadt- und Vorortbahnen in den größten Städten. Die Empfangsgebäude benötigen meist nicht viel Räume, wenn sie allein dem Nahverkehr dienen. Außer der Schalterhalle sind meist nur die Fahrkartenausgabe mit Abrechnungsraum, ein Vorsteherzimmer und Aborte

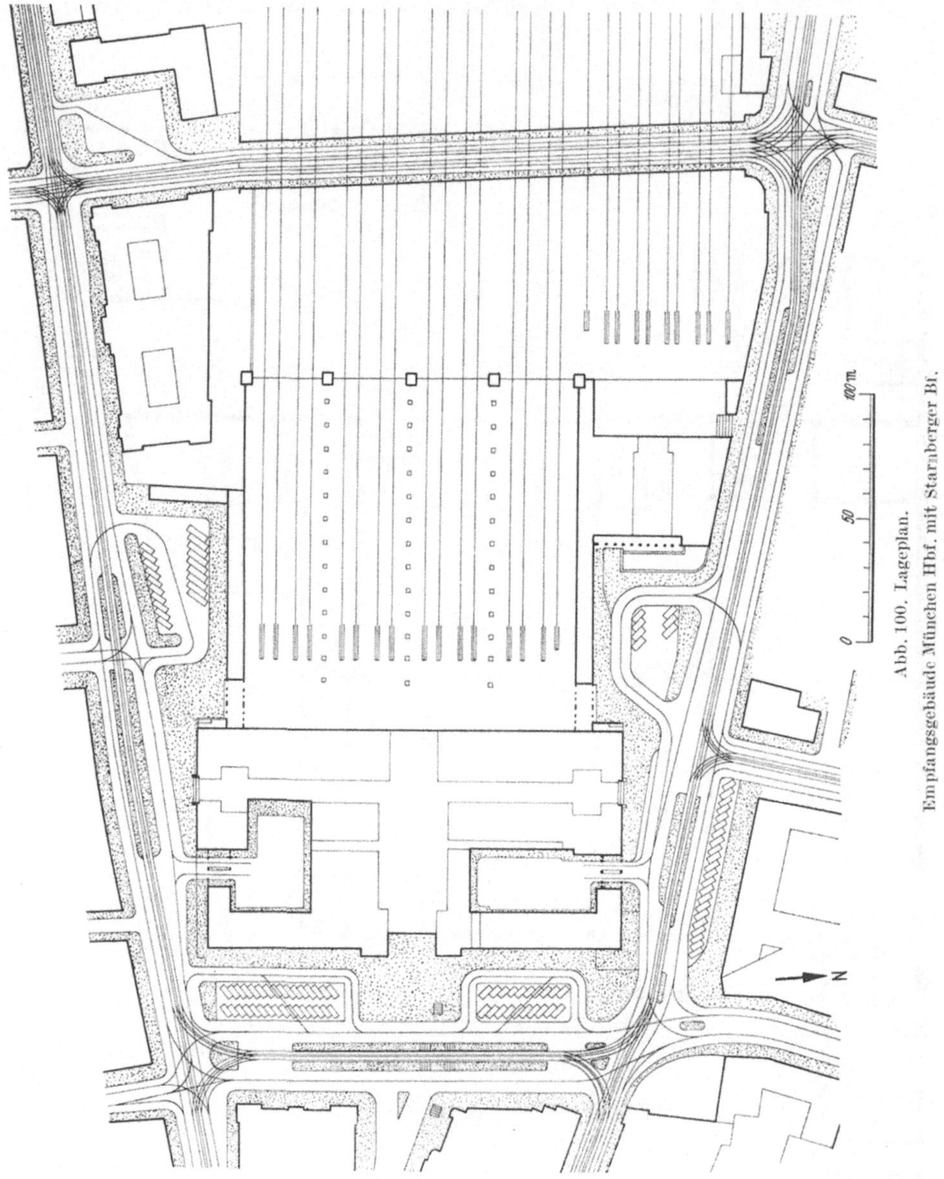

Abb. 100, Lageplan. Empfangsgebäude München Hbf. mit Starnberger Bf.

für die Fahrgäste und die Bediensteten nötig. Eine Gepäckabfertigung ist nur in Ausnahmefällen erforderlich. Wenn die Gleise hoch liegen, kann der Raumbedarf oft unter denselben befriedigt werden. Die sonst erforderlichen Gebäude gehören also zu den kleinen Empfangsgebäuden. Ihre Eigenart beruht auf Besonderheiten des Verkehrs. In den meisten Fällen handelt es sich um Berufs- und Ausflugsverkehr mit Verkehrsspitzen zu gewissen Tageszeiten und an Sonn-

und Feiertagen. Im Berufsverkehr haben die Fahrgäste meist Dauerkarten, so daß die Zahl der Fahrkartenschalter nicht besonders groß zu sein braucht. Dagegen sind auf Bahnhöfen mit Ausflugsverkehr zahlreiche Schalter erwünscht. Zur Bewältigung des Stoßverkehrs sind zahlreiche Sperrdurchgänge und oft auch mehrere Ein- und Ausgänge erwünscht. Um die Eisenbahn wettbewerbsfähig im Verhältnis zu andern Nahverkehrsmitteln zu machen, ist es besonders notwendig, die Lage der verschiedenen Zugänge den Hauptrichtungen des städtischen Verkehrs gut anzupassen. Im Nahverkehr liegen die Verkehrsspitzen des Zu- und Abgangs meist an verschiedenen Tageszeiten, z. B. im Berufsverkehr morgens in die Stadt und abends heraus. Es ist deshalb nicht auf allen derartigen Bahnhöfen nötig, getrennte Ein- und Ausgangswege zu schaffen. Wegen der notwendigen zahlreichen Sperrschaffner sind diese teuer im Betrieb. Je mehr Sperrschaffner nötig sind, desto teurer werden derartige Anlagen. Dagegen sind sie auf Nahverkehrsbahnhöfen, die den ganzen Tag über starken Zu- und Abgangsverkehr haben, also an Hauptpunkten des städtischen Verkehrs, erwünscht. Während bei Fernbahnhöfen der Zugang zu den Bahnsteigen zweckmäßig in der Mitte liegt, liegen die Zugänge im Nahverkehr am besten an den Enden der Bahnsteige. Bei getrennten Zu- und Abgängen dient die der Bahnsteigmitte näher gelegene Treppe dem Abgang und die weiter gelegene dem Zugang der Reisenden. Bei dieser letzteren liegt die Sperre oben auf dem Bahnsteig, um ihre Benutzung als Abgang zu verhindern.

Auf Bahnhöfen des Nahverkehrs ist der Einbau von Läden und Verkaufsständen in der Schalterhalle und an den Zu- und Abgangswegen besonders lohnend, weil infolge des stark flutenden Verkehrs größerer Umsatz höhere Mieten erwarten läßt.

4. Räume für die Reisenden.

a) Schalterhalle (Abb. 101 bis 109).

Die Schalterhalle ist der zentrale Hauptraum für den Reiseverkehr im Empfangsgebäude. Sie ist stets vorhanden, abgesehen von kleinsten Behelfsanlagen, bei denen Fahrkarten unter einem schützenden Vordach ins Freie verkauft werden (Abb. 28). Die Schalterhalle soll so angeordnet sein, daß der Reisende beim Eintritt die für ihn wichtigsten Einrichtungen sofort übersieht.

Diese Einrichtungen sind bei *kleinen Empfangsgebäuden* die Fahrkartenschalter, ein Schalter für das Gepäck, die Zugänge zu den Bahnsteigen und zu den Warteräumen. Da bei kleinen Bahnhöfen oft der Güterschuppen mit dem Empfangsgebäude verbunden ist und keine besondere Abfertigung erhält, ist in diesem Falle meist ein weiteres Schalterfenster für die Abfertigung von Expreß-, Eilstück- und Stückgut erforderlich. Falls besondere Warteräume nicht vorhanden sind, dient die Schalterhalle gleichzeitig als Warteraum. In diesem Falle sind fest eingebaute Bänke erwünscht. Die neben den Schaltern, Türen und Fenstern verbleibenden Wandflächen sollten in möglichst großem Umfange für die Anbringung von Aushängen verschiedener Art vorbereitet werden. Außer den Fahrplänen müssen in der Schalterhalle amtliche Bekanntmachungen der Eisenbahn, Anzeigen fremder Eisenbahnverwaltungen und anderer Behörden, Wohlfahrtsanzeigen, eigene Werben und schließlich gewerbliche Reklame angebracht werden. Der Flächenbedarf hierfür ist sehr groß. Es besteht die Gefahr, daß die Schalterhalle durch wildes Aufkleben auf den Wandflächen sehr verunstaltet wird, wenn nicht Tafeln in genügendem Ausmaße vorhanden sind.

Da die Fahrpläne im Wettbewerb mit anderen Verkehrsunternehmen für die Eisenbahn ein gutes Werbemittel sind, ist ihre zweckmäßige und gute Anbringung von besonderer Bedeutung. Die Aushangfahrpläne werden seit 1932 in einer einheitlichen Höhe von 0,85 m hergestellt. Bei der Bemessung der Tafeln kann

Abb. 101. Empfangsgebäude Bingen.
Fahrkartenschalter.

Abb. 102. Empfangsgebäude
Bingen. Schalterhalle.

Abb. 103. Empfangsgebäude
München-Starnberger Bf.
Schalterhalle.

Photo STEIDL

Abb. 104. Empfangsgebäude
Nienburg (Weser).
Schalterhalle.

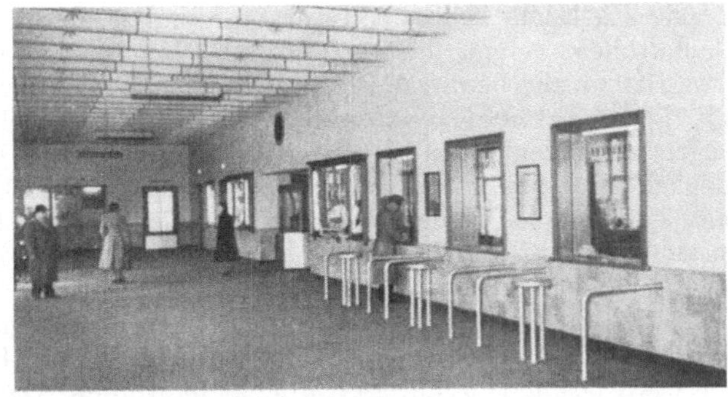

Abb. 105. Empfangsgebäude
Bergedorf.
Schalterhalle.

Abb. 106. Empfangsgebäude
Hamburg Hbf.
Fahrplanständer.

hierauf Rücksicht genommen werden, wenn es sich nicht empfiehlt, des besseren Gesamtbildes wegen die verfügbaren Wandflächen in einheitlicher Höhe von etwa 1,20 m, also etwa von Schalterfensterbrüstung bis Oberkante Türbekleidung mit Sperrholztafeln bzw. gerahmten Drahtglasscheiben, der Abwaschbarkeit wegen, zu bekleiden. In kleineren Schalterhallen wird es aus Platzmangel oft nur möglich sein, den Fahrplan der anschließenden Strecken auszuhängen. Nötigenfalls können die weniger verlangten Fahrpläne in besonderen Vorrichtungen zusammengefaßt werden. Seit längerer Zeit bewährt haben sich Gestelle, bei denen hintereinanderliegende, doppelseitig beklebte dünne Tafeln aus Sperrholz zum Gebrauch einzeln vorgezogen werden. Neuerdings sind ferner Einrichtungen in Gebrauch gekommen, bei denen die Fahrpläne in ihrer Höhe auf drehbare Zylinder von etwa 30 cm Durchmesser aufgeklebt werden. Die Zylinder stehen meist zu mehreren zusammengefaßt hinter einer Glasscheibe in Holzkästen, die frei stehen oder in die Wand eingelassen werden können. Der Betrachter kann die Rollen drehen, bis er den gesuchten Fahrplan vor sich hat. Auch diese Einrichtung hat sich bestens bewährt. Sie hat den Vorteil, daß sie sehr wenig Platz einnimmt. Bei neueren Ausführungen bestehen die Zylinder aus Plexiglas mit einer im Inneren in der Mittelachse angebrachten Leuchtröhre, so daß die Fahrpläne durchleuchtet und dadurch sehr gut lesbar sind. Leider bietet diese Ausführung Schwierigkeiten, wenn Fahrplanänderungen nachgetragen werden müssen (Abb. 106).

Außer diesen Aushangfahrplänen, welche dem Kursbuch entsprechend, die Abfahrt- und Ankunftzeiten auf allen Bahnhöfen ganzer Strecken zeigen, gibt es noch Fahrpläne, welche nur die Ankunft- und Abfahrtzeiten des betreffenden Bahnhofes enthalten, und zwar solche, die nach der Zeit und andere, die nach Strecken geordnet sind. Die ersteren sind für die Ankunft auf weißem und für die Abfahrt auf gelbem Papier gedruckt. Sie werden unter Glas gerahmt an auffälligen Stellen der Schalterhalle, gegebenenfalls auch im Freien, in den Tunnels und auf den Bahnsteigen ausgehängt. Falls die Allgemeinbeleuchtung nicht ausreicht, sind sie durch Sofittenlampen innerhalb des Rahmens besonders zu beleuchten. Die nach Strecken geordneten Abfahrt- und Ankunfttafeln sind so eingerichtet, daß der Text durch auswechselbare Buchstaben- und Zahlentäfelchen gebildet werden kann. Diese bestehen aus weißem Email oder Kunststoff mit schwarzer und roter Beschriftung. Neuerdings haben sich auch die sogenannten Mutographtafeln gut bewährt, auf denen weiß oder rot gefärbte Metallbuchstaben mittelst rückwärts angebrachter Halter in Rillen gesteckt werden können. Die Tafeln sind mit schwarzem Tuch bezogen. Sie müssen verglast werden.

In *großen Empfangsgebäuden* können die *Schalterhallen* aus einem einheitlichen Raum bestehen oder in mehrere Räume mit besonderer Zweckbestimmung gegliedert sein. An eine Eingangshalle schließt sich oft die eigentliche Schalterhalle an, oder es ist neben der Schalterhalle eine Gepäckhalle vorhanden. Oft ist auch eine besondere Ausgangshalle angeordnet. Die Größe der Schalterhalle wird durch die Zahl der Fahrkartenschalter und die sonst notwendigen Einrichtungen, die von ihr zugänglich sein müssen, bestimmt. Für die Gepäckabfertigung sind genügend große Öffnungen vorzusehen, die durch einen niedrigen Gepäcktisch und nach oben verschiebbare Fenster abzuschließen sind. Oft läßt sich auch die Schmalseite der Halle mit einer durchgehenden Öffnung und Gepäcktisch für die Gepäckabfertigung einrichten oder das Gepäck wird in einer Seitenhalle an offenen Gepäcktischen abgefertigt.

Der *Fußboden* muß dem großen Verkehr entsprechend, haltbar und trittsicher sein. Im allgemeinen kommen deshalb nur Platten aus Kunst- oder Naturstein in Betracht. Gesinterte Tonplatten haben oft den Nachteil, daß sie leicht glatt werden, auch wenn sie gerillt oder genarbt sind, so daß die Gefahr des Ausgleitens besteht. Sie müssen mit einer Beimischung versehen sein, die das Glattwerden

Abb. 107. Empfangsgebäude München.
Starnberger Bf. Bahnsteigsperre.

Photo STEIDL

Abb. 108. Empfangsgebäude Bonn.
Bahnsteigsperre.

Abb. 109.
Empfangs-
gebäude Bonn.
Schalterhalle.

verhindert. Terrazzoplatten mit einer Beimischung von Basalt- oder Granitsplitt oder Carborundum haben sich bewährt. Geeignet sind auch Natursteinplatten (Solnhofener Kalkstein od. dgl.), die trittsicher bleiben und genügend verschleißfest sind.

Die *Wände* müssen in ihrem unteren Teil bis in Türsturzhöhe stoßfest sein und leicht gereinigt werden können. In einfachen Gebäuden muß Putz, gegebenenfalls Hartputz mit Ölfarbenanstrich, genügen. Die Kanten sind dann durch Kantenschutzschienen zu schützen oder stark abzurunden. Meist wird jedoch eine massive Wandbekleidung mit Klinker- oder glasierten Wandplatten angebracht. In besser ausgestatteten Gebäuden werden auch Platten aus geschliffenem oder poliertem Kalkstein verwendet. Die oberen Wandflächen und die Decke sind zu putzen und hell und einfach zu streichen im Hinblick auf die häufige Erneuerung des Anstrichs, die in Verkehrsräumen unvermeidbar ist.

Der helle Anstrich trägt auch zur Helligkeit der Halle bei, die ein Kennzeichen solcher Verkehrsräume sein sollte. Große und günstig angeordnete Fensterflächen sind deshalb unbedingt erforderlich. Hallen müssen hoch genug sein, um über Anbauten hinweg Seitenlicht reichlich einströmen zu lassen. Glasflächen dürfen deshalb reichlich bemessen werden, ohne Gefahr einer Übertreibung.

Die *Eingänge* zur Schalterhalle vom Vorplatz her erhalten gewöhnlich Windfänge von mindestens 3 m Tiefe. Zwei Türen kurz hintereinander — insbesondere mit größeren Gepäckstücken — zu durchschreiten ist zweifellos bei starkem Verkehr sehr hinderlich. Die äußeren Windfangtüren, in manchen Fällen auch die inneren, stehen deshalb bei mildem Wetter meist offen. Bei einzelnen neueren Empfangsgebäuden wurde auch auf Windfänge ohne Nachteile ganz verzichtet. Es könnte deshalb bezweifelt werden, ob Windfänge für Schalterhallen in allen Fällen notwendig sind. Bei kaltem Wetter und starkem Wind auf die Windfänge mögen beide Türen notwendig sein, besonders dann, wenn die Fahrkartenausgabe den Windfängen gegenüberliegt.

Für die Anordnung der *Türen* in Schalterhallen gilt folgendes. Zweiflügelige Türen sollten vermieden werden. Bei kleinsten Verhältnissen genügt ein genügend breiter Flügel mit Türschließer, Drücker und Falle. Sind mehrere Flügel nötig, so sind sie durch 0,30 bis 0,50 m breite, feste Mittelteile zu trennen. Bei zwei Flügeln dient der für den Eintretenden rechts liegende für den Eingang, der andere für den Ausgang. Beide Flügel sind mit Selbstschließer zu versehen und schlagen so in den Falz, daß sie sich nur in der Bewegungsrichtung des Reisenden öffnen lassen. Sie sind einseitig in der Verkehrsrichtung mit Handgriffen zu versehen. Hierdurch wird eine klare Verkehrstrennung im Sinne des Rechtsverkehrs erreicht, ohne daß sich die Reisenden mit ihren Gepäckstücken behindern. Sind mehr als zwei Türen vorhanden, so wird meist der größere Teil für den Ausgang eingerichtet, weil bei der Ankunft eines Zuges oft eine große Zahl von Reisenden schnell den Bahnhof zu verlassen strebt, während die abfahrenden Reisenden in einer größeren Zeitspanne einzeln kommen. Die inneren Windfangtüren werden zuweilen auch bei im übrigen ähnlicher Anordnung durchpendelnd ausgeführt. Nach Ansicht des Verfassers ist dies nicht so gut wie die vorstehend beschriebene Bauart, weil die Pendeltüren den Reisenden nach Durchschreiten beim Zurückschlagen treffen und verletzen können. Der Verkehr wird hierbei nicht in der erwünschten Weise geregelt.

Die Türflügel selbst werden aus Holz, Stahl oder Leichtmetall hergestellt. Sie sind besonders hohen Beanspruchungen ausgesetzt und müssen deshalb genügend stark und gegen Beschädigungen sicher gebaut sein. Mindestens bis auf eine Höhe von 1,10 m herab sind sie zu verglasen, damit man Dahinterstehende (auch Kinder) sehen kann. Geeignet hierfür ist Glas von 6 bis 8 mm Stärke, gegebenenfalls solches mit Drahteinlage. Da die Türen oft mit den Füßen aufgetreten und mit Koffern und Fahrrädern gestoßen werden, müssen die Kanten und Sockel von Holztüren mit Stahlblech beschlagen werden. Auch bei Metalltüren empfiehlt es sich, die Kanten massiv und besonders kräftig auszubilden.

In großen Empfangsgebäuden werden für die Aushangfahrpläne gewöhnlich günstig am Verkehrsstrom gelegene Nischen vorgesehen, die besonders gut belichtet sein müssen. In ihnen werden die Fahrpläne an den Wänden und auf freistehenden, doppelseitig benutzten Tafeln angebracht, die einen Abstand von 0,90 bis 1,00 m voneinander haben müssen.

Jede Schalterhalle muß ferner mit einer bei Tages- und künstlichem Licht gleich gut erkennbaren Uhr ausgestattet sein. Stunden und Minuten werden zweckmäßig nicht durch Ziffern, sondern durch lange und kurze Striche bezeichnet. Die Zeiger werden durch ein elektrisches Triebwerk bewegt, das von einer Hauptuhr aus gesteuert wird. Die Hauptuhr, die in einem der Diensträume steht, steuert auch die weiteren Nebenuhren, die in den sonstigen Dienst- und Warteräumen sowie außen notwendig sind.

Die Schalterhallen werden gewöhnlich durch Niederdruckdampf- oder Warmwasserheizung auf 12° C beheizt. In großen verkehrsreichen Hallen wird jedoch zuweilen auch von der Beheizung abgesehen. Oft werden Heizkörper zwischen den Fahrkartenschaltern unter den Drängelgittern angeordnet, um das Eindringen kalter Luft in die Zahlöffnungen zu vermeiden.

b) Warteräume und Wirtschaftsräume (Abb. 110 bis 116).

In *kleinen Empfangsgebäuden* ist die Schalterhalle gleichzeitig Warteraum. Ihre Ausstattung ist vorstehend schon beschrieben worden. Werden ein oder zwei besondere Warteräume ohne Bewirtschaftung eingerichtet, so ist ihre Ausstattung ähnlich. Auch hier sind fest eingebaute, ringsherum laufende Bänke zweckmäßig, da sie zugleich die Wände gegen Beschädigung schützen und bewegliche Möbel in nicht bewirtschafteten Warteräumen, in denen es also an Aufsicht fehlt, oft beschädigt werden. Im übrigen werden Wände und Decken geputzt und hell gestrichen. Der Fußboden ist in der 3. Klasse massiv auszuführen (Steinholz, Asphalt oder Terrazzoplatten); in der 2. Klasse kommt auch Stabfußboden, Linoleum und Spachtelfußboden in Betracht. Die Warteräume sind zu beheizen. Sind die Diensträume mit einer Sammelheizung versehen, werden die Warteräume daran angeschlossen. Zweckmäßig ist bei kleinen Empfangsgebäuden auch eine einfache Luftheizung, bei der ein eiserner Ofen in einer Luftkammer aus Kacheln in einem der Räume so aufgestellt wird, daß die erzeugte Warmluft durch Jalousieklappen und Kanäle in die benachbarten Räume geleitet wird. Bei entsprechender Grundrißbildung lassen sich z. B. an eine im Dienstraum aufgestellte Anlage die Schalterhalle und ein Warteraum anschließen.

In *größeren Empfangsgebäuden* sind die Warteräume meist bewirtschaftet. In Süddeutschland ist es üblich, daß außer den bewirtschafteten Räumen (Gaststätten) oft auch unbewirtschaftete Räume vorhanden sind. Letztere erhalten dann fest eingebaute ringsherum laufende Bänke, große Räume auch noch freistehende feste Doppelbänke.

Die bewirtschafteten Warteräume werden nach Art guter städtischer Gaststätten eingerichtet. Gewöhnlich ist je ein Warteraum 2. und 3. Klasse vorhanden. Da die Reisenden sich nicht mehr an die Klassenbezeichnung halten, ist es heute Brauch geworden, den Wartesaal 2. Klasse als Bahnhofswirtschaft bzw. Gaststätte, den 3. Klasse als Warteraum zu bezeichnen. Die Gaststätte entspricht mit weißgedeckten Tischen und guter Ausstattung besseren städtischen Restaurants, während der Warteraum derbere, aber geschmackvolle und zweckmäßige Einrichtung guter einfacherer Wirtschaften aufweist. Die Reisenden suchen dann die ihren Lebensgewohnheiten und Wünschen entsprechenden Räume auf.

Abb. 110. Duisburg Hbf.
Wartesaal 2. Kl.

Photo SCHMÖLZ

Abb. 111. Zwiesel.

Abb. 112. München. Starnberger Bf.

Photo STEIDL

Abb. 113. Hannover Hbf.
Büfett.

Abb. 114. Hannover Hbf.
Aussichtsterrasse.

Abb. 115. Wuppertal-Elberfeld.
Gaststätte.

Abb. 116. München Hbf.
Schäfflersaal.

Photo STEIDL

Die Frage, ob die Wartesäle innerhalb oder außerhalb der Sperre liegen sollen, wird neuerdings meist dahin beantwortet, daß sie besser außerhalb liegen. Von tüchtigen Bahnwirten geleitete, gut eingerichtete Bahnwirtschaften haben oft einen starken Ortsverkehr und bilden dadurch eine gute Einnahmequelle der Eisenbahnverwaltung. Bei gutem Besuch sind die Wirte in der Lage, ihren Gästen mehr zu bieten, was auch den Reisenden zugute kommt. Dies spricht also für die Lage außerhalb der Sperre. Nur bei sehr starkem Besuch durch Umsteigende sind Wartesäle in die Sperre einzubeziehen. Kommt Ortsverkehr hinzu, ist ein außerhalb der Sperre liegender Wartesaal nicht zu entbehren.

Für die Wartesäle eignen sich übersichtliche, im Grundriß rechteckige, gut belichtete Räume. Der Querschnitt ist einfach rechteckig oder basilikal, wenn niedrige Anbauten vorhanden sind. Immer sollten reichliche Seitenfenster, gegebenenfalls hohes Seitenlicht, vorhanden sein. Oberlicht empfiehlt sich nicht, weil es in der Nähe der Gleise zu leicht verschmutzt. Übermäßig hohe Räume, wie in älteren Gebäuden, sind zu vermeiden. Abgesehen davon, daß sie im Bau und im Betriebe der Heizung teuer sind, wirken zu hohe Räume unbehaglich. Als Fußboden eignet sich am besten Eichen- oder Buchenstabfußboden, ferner Gummibelag, Linoleum und Spachtelfußboden. In der 3. Klasse kommen auch Steinholz, Asphalt und Terrazzoplatten oder Natursteinplatten in Betracht. Vor dem Schanktisch ist stets ein Streifen Platten zu verwenden, weil andere Beläge durch Ausschankfeuchtigkeit verderben. Die Wände werden zum Schutz gegen Beschädigungen in Brüstungs- oder Türsturzhöhe mit Holz, in der 3. Klasse oft auch mit glasierten Wandplatten bekleidet. Wandbänke können auch in den bewirtschafteten Warteräumen zweckmäßig sein. Polsterbänke, zu behaglichen Sitznischen gruppiert, diese durch Kleiderständer gegeneinander abgeteilt, bereichern räumlich. Bei Decken und Wänden muß auf eine wirksame Anbringung der elektrischen Beleuchtungskörper hingearbeitet werden.

Die *Eingangstüren* zu den Warteräumen werden, ähnlich denen zur Schalterhalle, als zwei durch einen Mittelteil getrennte einflügelige Durchgänge ausgebildet, deren 1 m breite Türflügel in der Richtung des im Sinne des Rechtsverkehrs durchgehenden Reisenden aufschlagen. Sie schlagen in den Falz, erhalten nur auf der Seite eine Griffstange, von der der Durchgehende kommt, und werden wie die Hallentüren verglast. Die Türen sind verschließbar, erhalten aber keine Drücker, sondern Türschließer und Griffstangen.

Der *Schanktisch* muß im engen Einvernehmen mit Sachverständigen und dem Bahnwirt ausgebildet werden, um ihn den örtlichen Verhältnissen entsprechend zweckmäßig zu gestalten. Er steht meist frei im Raum und in einer solchen Entfernung von dem dahinter an der Wand stehenden Gläserschrank, daß dieser bequem erreichbar ist, andererseits aber zwei Bedienende hintereinander durchgehen können. Der Schanktisch erhält eine Bierzapfstelle mit Kühleinrichtung, zweiteilige Spülwanne mit dauerndem Wasserzu- und -ablauf, Abtropfblech, Abstellplatz für Gläser, ferner verglaste Ausstellkästen für Schokolade, Keks, Kuchen, Brötchen und Tabakwaren, eine Kühlvorrichtung für Spirituosen, gegebenenfalls Aufstellplatz für eine Registrierkasse sowie die Kaffeemaschine. Wenn die Speisen über den Schanktisch ausgegeben werden, ist ferner ein Wärmeschrank für Teller einzubauen. Bei großen Anlagen werden aber die Speisen oft durch den Kellner von einer unmittelbar an der Küche gelegenen Anrichte abgeholt, wobei eine getrennte Abgabemöglichkeit für gebrauchtes Geschirr zu berücksichtigen ist. — Der Schanktisch ist 0,90 bis 1 m hoch und etwa 0,60 bis 0,80 m tief. Seine Länge ist den Bedürfnissen anzupassen. Zur Unterbringung der vielseitigen Einrichtungen sind oft 9 bis 10 m nötig. Der Gang hinter dem Schanktisch wird zweckmäßig etwa um 10 cm erhöht, um kleineren weiblichen Personen einen guten Überblick zu ermöglichen. Er erhält einen massiven Fußboden, der mit einer geeigneten Matte oder mit einem Lattenrost belegt ist.

Je nach Größe der Bahnwirtschaften reihen sich an die Wartesäle Nebenräume, wie z. B. Frauen- und Nichtraucherräume, getrennte Speiseräume, ein oder mehrere Konferenzzimmer, letztere außerdem durch eigenen Zugang von der Straße zu erreichen. Ferner kommt u. U. eine Erweiterung der Gaststätten durch Veranden, offene Terrassen oder einen Wirtschaftsgarten in Betracht. Veranden und Terrassen lassen sich besonders gut und reizvoll gestalten, wenn Wartesäle oder Teile davon ins Obergeschoß gelegt werden, wie es neuerdings häufig geschieht. Hierzu hat die Notwendigkeit geführt, bei Neu- oder Ersatzbauten für unzulängliche oder abgängige Gebäude mit einem beschränkten Bauplatz auszukommen und den verfügbaren Platz besser auszunutzen. Beim Wiederaufbau im Kriege ausgebrannter Gebäude gilt es, Raum zu gewinnen und die übertriebene, oft durch mehrere Geschosse gehende Höhe der Räume von ehedem durch Einbau von Zwischendecken zu nutzen und z. B. zwei Wartesäle übereinander anzuordnen. Wenn die im Obergeschoß gelegenen Gasträume, dank ihrer Annehmlichkeiten und sorgfältigen Ausstattung, zum Besuche anreizen, ist nicht zu befürchten, daß solche Räume von den Reisenden aus Bequemlichkeitsgründen gemieden werden. Anreiz kann sein, außer einer zeitgemäßen ansprechenden Ausstattung, die Lage dieser Räume in Verbindung mit Terrassen, die Ausblick auf den Bahnhofsvorplatz oder in das Auf und Ab einer Schalterhalle oder in eine besonders schöne Landschaft gewähren (Hannover Hbf., Frankfurt, Hafenbahnhof Friedrichshafen) (Abb. 5 u. 6, 91 bis 94). Bequeme, leicht erreichbare Treppen, die gegebenenfalls durch Fahrtreppen zu ergänzen sind, tragen zu einem guten Besuch solcher Warteräume bei.

Die Warteräume werden meist durch Warmwasserheizung beheizt. Bahnhofswirtschaften in größeren Empfangsgebäuden erhalten eine eigene Heizungsanlage mit Kesselraum und Kokskeller, getrennt von der des Bahnhofes. Auf gute künstliche Be- und Entlüftung muß Wert gelegt werden, zumal bei geringer Raumhöhe, weil Warteräume fast ohne Unterbrechung benutzt werden und in ihnen viel geraucht wird.

Der Ertrag einer Bahnhofsgaststätte ist außer von behaglichen Räumen, in denen die Besucher sich wohlfühlen sollen, abhängig von der zweckdienlichen und wohlbemessenen Anlage der Wirtschaftsräume, von der überhaupt erst eine gute Versorgung der Gäste möglich ist. Beim Entwurf ist die Einrichtung dieser Räume mit einem erfahrenen Bahnhofswirt und mit Sachverständigen der einzelnen Fachgebiete zu beraten.

Schanktische und Anrichte sind so anzulegen, daß nebeneinander liegende Warteräume bedient werden können, ohne daß ein Durchblick von dem einen in den anderen möglich ist. An die Anrichte schließt sich, am besten im gleichen Geschoß, die Küche mit ihren Nebenräumen an. Sie kann notfalls auch im Kellergeschoß liegen, wenn der Platz mangelt. Sie wird dann durch Aufzüge mit der Anrichte verbunden. Tageslicht bekommt die Küche in diesem Falle durch einen breiten Lichtgraben oder durch ihre Lage in einem abgesenkten Innenhof. Wenn sich bei übereinanderliegenden Räumen der Warteraum 2. Klasse im Obergeschoß befindet, so ist es ratsam, auch die Küche ins gleiche Geschoß zu legen, weil im Warteraum 2. Klasse am meisten gespeist wird. Die Küche muß dann durch Aufzüge mit der Anrichte für den darunterliegenden Wartesaal 3. Klasse verbunden sein. Außer der Kochküche sind auf größeren Bahnhöfen eine Spülküche, ein Kartoffelschäl- und Gemüseputzraum, gegebenenfalls eine Kaffeeküche und ein Backraum notwendig. Dazu kommen Aufenthalts-, Schrank-, Waschräume und Aborte für das Personal. Außerdem sind Kühl- und Vorratsräume, die zum Teil im Keller liegen können, ein Fischbehälter, ferner Bier- und Weinkeller erforderlich. Der Bierkeller muß senkrecht unter dem Schankraum liegen, damit die Bierleitungen ohne Knicke zu den Zapfstellen geführt werden können, da sie sonst schwer sauber zu halten sind. Für die Bierfässer ist ein Faßkeller nötig, in den die Fässer über eine Rutsche oder durch einen Aufzugsschacht befördert werden. Durch Bier- und Weinkeller dürfen keine Heizleitungen geführt werden. — Für den Bahnwirt ist bei kleinen Anlagen ein Büroraum in Verbindung mit der Anrichte, bei großen Anlagen eine Anzahl von Verwaltungsbüros vorzusehen. Von hier aus muß der Betrieb, insbesondere der Warenein- und -ausgang überwacht werden können. Dazu kommen Aufenthalts-, Schrank-, Waschräume und Aborte für das Personal.

c) Aborte und Waschräume.

Im Interesse der allgemeinen Gesundheitspflege bedarf der Bau der sanitären Anlagen auf den Bahnhöfen besonderer Sorgfalt. Auch bei *kleineren Empfangsgebäuden* sollten die Aborte mit Wasserspülung versehen werden. Die Einrichtung einer mit elektrischer Pumpe betriebenen Wasserversorgung und nötigenfalls die Klärung der Abwässer in einer Kläranlage bieten hierzu auch da, wo eine Ortswasserleitung und Schwemmkanalisation fehlen, die Möglichkeit. Die Aborte können dann im Empfangsgebäude liegen; ihr Ausbau entspricht dem in großen Gebäuden, abgesehen von der Zahl der Sitze. Soll von diesen Einrichtungen abgesehen werden, ist ein freistehendes Abortgebäude zu errichten. Abortanlagen sind trotz Überwachung durch das Bahnpersonal infolge des ungesitteten Verhaltens mancher Reisender leider häufig Beschädigungen und Verunreinigungen ausgesetzt

Um dem entgegenzuwirken, müssen die Abortanlagen besonders gut belichtet und derb und kräftig ausgeführt sein. Auf kleinen Bahnhöfen genügen meist je ein Abortsitz für Männer und Frauen und zwei Pißstände im Männerabort. Ist eine Sperre vorhanden, kann diese Zahl innerhalb und außerhalb der Sperre angeordnet werden. Im Höchstfalle kommt die doppelte Anzahl zur Ausführung. Im allgemeinen sollen auf kleinen Bahnhöfen Aborte auf Anlagen außerhalb der Sperre beschränkt bleiben. Aborte für die Wohnungen sollten, auch wenn Wasserspülung fehlt, im Gebäude mit untergebracht werden. Sie müssen dann so liegen, daß sie von einem freien Austritt oder durch einen besonders entlüftbaren Vorraum zugänglich sind, um schlechte Gerüche in der Wohnung zu vermeiden. Das gleiche gilt sinngemäß für den Dienstabort. Die Zugänge für Männer und Frauen müssen bei den öffentlichen Aborten möglichst weit voneinander getrennt liegen. Durch geeignete Grundrißbildung (innere Schamwände, Windfänge) muß erreicht werden, daß ein störender Einblick in das Innere vermieden wird, ohne daß äußere freistehende Schamwände nötig sind. Die Außentüren schlagen nach innen auf, da nach außen aufschlagende Türen der Verwitterung und Beschädigungen besonders ausgesetzt sind. Um eine reichliche natürliche Belichtung zu erzielen, empfiehlt es sich, die Wände nur bis zur Türhöhe massiv herzustellen und darüber in einer bis zum Gesims reichenden Fachwerkkonstruktion aus Holz, Stahl oder Stahlbeton ein durchlaufendes Fensterband anzuordnen. Die Männer- und Frauenaborte sind durch eine bis zur Decke geführten Wand zu trennen. Für die einzelnen Abortzellen genügen eine Breite bis herab auf 0,80 m und eine Tiefe von 1,40 bis 1,50 m, wenn die Türen nach innen aufschlagen, von 1,20 m, wenn sie nach außen aufschlagen. Hell und leicht sauber zu halten sollten auch in solchen einfachen Anlagen die Zellenwände sein und aus hellglasierten Fliesen bestehen. Die Wände stehen auf Stahlstützen, beginnen 15 cm über dem Fußboden und reichen bis über Türhöhe, sind also etwa 2,20 m hoch. Die Türzargen bestehen aus Stahlspezialprofilen. Der Fußboden wird aus Zementglattstrich oder Tonfliesenbelag hergestellt. Für die Zellentüren genügt eine Breite von 0,60 bis 0,65 m. Am besten werden glatte Sperrholztüren mit kräftigem, einfachem Beschlag verwendet. Die Trichter bestehen aus innen weiß emailliertem Gußeisen, mit festen schräg liegenden Backen, die das Aufsteigen erschweren. Die Pißstände bestehen aus einer 1,50 m hohen Rückwand aus gebügeltem Zementputz, Torfit oder Schieferplatten, die geteert oder mit einem desinfizierenden Öl gestrichen werden. Der Urin fließt in eine gleichfalls aus gebügeltem Zementputz hergestellte und geölte Abflußrinne mit dem nötigen Gefälle und von dort in die Abortgrube. Die verbleibenden Wandteile werden bis zur Höhe der Zellenwände mit rauhem Zementputz und grauem Anstrich versehen. Darüber und an der Decke wird Kalkputz angebracht, der weiß getüncht wird. Alle Kanten und Ecken, auch die zwischen Wand und Fußboden bzw. Decke werden ausgerundet, um die Sauberhaltung zu erleichtern. Für gute natürliche Lüftung durch Dachentlüfter und Lüftungsflügel in dem Fensterband ist zu sorgen.

In *großen Empfangsgebäuden* sind immer Wasserleitungen vorhanden. Aborte sind dort stets mit Wasserspülung zu versehen. Sie sollen so liegen, daß sie von der Schalterhalle und den Warteräumen leicht aufzufinden und bequem zu erreichen sind. Befinden sich die Warteräume innerhalb der Sperre, so sollen auch die Aborte innerhalb der Sperre liegen. Es ist aber nur dann möglich, in der Schalterhalle auf Aborte zu verzichten, wenn ausreichende öffentliche Aborte auf dem Bahnhofsvorplatz vorhanden sind. Es ist heute auch üblich geworden, bei großen Wartesälen zur Bequemlichkeit der Reisenden eigene Abortanlagen zu schaffen, die dann der Aufsicht des Bahnwirtes unterstehen. Bei Platzmangel sind die Abortanlagen ins Kellergeschoß zu legen. Sie müssen dann über genügend breite, bequeme und hell beleuchtete Treppen zugänglich sein. Die Aborträume selbst müssen ausreichende natürliche Belichtung und Belüftung durch seitliche Fenster dadurch erhalten, daß sie entweder an breiten Lichtgräben oder an einem abgesenkten Innenhof liegen. Für den Fall, daß die städtische Kanalisation nicht tief genug liegt, müssen die Abwässer durch eine sich selbsttätig einschaltende Pumpe gehoben werden.

Die Erfahrung hat gezeigt, daß Abortanlagen nur dann dauernd sauber und völlig in Ordnung gehalten werden können, wenn eine Aufsichtsperson angestellt ist. Aborte für Männer und Frauen sind deshalb so anzuordnen, daß dazwischen ein Raum für Wärter oder Wärterin liegt, zur Bedienung beider Anlagen. Bei sehr großen Anlagen können je besondere Wärterräume erforderlich werden. Die heutige Übung, Gebühren für die Benutzung beaufsichtigter öffentlicher Aborte zu erheben, hat zur gleichen Regelung in den Bahnhofsaborten geführt. Bei größeren Anlagen wird die Aufsicht deshalb meist durch einen Pächter wahrgenommen, der für die Sauberhaltung und Ordnung verantwortlich ist. Durch den zugleich gestatteten Verkauf von Toilettenbedarf wird eine derartige Anlage wirtschaftlich tragbar. Mittellosen Reisenden muß die unentgeltliche Benutzung ermöglicht bleiben.

In größeren Empfangsgebäuden sind für etwa 100 Reisende täglich je ein Abortsitz für Männer und Frauen und je zwei Pißstände vorzusehen. Die Einzelmaße der Abortzellen sind die gleichen wie in kleinen Empfangsgebäuden. Dasselbe gilt für die Ausführung der Zellenwände. In den vom Bahnhofswirt beaufsichtigten Abortanlagen bei anspruchsvoll ausgestatteten Warteräumen genügen Trennwände aus Sperrholz, mit heller Ölfarbe gestrichen und lackiert, weil die Beschädigungsgefahr geringer ist. Auch diese werden auf 15 cm hohe Stützen gestellt, so daß darunter leicht gereinigt werden kann. Die Aborte werden freistehend ausgebildet. Zweckmäßigerweise wird jeder Abortsitz mit aufklappbarem Deckel aus geteilten Sitzbecken versehen, um die Sauberhaltung zu erleichtern. Zwecks kräftiger Spülung sind Druckknopfspüler vorzuziehen, soweit der Wasserdruck eine solche Anlage zuläßt. Jede Abortzelle ist mit festen Kleiderhaken, einem Ablegebrett für kleine Gegenstände, die Abortzelle für Männer außerdem mit einem Aschenbecher auszurüsten. Die Tür ist innen mit einem Riegel zu versehen, der außen auf beweglichem Schild anzeigt, ob die Zelle besetzt oder frei ist.

Für die Pißstände empfiehlt es sich im allgemeinen nicht, Becken vorzusehen, da solche leicht verstopft werden. Vielmehr genügt eine Rinne mit einer 1,50 m hohen Rückwand aus säurefesten Fliesen, die durch Rinnen oder Düsen mit Wasser berieselt werden. Sollen die einzelnen Stände abgeteilt werden, so bringt man in einem Abstand von 0,75 m voneinander Schamwände aus Schiefer od. dgl. an, die nicht weiter als 50 cm vorspringen, vom Fußboden etwa 50 cm und von der Rückwand etwa 8 cm abstehen, um die Reinigung zu erleichtern. Zweckmäßig, jedoch kostspieliger, sind Feuertonstände mit einer Standbreite von 0,60 m. Die Tiefe der Stände beträgt 1,60 m; schlagen die Türen der Abortzellen nach außen in den Stand, so ist dieser 40 cm tiefer anzulegen. Bei einander zugekehrten Ständen beträgt der Abstand der Wände voneinander 2,40 bis 3,00 m.

Die neben den Ständen verbleibenden Wandflächen werden bis zur Höhe der Aborttrennwände mit hellglasierten Fliesen bekleidet, darüber geputzt und hell gestrichen. Der Fußboden besteht aus Tonfliesen und hat eine Bodenentwässerung. Die Standfläche vor den Pißständen bekommt Gefälle nach der Rinne. Der Abort erhält ein Handwaschbecken. Ein Ausguß für die Scheuerfrau mit Schlauchverschraubung am Zapfhahn zum gründlichen Ausspülen der Anlage ist möglichst in einem Vorraum vorzusehen.

Auf größeren Bahnhöfen sind neben den Aborten Waschräume anzulegen, in denen durch Scheidewände, ähnlich denen der Abortzellen, die einzelnen 1,50 m breiten und 2 m tiefen Waschzellen abgeteilt werden. Außer dem Waschbecken mit Kalt- und Warmwasserzuführung erhalten sie einen Spiegel mit Lampe, eine Ablegekonsole, ein Tischchen mit Hocker, Kleiderhaken, eine Zigarrenablage und einen Abfallkasten. Bei Bedarf werden im Anschluß an die Waschzellen auch Wannenbäder eingerichtet. Die Zellen werden 1,70 m breit und 3 m tief hergestellt und erhalten außer der Wanne dieselbe Ausstattung wie die Waschräume, wozu noch ein Lattenrost kommt.

Zur weiteren Bequemlichkeit werden in großen Empfangsgebäuden ferner Friseurräume vorgesehen, die in ihrer Einrichtung sich von den üblichen Anlagen nicht unterscheiden. Die einzelnen Stände sind 2,30 m breit.

Zur Versorgung der einzelnen Zapfstellen mit Warmwasser ist in der Regel ein Warmwasserofen mit Gasfeuerung (Durchlauferhitzer) einzubauen, dessen Sparflamme die Feuerung beim Öffnen des Warmwasserhahns selbsttätig entzündet (Gastherme). Ebenso ist elektrische Versorgung mit Warmwasser möglich.

Außer in den Empfangsgebäuden sind nach Bedarf auch auf weit abgelegenen Bahnsteigen Aborte zu bauen. Bei Bahnhöfen des Nahverkehrs werden meist nur auf den Bahnsteigen, nicht aber an der Schalterhalle, Abortanlagen vorgesehen.

Alle Abort- und Waschräume müssen gut belüftet sein und reichlich Tageslicht hereinlassen, um sie so sauber wie möglich halten zu können.

5. Diensträume.

a) Fahrkartenausgabe (Abb. 101, 104, 109).

Die Größe der Fahrkartenausgabe wird durch die Anzahl der Schalter bestimmt. Es kann angenommen werden, daß im Fernverkehr an einem Schalter in achtstündiger Schicht 800 Fahrkarten verkauft werden können. Wenn hiernach die Zahl der Schalter ermittelt werden soll, so muß jedoch auch die Art des Verkehrs (Ausflugsverkehr, Zusammenballung des Verkehrs zu bestimmten Stunden usw.) sowie die technische Ausstattung der Schalter berücksichtigt werden. Die Forderungen der Verkehrsdienststellen hinsichtlich der Zahl der Schalter gehen oft sehr weit, weil dabei vorausgesetzt wird, daß ein Teil der Schalter während der Abrechnung geschlossen sein muß. Eine geringere Anzahl

Schalter wird dort benötigt, wo Fahrkartendruckmaschinen Verkauf und Abrechnung vereinfachen. Fertige Fahrkarten brauchen im allgemeinen an diesen Schaltern nicht vorgehalten zu werden. Allerdings reicht die Zahl der durch einen Fahrkartendrucker zu bedienenden Verkehrsbeziehungen nicht immer aus, so daß weitere Fahrkarten aus Schränken verkauft werden müssen. Dies alles ist von Einfluß auf die Anzahl der Schalter. — Im Nahverkehr werden vielerorts elektrisch betriebene Fahrkartenschnelldrucker verwendet, auf deren Stellplatz bei der Schaltereinrichtung Rücksicht zu nehmen ist. Fahrkartenausgaben müssen hervorragend gut belichtet sein und große Fenster haben. Belichtung durch Oberlicht ist nur im Notfall anzuwenden. In der Regel kommen für die Belichtung die der Schalterwand gegenüberliegenden Fenster in der Außenwand in Betracht, die der Beamte zur Rechten hat, wenn er sich dem Fahrkartenschrank oder der Druckmaschine zuwendet und im Rücken, wenn er am Schalter die Fahrkarten ausgibt. Diese unvermeidlichen, nicht ganz günstigen Lichtverhältnisse bei der Schalterarbeit erfordern es, daß die Außenwand reichlich Fensterflächen aufweist, gleichgültig, ob die Fahrkartenausgabe nach der Gleisseite oder am Bahnhofsvorplatz liegt und besonders bei Hochlage der Gleise, wenn ein Lichthof zur Lichtquelle werden muß. Dies führt bei beengtem Bauplatz zuweilen dazu, daß der Reisende beim Eintritt in die Schalterhalle die Fahrkartenausgabe nicht vor sich, sondern im Rücken hat, was also im Gegensatz zu der im Abschnitt über die Raumanordnung gestellten Forderung steht. Der Verkehr des Schalterbeamten mit dem Reisenden am Schalterfenster und das Zahlgeschäft lassen es erwünscht erscheinen, daß auch am Zahltisch eine möglichst große Helligkeit und Übersichtlichkeit herrscht. Dies war einer der Gründe dafür, daß statt der früher üblichen engen Sprossenteilung der Schalterfenster mit teilweise undurchsichtiger Verglasung neuerdings große, helle, ungeteilte Spiegelglasscheiben verwendet werden. Maßgebend für diese Anordnung war außerdem der Gedanke, den Schalterbeamten nicht hinter vergitterten Fenstern zu verstecken, sondern ihn offen dem Reisenden gegenüberstehen zu lassen. Da die Fahrkartenausgabe im allgemeinen an der zugigen und nicht genügend heizbaren Schalterhalle liegt, ist es leider im Bahnverkehr nicht möglich, offene Schaltertische zu verwenden, wie sie neuerdings die Post in ihren Schalterhallen anordnet. Nur in Ausnahmefällen ist eine solche Anlage möglich, wenn für den Verkauf gewisser Fahrkarten eigens abgeschlossene Räume vorhanden sind. Diese Anlagen verlangen einen sauber und ordentlich gehaltenen Schalterraum, in dem sich die Bediensteten nur dienstlich geben. Vorhänge an den Schalterfenstern verhüten unerwünschten Einblick in den Schalterraum, z. B. bei der Abrechnung und in Arbeitspausen.

Die ersten Anlagen mit großen Spiegelglasscheiben wurden so ausgeführt, daß in etwa 20 cm Höhe über dem Zahltisch eine waagerecht durchgehende Sprosse vorgesehen wurde. In dem schmalen Streifen unter der Sprosse wurde in der Mitte ein Schiebefenster zum Durchreichen des Geldes und der Fahrkarten eingebaut; die seitlichen Teile wurden mit Mattglas oder Holz geschlossen. Aus der Spiegelglasscheibe, die über der waagerechten Sprosse auf Gummistreifen steht, wurde in mittlerer Mundhöhe eine ovale Durchsprechöffnung geschnitten, in die ein metallgerahmter Flügel mit Sprechmembran gesetzt wurde. Da in den Durchreichöffnungen Zugluft das lästige Wegfliegen des Papiergeldes bewirkt, wird neuerdings die Spiegelglasscheibe bis auf den Zahltisch heruntergeführt und für das Durchreichen des Geldes und der Fahrkarten ein zugfreier Drehteller eingebaut, der nur vom Schalterbeamten durch Hebel oder Druckknopf bedient werden kann. Dieser Zahlteller wird bis zu 20 cm aus der Mittelachse des Schalters (von innen gesehen) nach rechts herausgerückt, so daß der — normalerweise im Rechtsverkehr — an den Schalter herantretende neue Fahrgast schon dicht vor die Schaltervorrichtung treten und seine Wünsche äußern kann, während der bereits bediente Fahrgast Fahrkarte und Wechselgeld im Abgehen aus der Geldmuschel entnehmen kann. Da sich diese Einrichtung am besten bewährt hat und heute fast allgemein angewendet wird, kann von der Beschreibung anderer Einrichtungen, wie Schubteller u. dgl., abgesehen werden. Der Einwand, daß Zahlteller den Verkehr verlangsamen, trifft bei zweckmäßiger Ausbildung, wie sie etwa die Firma Kaufmann (Wuppertal) herstellt, nicht mehr zu. Erwähnt sei der Einbau eines Schiebeschlitzes neben dem Drehteller, der sich für das Durchreichen von großformatigen Vordrucken bewährt hat. Die Fahrkartenschalter erhalten im Fernverkehr eine Breite von 2 bis 2,50 m, im Nahverkehr genügt eine solche von 1,70 m. Die Zahltische erhalten eine Höhe von 0,95 bis 1,05 m über dem Fußboden. Die Oberkante der Schalterfenster liegt 1,90 bis 2,50 m hoch. Vor dem Schalter in seiner Mittelachse wird in der Halle ein Drängeltisch mit 0,35 bis 0,50 m Durchmesser so aufgestellt, daß zwischen ihm und Vorderkante Zahlbrett eine Durchgangsbreite von 0,65 m verbleibt. Die Platte des Zahltisches aus Hartholz, Kunst- oder Naturstein wird so in die Halle vorgezogen, daß um den Drängeltisch ein halbkreisförmiger durchweg 0,65 m breiter Durchgang entsteht. Hierdurch soll der Verkehr zum Schalter so geregelt werden, daß sich rücksichtslose Reisende nicht vordrängen können. Die Drängelschutzvorrichtung kann auch in geeigneter anderer Weise, z. B. durch gebogene starke Röhren aus Stahl oder Weißmetall, hergestellt werden. Der Zugang liegt vom Reisenden aus gesehen stets rechts und wird als solcher durch eine Anschrift bezeichnet. Der Drängeltisch muß besonders standfest und sorgfältig im Boden verankert sein.

Die Zahlplatte erhält in der Schalterachse eine Breite von 0,65 bis 0,70 m. Unter dem Schalterbrett werden für den Beamten zwei Schubkästen von etwa 0,30 m Tiefe zur Aufbewahrung von Geldschwingen und Stempeln vorgesehen oder es werden seitlich in der Tischplatte vertiefte, mit Rolläden verschließbare Kästen angeordnet. Der Raum darunter läßt sich durch einen Schrankunterbau voll ausnutzen.

Die einzelnen Schalterstände werden gewöhnlich nur durch die Fahrkartenschränke oder die Druckmaschinen voneinander getrennt. Ein räumlicher Abschluß, um Veruntreuungen zu vermeiden, kann erstellt werden als 2,20 m hohes und 2,50 bis 3 m tiefes Drahtgitter oder mit verglasten Wänden, die mit einer Schiebetür verschlossen sind. Bei einer Tiefe der Fahrkartenausgabe von 5 m verbleibt hinter den einzelnen Ständen noch Raum für Abrechnungsarbeiten. Zum Schutz gegen Beraubungen werden die Schalter- und Außenfenster nötigenfalls — insbesondere bei Fahrkartenausgaben mit zeitweilig unterbrochenem Dienst — mit Scherengittern versehen. Die Eingangstür der Fahrkartenausgabe wird auf der Innenseite mit Stahlblech gesichert. Wände und Decken werden in hellen Tönen mit Leimfarbe gestrichen. Als künstliche Beleuchtung dient eine schattenfreie Deckenleuchte; außerdem sind über dem Zahltisch geeignete Schalterleuchten erforderlich, die blendungsfreies Licht spenden.

Außer dem Hauptraum werden auf großen Bahnhöfen noch ein Raum für den Vorsteher, ein Abrechnungsraum, ein Abort mit Waschraum und eine Kleiderablage benötigt. Zur Entlastung der Fahrkartenausgabe werden in der Schalterhalle an auffallender Stelle Automaten für Bahnsteigkarten — und insbesondere im Nahverkehr — für Fahrkarten aufgestellt.

b) Gepäckabfertigung.

In kleinen Empfangsgebäuden wird zuweilen vom Fahrkartenverkäufer auch das Gepäck abgefertigt, zumindest geschieht dies in der verkehrsschwachen Zeit. Beide Räume liegen deshalb zweckmäßig unmittelbar nebeneinander und werden durch eine Öffnung oder Tür verbunden. Die Gepäckabfertigung erhält nach der Schalterhalle ein Annahmefenster von 1,50 m Breite und mehr sowie 1,60 bis

1,90 m Höhe, dessen unterer Flügel in der Regel als nach oben verschiebbares Fenster ausgebildet wird. Der 0,60 bis 0,80 m breite Gepäcktisch ist nur 0,30 bis 0,45 m hoch, so daß Fahrräder herübergehoben werden und Bedienstete übersteigen können. Um das Gepäck unmittelbar zu den Bahnsteigen bringen zu können, ist nach der Gleisseite eine für Gepäckkarren ausreichend breite Tür anzubringen.

In großen Empfangsgebäuden ist der Gepäckraum nach der Halle zu offen. Als Abschluß dient nur der 0,45 m hohe und 0,60 bis 0,80 m breite Gepäcktisch. Für die Größenbemessung des Raumes kann als ungefährer Anhalt dienen, daß auf 1 m² täglich 5 Stück behandelt und an 1 m Gepäcktisch täglich 50 Stück Gepäck abgefertigt werden können. Es sind jedoch auch die Zugfolge, die Zahl der Waagen, die Besonderheiten des Verkehrs, wie Zusammenballung auf wenige Stunden oder Bäderverkehr, zu berücksichtigen. Die Gepäckabfertigung ist meist für Annahme und Ausgabe gemeinsam, weil dies für den Personaleinsatz, die Raumausnutzung und den Anschluß an den Tunnel sowie die Aufzüge am günstigsten ist. Der Spitzenverkehr liegt z. B. für die Annahme am Ferienbeginn, für die Ausgabe am Ferienende. Die Lagerfläche kann bei gemeinsamem Raum also für die jeweilige Spitze am besten ausgenutzt werden. Am Gepäcktisch kann gegebenenfalls eine Trennung in Annahme und Ausgabe durch das dazwischenliegende Schalterhäuschen erzielt werden, ohne daß die Lagerfläche getrennt wird. Mit der Reisegepäckabfertigung wird gewöhnlich auch die für das Expreßgut verbunden, welches in der Hauptsache mit den Reisezügen befördert wird.

. Der Gepäcktisch besteht aus Kreuzholzböcken, die vorn und hinten mit Brettafeln bekleidet und oben mit einer 4 cm starken Bohlenplatte abgedeckt sind. Letztere wird zum Schutz gegen Beschädigungen mit 3 mm starkem Eisenblech bekleidet. Das Blech wird um die vorstehenden Kanten herumgebogen und unterhalb festgeschraubt. Gelegentlich werden die Gepäcktische auch aus Eisen, Beton und Mauerwerk aus Klinkern oder mit Fliesenbekleidung ausgeführt. Für die Tischplatte eignet sich auch in diesem Falle am bésten die oben beschriebene Ausführung. Zum Durchfahren schwerer Gepäckstücke wird in den Tisch eine Klappe oder ein herausschiebbarer Teil eingebaut.

Die Gepäckwaagen stehen entweder hinter dem Annahmetisch mit der Plattform in gleicher Höhe oder sie werden in denselben eingebaut, damit das Gepäckstück leicht daraufgeschoben werden kann. Die Waagen sind so zu stellen, daß die Gewichtsangabe auch von der Seite des Reisenden gelesen werden kann. Das Zifferblatt wird von innen elektrisch beleuchtet. Für die Abfertigungsbeamten werden neben der Waage 2 × 2,5 m große Häuschen so in die Gepäcktische eingebaut, daß eine Schmalseite mit deren Vorderkante abschneidet. Neben dem Gepäckschalterfenster, das äußerlich dem der Fahrkartenausgabe gleicht, sind verglaste Tafeln vorzusehen, auf denen amtliche Bekanntmachungen, Tarife und Hinweise auf die Reisegepäckversicherung ordentlich angebracht werden können. Seitlich zur Waage hin ist eine Öffnung zum Durchreichen der Gepäckscheine einzubauen. Die Wände der Häuschen werden über Schaltertischhöhe soweit wie möglich verglast, damit möglichst viel Licht einfällt und um die Abfertigung für die Bediensteten ebenso wie für die Reisenden übersichtlich zu machen. Türen aus der Gepäckabfertigung führen zweckmäßigerweise unmittelbar ins Freie, um Gepäckstücke gleich von der Straße zur Waage oder umgekehrt zu den Fuhrwerken bringen zu können.

Die Gepäckausgabestellen erhalten möglichst viel Ausgangstüren. Beim Expreßgut ist es erwünscht, für Massenauflieferer Laderampen wie bei Güterhallen vorzusehen. Am besten geeignet hierfür sind Seitenhöfe mit ungehinderter Zu- und Abfahrt.

Die Wände der Gepäcklagerräume sind möglichst stoßfest auszuführen. Als Fußbodenbelag haben sich Hartasphaltplatten besonders bewährt.

c) Handgepäckaufbewahrung.

Auf kleinen und mittleren Bahnhöfen werden für die Aufbewahrung des Handgepäcks in der Gepäckabfertigung Regale aufgestellt. Auf größeren Bahnhöfen werden hierfür eigene Abfertigungen eingerichtet, deren Lage in Abschnitt 2 bereits behandelt wurde. Sie erhalten je nach ihrer Größe entweder einen gemeinsamen oder zwei getrennte Schalter für Annahme und Ausgabe. Die Schalter werden wie Gepäckschalter bei kleinen Abfertigungen ausgebildet. Zuweilen wird an Stellen mit ständig starkem Verkehr zwischen den beiden Schaltern ein Kasssenhäuschen eingebaut. Zur Lagerung des Gepäcks werden meist eiserne Gestelle mit hölzernen Zwischenböden aufgestellt, deren Fächer 50 cm hoch und etwa 75 cm tief sind, so daß eine Doppelreihe 1,50 m tief ist. Um bequem stapeln zu können, liegt der oberste Boden nicht höher als 1,50 m. Die Zwischengassen werden 1,30 m breit angelegt. Haken zum Aufhängen abgegebener Kleidungsstücke sind an geschützten übersichtlichen Stellen anzubringen. Außer Koffern und sonstigen Gepäckstücken werden auch Fahrräder zur Aufbewahrung abgegeben, deren Zahl auf manchen Bahnhöfen sehr groß ist. Auf eine schonende, raumsparende Unterbringung der Räder ist Wert zu legen. Sie werden deshalb auf besonderen Gestellen in versetzter Reihe untergebracht, wodurch es möglich ist, mit 0,30 m Breite für einen Stand auszukommen, während bei gleichhoher Aufstellung wegen der Lenkstangen und Pedale 0,60 m nötig sind. Bei waagerechter Stellung der Räder ist eine Standtiefe von 2 m erforderlich und eine Gasse zum Herausnehmen von 1,50 m Breite. Werden die Fahrräder am Vorderrad aufgehängt, so genügt eine Standtiefe von 1 bis 1,10 m. Die senkrechte Aufhängung ist leicht möglich, wenn das auf das Hinterrad gestellte Fahrrad mit dem rechten Knie am Sattel gehoben wird.

Wo Wintersportverkehr ist, müssen die Skier in passender Weise aufbewahrt werden können. Um an Personal zu sparen, wird neuerdings die Verwendung automatischer Handgepäckaufbewahrungsstellen erwogen.

d) Auskunftstelle.

Für die Eisenbahnreise zu werben, ist Aufgabe der Auskunftstellen. Den Reisenden muß deshalb eine bequeme Möglichkeit geboten werden, zuverlässige Auskünfte über Zugverbindungen, Verkehrswege u. dgl. zu bekommen. Diese Auskunft kann in kleinen Empfangsgebäuden am Fahrkartenschalter erteilt werden. In etwas größeren Anlagen kann die Einrichtung eines Aushilfsschalters als Auskunftstelle in Frage kommen, der durch Bereitstellung der nötigen Unterlagen zur Auskunfterteilung eingerichtet wird und an den ein Bediensteter durch eine Klingel herangerufen werden kann. Auf großen Bahnhöfen wird in der Regel in einem bevorzugt gelegenen, bequem von der Schalterhalle zugänglichen Raum eine Auskunftstelle geschaffen, in der die Reisenden an einem offenen Schaltertisch die gewünschten Auskünfte erhalten können. Auf Kopfbahnhöfen kann die Auskunftstelle auch an der Querbahnsteighalle liegen. Die Auskunftstelle kann gelegentlich auch mit einem städtischen Verkehrsbüro verbunden werden.

e) Bahnhofskasse.

Die Bahnhofskasse kann im Empfangsgebäude untergebracht werden, wenn sie nicht mit der Güterkasse vereinigt wird, so daß sie dann ihren Platz in der Güterabfertigung findet. Im Empfangsgebäude liegt die Kasse dort vorteilhaft, wo sie von der Straße her durch einen Vorraum zu erreichen ist, ohne daß weder die Sperre noch die Schalterhalle durchschritten werden muß. Sie ist kassensicher auszubilden, also mit vergitterten Fenstern und entsprechenden Türen zu versehen. Sie erhält nach Art der Bankgeschäfte einen Zahltisch und einen Geldschrank. Für den Kassenvorsteher und den Kassierer sind gegebenenfalls eigene Räume vorzusehen. Der Schalterraum ist mit einem anderen Raum durch eine diebessichere Tür zu verbinden, damit der Schalterbeamte sich bei Überfällen retten kann.

f) Betriebsdiensträume.

Die Zahl und Größe der Betriebsdiensträume ist je nach der Größe und Bedeutung des Bahnhofs sehr verschieden. Bei kleinen Verhältnissen kann der Verkehrs- und Betriebsdienst gemeinsam in einem etwa 25 bis 30 m² großen Raum wahrgenommen werden. Wenn getrennte Räume für die Fahrkartenausgabe und die Gepäckabfertigung vonnöten sind, wird daneben ein etwa 30 m² großer eigener Raum für den Betriebs- und Bahnhofsdienst eingerichtet werden müssen. Falls die Zugabfertigung nicht von einem besonderen Stellwerk auf dem Bahnsteig aus vorgenommen wird, geschieht sie vom Dienstraum aus, der verbunden ist mit einem Vorbau am Bahnsteig, in dem die Stellwerkbank und der Stationsblock aufgestellt sind. Die Stellwerkbank steht vierlerorts in der Gebäudeflucht, so daß der Fahrdienstleiter sich zwischen Stellwerkbank und Fernsprecher im Vorbau bewegt. Für den Vorbau ist eine Tiefe von etwa 2,50 m erforderlich. Die Breite ergibt sich aus der Länge der Stellwerkbank und seitlichen, je etwa 1 m breiten Durchgängen. Da Stellwerk und Zug meist von einem Beamten allein bedient bzw. abgefertigt werden, muß ein kurzer Weg zwischen Bahnsteig und Stellwerkvorbau durch eine günstig gelegene Tür möglich sein.

Bei größerem Dienstumfang werden Zimmer für den Bahnhofsvorsteher (etwa 20 m²) und für den diensttuenden Stationsbeamten (Fahrdienstleiter) (etwa 15 m²) erforderlich. Das Zimmer des Vorstehers soll möglichst einen sperrefreien Zugang erhalten. Es muß aber auch in unmittelbarer Verbindung mit den übrigen Diensträumen stehen, so daß der Vorsteher seiner Aufsichtspflicht genügen kann. Außerdem kann ein Fernschreiberaum erforderlich sein, in dem auch Telegramme von Reisenden angenommen werden. Wenn die Fernschreibstelle nicht so liegt, daß sie von den Reisenden aufgesucht werden kann, so kann eine Annahmestelle für Telegramme auch an anderer Stelle, z. B. in der Auskunftsstelle oder beim Aufsichtsbeamten auf den Bahnsteigen, eingerichtet werden; sie wird dann zuweilen mit dem Fernschreibraum durch eine Rohrpostanlage verbunden. Außerdem werden oft noch Räume für Bahnhofsarbeiter und für Reservepersonale benötigt.

Auf großen Bahnhöfen, wo für den Verkehrs- und Betriebsdienst getrennte Dienststellen bestehen, handelt es sich bei den Betriebsdiensträumen um eine Folge von Räumen, die in übersichtlicher Weise zu einer Raumgruppe vereinigt wird. Erforderlich sind meist je ein Zimmer von etwa 20 m² für den Vorsteher und seinen Vertreter, ein oder zwei Stationsdiensträume mit etwa 30 m², ein Büroraum für Personal-, Lohn- und Schreibwesen, ein Zimmer für die Aufsicht, eine Fernschreibstelle mit Telegrammannahme von etwa 50 bis 70 m². Auf großen Bahnhöfen ist für den Fernsprechdienst meist eine selbsttätige Wählanlage vorhanden. Hierfür sind ein größerer Raum für die Wählanlage, Relaisraum, Batterieraum, Kabelraum, ein Zimmer für den Fernmeldemechaniker, eins für die Fernsprechvermittlung und eine Fernschreibstelle notwendig. Oft sind ein oder zwei Sitzungszimmer mit 30 bis 60 m² Grundfläche vorhanden. In Verbindung mit den Diensträumen steht ferner zuweilen ein Unterrichtsraum von etwa 50 m² Grundfläche. Zweckmäßig liegen hier auch Übernachtungszimmer für auswärtige, dienstlich über Nacht anwesende Beamte von je etwa 15 m², die nach Art von Hotelzimmern eingerichtet werden. Außerdem sind die nötigen Aborte mit Wascheinrichtungen vorzusehen.

In Empfangsgebäuden auf Durchgangsbahnhöfen in Seitenlage liegen die Betriebsdiensträume oft im Obergeschoß über den Verkehrsdiensträumen, die den Raum im Erdgeschoß einnehmen, meist über der Gepäckabfertigung. Sie liegen dort etwa in Bahnsteighöhe am Haus- oder Dienstbahnsteig. Für die Bediensteten, die viel auf den Bahnsteigen zu tun haben, ist es erwünscht, sie in einem höheren Geschoß unterzubringen, von wo sie die Bahnsteige über eine Brücke, gegebenenfalls eine Signalbrücke, ohne verlorene Steigung erreichen können, so daß sie nicht auf den gefährlichen Weg über die Gleise oder auf den umständlichen Weg durch den Gepäcktunnel, in dem schmale Diensttreppen eingebaut werden können, angewiesen sind.

Die Wände und Decken der Diensträume werden geputzt, gefilzt und mit heller Leimfarbe in freundlichen Tönen gestrichen. Als Raumhöhe genügen 3 bis 3,50 m. Der Fußboden ist als Stabholzfußboden oder mit Belag von Linoleum, Spachtelmasse od. dgl. so auszubilden, daß er leicht sauber zu halten ist. Die lichte Fensterfläche der 5 bis 6 m tiefen Räume muß etwa $^1/_5$ der Bodenfläche betragen. Alle Leitungen werden unter Putz verlegt. Soweit nicht Waschgelegenheiten in besonderen Räumen bevorzugt werden, sind Waschbecken in den Büros einzubauen, hinter denen die Wände mit Fliesen zu bekleiden oder mit einem abwaschbaren Anstrich zu versehen sind. Auf Helligkeit und Übersichtlichkeit in den Fluren ist Wert zu legen. Als Möbel sind schlichte, sachliche Büromöbel zu verwenden; auch ist für jeden Bediensteten ein Kleiderschrank vorzusehen. Für künstliche Beleuchtung werden in der Regel eine an der Tür zu schaltende Leuchte in der Mitte der Decke und an jedem Arbeitsplatz eine Tischleuchte vorgesehen. Insbesondere in Räumen für mehrere Bedienstete empfiehlt sich jedoch an Stelle der Einzelbeleuchtung eine ausreichende Allgemeinbeleuchtung, die alle Arbeitsplätze gleichmäßig und schattenfrei erhellt.

6. Sonstige Räume.

a) Gewerbliche Räume.

Verkaufsstände in den Empfangsgebäuden, wo der Reisende Bedarfsgegenstände, Lebensmittel, Zeitungen u. dgl. einkaufen kann, bringen zweifellos Annehmlichkeiten für den Reiseverkehr. Der eilige Reisende hat nicht immer Zeit, seinen Bedarf schon in der Stadt einzukaufen, zumal er nicht genau weiß, wie lange ihn Fahrkartenkauf und Gepäckaufgabe aufhalten. Nach Erledigung dieser Geschäfte wird es ihm dagegen meist noch möglich sein, in den Bahnhofsverkaufsständen seinen Bedarf zu decken. Beim Umsteigen ist oft nicht die Zeit vorhanden, um in der Stadt einzukaufen. Deshalb sind Verkaufsstände auf großen Umsteigebahnhöfen besonders dringend nötig. Insbesondere besteht aber die Notwendigkeit, daß Reisende auf Bahnhöfen einkaufen können, wenn bei Spät- oder Frühzügen sowie an Sonn- und Feiertagen städtische Geschäfte geschlossen sind. Aus diesen Gründen werden von den Reisenden mit Recht solche Kaufgelegenheiten erwartet. Sie tragen dazu bei, das Reisen angenehm zu machen und werben dadurch für die Eisenbahn. Die Eisenbahnverwaltung hat die Bedeutung solcher Verkaufsstände erkannt und sieht in der Umsatzpacht aus diesen Ständen eine beachtenswerte Nebeneinnahme.

Die vorgenannten Gründe haben auch die Eisenbahnverwaltungen veranlaßt, diesen Einrichtungen ihre besondere Aufmerksamkeit zuzuwenden und sie bestens zu fördern. Zu den sehr verwickelten Ansprüchen, welche Verkehr und Betrieb beim Bau und bei der Einrichtung großer Bahnhöfe, ihrer Empfangsgebäude und Hallen stellen, kommen damit die Erfordernisse der Verkaufsstände und ihrer Pächter. Beide Erfordernisse müssen aufeinander abgestimmt werden, so daß das eine das andere nicht beeinträchtigt. Schon beim Entwurf wird sich der Architekt bereits überlegen, an welchen Stellen Verkaufsstände der verschiedenen Art einen passenden Platz finden können. Einerseits dürfen sie dem Verkehr nicht im Wege sein oder ihn unübersichtlich machen, andererseits muß je nach ihrem

Verkaufszweck der günstigste Platz für sie gefunden werden, an dem ein lohnender Umsatz zu erwarten ist.

Den in Deutschland üblichen Verkehrsgepflogenheiten, entsprechend werden die Verkehrseinrichtungen in Empfangsgebäuden so angeordnet, daß der Rechtsverkehr möglichst wenig gekreuzt wird. Auf diesen Verkehrsfluß sollte insbesondere bei solchen Verkaufsständen Rücksicht genommen werden, in denen verkauft wird, was der Reisende eiligst noch verlangt, wenn sich Gelegenheit dazu bietet. Es sind das vor allem Zeitungen und Tabakwaren, für deren Verkauf Stände am besten unmittelbar in der Nähe der Zugangssperre liegen. An zweiter Stelle kommen dann Lebensmittel, Obst und Süßwaren. Schon bei diesen Artikeln, mehr noch bei Drogen, Photoartikeln, Wäsche, Lederwaren und Blumen, erfordert das Kaufgeschäft einige Zeit, so daß hier kurze Wege in Kauf genommen werden können. Insbesondere bei Blumen sind ankommende Reisende die Käufer, so daß Blumenläden nahe den Ausgängen ihren Platz erhalten.

Außer diesen eigentlichen Verkaufsständen sind oft noch Wechsel-, Friseur-, Milch-, Imbiß- und Schreibstuben erwünscht. Auch städtische Verkehrsbüros und Hotelzimmernachweise werden mancherorts gebraucht. Für diese Anlagen, die auf großen Bahnhöfen notwendig sind, muß der geeignete Platz gefunden werden.

Für die Unterbringung stehen außerhalb der Sperre die Hallen und Flure, in besonderen Fällen auch große Wartesäle zur Verfügung. Breite Flure und Durchgangshallen können zu Ladenstraßen ausgebaut werden. Bei guter einheitlicher Gestaltung kann dies ein ansprechendes Bild ergeben. Eine ähnliche Möglichkeit ergibt sich innerhalb der Sperren an breiten Personentunnels, wenn genügend Platz vorhanden ist. Auf Kopfbahnhöfen bietet sich eine besonders günstige Gelegenheit zur Aufstellung von Verkaufsständen auf dem Kopfbahnsteig längs der Sperren, weil diese Stände innerhalb und außerhalb der Sperren zugänglich sein können. Diese Lage dürfte deshalb für den Verkaufserfolg besonders günstig sein. Auf den Bahnsteigen sind Verkaufsstände vom betrieblichen Standpunkte aus unerwünscht, weil sie die Übersicht und den Verkehr behindern. Allenfalls können auf breiten Bahnsteigen kleine weitgehend verglaste Stände zugelassen werden. Besser geschieht hier der Verkauf an fahrbaren Ständen, für die zum Kaufen verlockende Ausführungen entwickelt worden sind. Sie bieten den Vorteil, daß sie sich dem Verkehr am besten anpassen lassen. In den Vorräumen der Aborte und Waschräume findet hier und da ein Verkaufsstand für Toilettenartikel, Nähwaren u. dgl. seinen Platz.

Hinsichtlich der baulichen Gestaltung muß verlangt werden, daß die Verkaufsstände sich gut in das Gesamtbild einfügen, ohne die Raumwirkung zu beeinträchtigen und den Verkehr zu behindern. Am besten liegen die Schau- oder Verkaufsfenster in den Raumwänden, so daß die Verkaufsstände nicht oder nur wenig in den Hallenraum vortreten. Architekturteile dürfen durch die Stände nicht überschnitten oder verunstaltet werden. Freistehende Stände kommen nur in Ausnahmefällen — z. B. auf Kopfbahnsteigen — in Betracht, da sie oft die Raumwirkung stören und den Verkehr beeinträchtigen. Ob der Verkauf innerhalb der Stände an offenen Tresen oder nach außerhalb durch Verkaufsschalter geschieht, hängt von dem zur Verfügung stehenden Platz und von der Art der angebotenen Waren ab. Bei den meist beschränkten Platzverhältnissen sind äußerste Raumausnutzung und zweckmäßige Verkaufseinrichtungen geboten. Auf günstige Ausstellung der Ware muß Wert gelegt werden. Oft wird es erwünscht sein, Vorratsläger getrennt vom Verkaufsstand in dafür bereitzustellenden Räumen des Bahnhofes unterzubringen. Meist wird es nicht möglich sein, den Verkaufsständen unmittelbares Tageslicht zuzuführen. Weitgehende Verglasung ist deshalb erwünscht, um wenigstens mittelbar Tageslicht zuzuführen. Dies ist zugleich werbend, weil dadurch möglichst viel Waren sichtbar werden. Eine gute und zweckmäßige künstliche Beleuchtung ohne Blendwirkung ist außerdem notwendig. Sie bringt die Waren gut zur Geltung und erleichtert den Verkauf. Fürsorge für die Verkäufer durch beheizte Verkaufsräume, Waschgelegenheit und verdeckte Kleiderablage ist notwendig. Möglichst alle zum Verkauf angebotenen Waren müssen für den Käufer sichtbar innerhalb des Verkaufsstandes ausgestellt werden können. Wilder Aushang, etwa von Zeitungen neben dem Verkaufsstand, ist nicht zu gestatten. Es geht ebensowenig an, Lebensmittel offen und unverwahrt neben dem Stand auszustellen. Wo Platz vorhanden ist, können neben dem Verkaufsstand Ausstellungsvitrinen zugelassen werden.

Als Baustoffe für die Verkaufsstände sollten solche verwendet werden, die durch dünne Wandstärken eine gute Raumausnutzung zulassen. Da die Stände sich in Innenräumen befinden, braucht Mauerwerk nur geringe Wandstärken zu haben. Im übrigen kommen Holz, Glas, Eisen, Leichtmetall, Bronze in Betracht. Für die Bekleidung sind leicht sauberzuhaltende Stoffe zu verwenden, wie Sperrholz, Keramik, dünne polierte Steinplatten, Kunstharzerzeugnisse, z. B. Trolonit. Wegen der Entwurfsgestaltung wird sich der Pächter zweckmäßig mit dem Hochbaudezernenten der Eisenbahndirektion in Verbindung setzen, damit eine Einfügung des Standes in die Gesamtanlage erzielt wird. Gute und zweckmäßige Gestaltung des Verkaufsstandes in Verbindung mit den darin ausgestellten, zu angemessenen Preisen angebotenen Waren werden die beste Werbewirkung erzielen, so daß oft Reklameinschriften entbehrlich sind. Wo sie dennoch nötig sind, müssen sie durch Schrift, Farbe und Beleuchtung werben, ohne aufdringlich zu sein und amtliche Anschriften zu beeinträchtigen.

b) Weitere Sonderräume.

Räume für die *öffentliche Polizei* liegen zweckmäßig in der Nähe der Schalterhalle. Ist größerer Raumbedarf für einen Büro- und Aufenthaltsraum, Haftzellen, Abort vorhanden, so können sie auch an einer Nebenhalle liegen.

Bahnpostschalter werden in großen Empfangsgebäuden insbesondere dann vorgesehen, wenn kein Postamt in der unmittelbaren Nachbarschaft liegt. In diesem Falle ist der Besuch allerdings sehr stark, weil sie dann auch von Nichtreisenden aufgesucht werden. Die Posträume sollen so liegen, daß sie unschwer zu finden sind, also z. B. in der Nähe der Fahrkarten- oder Gepäckabfertigung. In der Regel ist ein Vorraum für Kundschaft, ein Abfertigungsraum und gegebenenfalls ein weiterer Raum nötig. Fernsprechräume müssen in verkehrsreichen Empfangsgebäuden schon im Entwurf vorgesehen werden. Die freie Aufstellung der Zellen kann auf die Dauer nicht befriedigen. Der Bedarf ist oft sehr groß, so daß auf großen Bahnhöfen bis zu 10 nötig sind. Sie werden am besten zusammengefaßt in Nischen eingebaut.

Zollräume werden auf Grenzbahnhöfen in oder neben den Empfangsgebäuden benötigt. Sie bestehen aus der Zollhalle mit langen Abfertigungstischen, den Zellen für Leibesuntersuchungen, Räumen für Sperrgut, Haftzellen, Paßkontrolle und den erforderlichen Räumen für die Zoll- und Polizeibeamten der beiderseitigen Grenzstaaten nebst Abort- und Waschräumen. Soll zur Bequemlichkeit der Reisenden das aufgegebene Reisegepäck bereits auf großen Inlandbahnhöfen verzollt werden, so ist auch in diesen in Verbindung mit der Gepäckabfertigung ein Raum für den Zolldienst notwendig.

Der *Bahnhofsmission* wird Raum gegeben, von wo aus die Bahnsteige leicht erreichbar sind.

Auf großen Bahnhöfen, zumal an Abgangsstationen für Schnellzüge, benötigen ferner die *Speisewagengesellschaften* Räume von 30 bis 50 m², um die Speisewagen kurz vor der Abfahrt mit Eis und frischen Lebensmitteln zu versorgen. Die Räume müssen Zugang von der Straße und Verbindung mit den Bahnsteigen durch Gepäcktunnel und Gepäckaufzug haben; sie liegen deshalb zweckmäßig neben der Gepäckabfertigung.

c) Dienst- und Mietwohnungen.

In kleinen Empfangsgebäuden wird über den Diensträumen meist eine Wohnung für den Dienstvorsteher angeordnet, damit das Empfangsgebäude auch nachts bei unterbrochenem Dienst nicht ohne Aufsicht ist. Die Größe und Einrichtung richten sich im wesentlichen nach den für die in Betracht kommende Beamtengruppe geltenden Bestimmungen. Ist eine Bahnwirtschaft vorhanden, so wird über den Wirtschafts- und Küchenräumen eine Wohnung für den Bahnwirt vorgesehen. Eine Küche hierfür ist meist entbehrlich, soweit der Bahnwirt die Küche der Bahnwirtschaft mitbenutzt. In großen Empfangsgebäuden werden außer der Vorsteherwohnung oft noch weitere Wohnungen für den Vertreter des Vorstehers, den Pförtner, Heizer usw. eingerichtet. Nach Möglichkeit sollten die Wohnungen so liegen, daß sie gut besonnt sind und daß die Bewohner möglichst wenig von den unvermeidlichen Geräuschen des Bahnhofs belästigt werden. Bei größerem Wohnungsbedarf ist es zu diesem Zwecke am besten, die Wohnungen auf einem geeigneten nahegelegenen Bauplatz in einem besonderen Wohnhaus unterzubringen. Immer muß darauf geachtet werden, daß die Bewohner ihre Wohnung erreichen können, ohne die Sperre zu durchschreiten.

7. Bahnsteigsperre (Abb. 107 und 108).

Die Anordnung der Bahnsteigsperre bei Empfangsgebäuden verschiedener Größe und Lage ist im Abschnitt über die Raumfolge bereits erörtert worden. Immer ist danach zu trachten, die Sperre an gut belichtete Stelle zu legen, damit die Fahrkartenprüfung möglich ist. Wo sie an der Ausmündung eines Tunnels oder einer Brücke in das Empfangsgebäude liegt, also insbesondere in Seitenlage desselben, ist zwischen Tunnel und Sperranlage eine Ausweitung erwünscht, weil es vor der Sperre bei starkem Verkehr leicht zu Stauungen kommt. Die Sperre besteht in der Regel aus einem etwa 0,90 bis 1 m hohen meist eisernen Gitter mit Durchgängen von 0,65 m Breite. Zwischen je zwei Durchgängen befindet sich ein meist allseitig geschlossener Schaffnerstand, der für zwei Schaffner Platz bietet und Schutz gegen Zugluft und gegen den Andrang der Reisenden gewährt. Das Schaffnerhäuschen erhält eine Breite von 0,85 bis 1 m und eine Länge von 2 m. Da sich unter den Sperrschaffnern viel Beinamputierte befinden, ist die größere Breite anzustreben. Die Sperrhäuschen haben bis auf 0,90 m Brüstungshöhe geschlossene Wandungen und sind darüber allseitig verglast. Vor dem Schaffnerplatz erhalten sie nach außen aufschlagende Türen, die im oberen Teil ein nach unten versenkbares Schiebefenster haben. Die Häuschen sind rechteckig mit abgerundeten Kanten oder die Ecken werden abgeschrägt, so daß im Grundriß ein längliches Achteck entsteht. Im Innern werden zwei aufklappbare Sitze für die Schaffner und zwei Kästen angeordnet, die oben Schlitze zum Einwerfen der abgenommenen Fahrkarten erhalten. Unter den Schlitzen werden einschiebbare und verschließbare Beutel angebracht. Die Sperrhäuschen können aus Holz mit Blechverkleidung des unteren Teils, aus Stahl mit Ausfachung des unteren Teils mit Fliesen oder Klinkerplättchen oder auch aus Leichtmetall bestehen. Über der Schaffnertür wird eine Leuchtröhre so abgeschirmt, daß deren Licht auf die zu prüfende Fahrkarte fällt. Sind nur zwei Durchgänge nötig, dient der eine im Sinne des Rechtsverkehrs als Eingang, der andere als Ausgang. Bei einer größeren Zahl von Durchgängen ist der kleinere Teil als Eingang, der größere als Ausgang zu verwenden. Zwischen je zwei Durchgängen ist dann eine Trennschranke anzubringen. Liegen Durchgänge an den Wänden, so sind dort Führungsgeländer so anzubringen, daß ein Abstand von 0,15 m von der Wand bleibt. Die Sperrhäuschen werden meist in der Längsrichtung senkrecht zum Sperrgitter aufgestellt. Wenn die Raumverhältnisse es erfordern, können sie jedoch auch gleichlaufend mit dem Sperrgitter aufgestellt werden. Sie sind dann entsprechend auszubilden. Die Durchgänge müssen durch Ketten oder besser durch drehbare Bügel aus Stahlrohr oder Leichtmetallrohr, die in geöffnetem Zustande in der Flucht der Trennschranke liegen, geschlossen werden können. Bei mangelnder Breite, z. B. in Tunnels, kann die nötige Zahl von Sperrdurchgängen durch schräge Staffelung der Sperre gewonnen werden. Die Sperrhäuschen werden dann in der Längsrichtung gegeneinander versetzt angeordnet. Im Nahverkehr werden insbesondere an den Ausgängen zuweilen zwei Durchgänge von einem Beamten bedient. Die Sperrhäuschen sind dann entsprechend mit gegenüberliegenden Öffnungen zu versehen. Da die Sperrhäuschen entweder in gering beheizten oder gar ungeheizten Räumen stehen, werden sie an die Sammelheizung des Empfangsgebäudes angeschlossen.

8. Bahnsteige.

a) Zugänge (Tunnels oder Brücken).

Personentunnels oder -brücken erhalten auf mittleren Bahnhöfen eine Breite von 4 m. Auf großen Bahnhöfen müssen sie oft erheblich breiter sein; jedoch sind Stützen darin zu vermeiden. Als lichte Höhe genügt 2,40 m; bei Tunnels ergeben sich im Hinblick auf die Stärke der Gleisbrücke unter den Bahnsteigen wesentlich größere Höhen. Den Tunnels ist durch Oberlicht zwischen den Gleisen und Öffnungen zwischen den Treppenaufgängen möglichst viel Licht zuzuführen. Sehr begünstigt wird die Lichtwirkung durch helle Fliesenverkleidung der Wände. Beleuchtungskörper dürfen nicht in den Raum unter 2,40 m Höhe hineinragen. Empfehlenswert ist, sie in die Seitenwände zu legen. Die Brücken zu den Bahnsteigen können, wenn sie innerhalb der Bahnsteighallen liegen, frei hineingebaut werden, wie in Darmstadt, oder geschlossen, wie in Hamburg Hbf. Liegen sie außerhalb der Hallen, so müssen sie seitlich geschlossen und überdacht werden.

Die zu den Bahnsteigen führenden, im allgemeinen 2,50 bis 3 m breiten Treppen erhalten ein Steigungsverhältnis von 16 zu 32 cm. Die Trittstufen müssen der hohen Beanspruchung gewachsen sein. Sie dürfen sich wenig abnutzen und müssen trittsicher sein. Abgesehen von Basaltlava genügen natürliche Gesteine dieser Anforderung nicht; die weichen nutzen sich zu leicht ab, die harten werden glatt. Gut bewährt haben sich Stufenbeläge aus einem Gemisch von Zement, Kies, Hartsteinsplitt und Carborundum. Die Treppen erhalten beiderseits kräftige Handläufe. Oft ist es zweckmäßig, neben den Stufen Rillen zum Schieben der Fahrräder über die Treppe anzuordnen. Zwischen der ersten Stufe und der inneren Tunnel- oder Brückenflucht soll, wenn möglich, ein Abstand von etwa 1 m bleiben, gegen den die Tunnelwand im Grundriß unter 45° abgeschrägt angeordnet wird, so daß bei beiderseitigen Treppen eine achteckige Raumerweiterung entsteht. Neben den Treppenaufgängen werden Abfahrt- und Ankunfttafeln unter Glas und Rahmen mit innerer Sofittenbeleuchtung angebracht. Die verbleibenden Wandflächen in den Tunnels eignen sich gut zum Aussparen von Feldern für eigene Werbung oder gewerbliche Reklame. Auch kommt der Einbau von Schauvitrinen in Betracht, für die Nischen bei der Anlage in den Betonwänden ausgespart werden müssen. Liegen die Treppen zu den Bahnsteigbrücken im Freien, so müssen sie wie die Brücken überdacht und seitlich geschlossen werden.

b) Bauten auf den Bahnsteigen.

Hausbahnsteige erhalten eine Breite von mindestens 7,5 m, Zwischenbahnsteige bei Gleisüberschreitung mindestens 6 m, Zwischenbahnsteige mit schienenfreiem Zugang und zweiseitiger Benutzung mindestens 9 m. Gepäckbahnsteige müssen zwischen den Gleismitten mindestens 7,5 m breit sein zuzüglich der Breite etwaiger Hallenstützen. Die Höhe der Bahnsteigkanten über SO beträgt 0,21 m, 0,38 m und (nur bei Bahnsteigen mit schienenfreiem Zugang) 0,76 m.

Der Abstand der Bahnsteigkante von Gleismitte beträgt bis 0,38 m Höhe 1,60 m und bei größerer Höhe 1,70 m. Feste Bauteile (Stützen, Gebäude, Treppengeländer usw.) müssen bei Hauptbahnen bis zur Höhe von 3,05 m über SO einen Mindestabstand von 3 m und bei Nebenbahnen von 2,50 m von Gleismitte haben. Die Stützen von Bahnsteigdächern sollen in der Längsrichtung der Bahnsteige mindestens 4,5 m, besser 10 bis 15 m voneinander entfernt sein.

Werden die Bahnsteige überdacht, so erhalten sie meist einstielige, nach der Bahnsteigmitte zu geneigte Bahnsteigdächer, bei denen die Binder und Pfetten aus Stahl bestehen und die Eindeckung aus Holzschalung mit doppelter Papplage. Statt der Holzschalung werden neuerdings auch Bimsbeton oder Spannbetonplatten verwendet. Die Dachrinnen liegen über der Stützenreihe und werden durch Abfallrohre neben den Stützen entwässert. Auf Bahnsteigen, die dem Schlagregen ausgesetzt sind, erhalten Bahnsteigüberdachungen eine Glasschürze aus einer Scheibenreihe oberhalb des Lichtraumprofils.

Auf großen Bahnhöfen wölbt sich entweder eine weitgespannte Halle über alle Gleise und Bahnsteige oder es werden mehrere nebeneinanderliegende Hallen angeordnet. Sie sind an den Enden durch große bis über die Höhe des Lichtraumprofils herabhängende Glasflächen, sogenannte Schürzen, geschlossen, um möglichst wirksamen Schutz gegen Zugluft zu bieten. Zur Lichtzuführung sind die Hallen dafür teilweise verglast oder mit Oberlichtaufbauten versehen. Zur Abführung des Rauches werden im Scheitel der Hallen Laternen aufgesetzt, mit seitlichen Entlüftungsöffnungen. Bei Anordnung mehrerer Hallen nebeneinander werden die Zwischenstützen nicht auf den Personenbahnsteigen aufgestellt, um den Überblick und den Verkehr nicht zu beschränken. Sie stehen zwischen den Gleisen oder auf den Gepäckbahnsteigen. Während bei einstieligen Überdachungen Rauchabführung und Lichtzuführung keine Schwierigkeiten bieten, sind diese bei großen Hallen auf Bahnhöfen mit Dampfbetrieb beträchtlich. Auch sind die Unterhaltungskosten hoch.

Man ist deshalb neuerdings dazu übergegangen, selbst für große Bahnhöfe niedrige Bahnsteigüberdachungen aufzubauen, bei denen versucht wurde, die Vorteile der Bahnsteigdächer, die in der leichten Rauchabführung und guten Belichtung der Bahnsteige bestehen, mit den Vorzügen der großen Hallen, nämlich der guten Raumwirkung und des merklichen Windschutzes, zu verbinden. In Darmstadt und Oldenburg wurde an der Bogenform festgehalten, über den Gleisen jedoch wurden in der Dachdeckung breite Schlitze gelassen, durch die Licht hereinfällt und der Rauch entweichen kann. Über den Bahnsteigkanten hängen Glasschürzen von der Überdachung herab, die den Eintritt des Rauches in den Raum über den Personenbahnsteigen verhindern. In Duisburg und Düsseldorf wurden vollwandige Rahmenbinder verwendet, deren Stützen, ebenso wie bei der vorbeschriebenen Ausführung, auf den Gepäckbahnsteigen stehen. Auch hier öffnen sich über den Gleisen in der Dachdeckung Rauchabführungsschlitze. Der Mittelteil über dem Personenbahnsteig ist laternenförmig erhöht, so daß das hohe Seitenlicht über den Rauchschlitzen einfallen kann. Auch hier ist durch heruntergezogene Glasschürzen dafür gesorgt, daß der Rauch nicht in den Raum über den Bahnsteigen einströmen kann.

Diese an sich zweckmäßigen Ausführungen haben allerdings den Nachteil, daß durch die Rauchschlitze Regen fällt, so daß unter den Gleisen Dichtungen nötig sind, wenn Räume darunterliegen. Auf Bahnhöfen, die auf Gleisbrücken liegen, insbesondere bei Empfangsgebäuden in Längsunterlage, empfiehlt sich also der Bau geschlossener Hallen. Bei Bahnhöfen mit vollelektrischem Betrieb, wo zur Rauchabführung wie bei Dampfbahnen eine größere Höhe nicht nötig ist, eignet sich die Hallenform von Duisburg oder Düsseldorf ohne Rauchschlitze, da sie eine gute Lichtzuführung ermöglicht. Das Lichtraumprofil für elektrische Bahnen muß hierbei berücksichtigt werden.

Aufbauten auf den Bahnsteigen sind nach Möglichkeit hinsichtlich ihrer Zahl und Größe einzuschränken, weil sie den Überblick und den Verkehr behindern und die Betriebsabwicklung erschweren. In großen Hallen müssen die auf dem Bahnsteige zu errichtenden Häuschen als selbständige Bauten behandelt werden. Sie sind in knapper, sachlicher Form mit platzsparenden dünnen Wänden auszuführen und mit schwach geneigten Dächern zu decken. Zweckmäßig werden sie mit widerstandsfähigen, glatten und leicht sauberzuhaltenden Baustoffen, wie glasierten Fliesen, Klinkerplättchen od. dgl., bekleidet. Bei einstieligen Dächern können die Häuschen unter die Bahnsteigdächer gezogen werden. Statt der einstieligen werden auf die Länge der Häuschen zweistielige Binder errichtet, welche die Ecken des betreffenden Häuschens bilden. Diese werden in der Regel aus Eisenfachwerk erstellt, wofür bei dem meist aufgeschütteten Boden die Gründung leichter ist. Sie dienen der Unterbringung von Dienst- und Warteräumen, von Verkaufsständen und von Aborten. Außer diesen Häuschen sind auf den Bahnsteigen vorzusehen: Wasserzapfstellen, einfache und Windschutzbänke und solche zum Absetzen von Traglasten, Fahrplantafeln und Wagenfolgeübersichten, Papierkörbe und Zugrichtungsanzeiger. Diese Anzeiger erhalten einen Platz, der den Reisenden beim Betreten der Bahnsteige sofort in die Augen fällt. Sie sollen Aufschluß über die Zugrichtung, Zugart und die Abfahrtzeit geben und werden entweder von Hand durch Gelenkstangen herausgeklappt oder elektrisch vom Befehlstellwerk gesteuert.

9. Baugestaltung.

Als die ersten Eisenbahnen in Deutschland gebaut wurden, lösten die Männer, die vor die neuen Bauaufgaben des Eisenbahnhochbaus gestellt waren, diese Aufgaben mit den Mitteln einer jahrhundertelangen handwerklichen Überlieferung und im Sinne einer damit verbundenen hohen Baukultur. Sie kannten noch keinen Stahl- und Stahlbetonbau, und ihre statischen Kenntnisse beruhten auf alten Erfahrungen. Für ihre Hoch- und Kunstbauten wandten sie noch längere Zeit handwerkliche Bauweisen an. In ihrer stilistischen Haltung zeigen die Hochbauten klassizistische Formen der damaligen Zeit. Sie sind zwar oft etwas nüchtern, befriedigen aber in ihrem Aufbau und in ihrer Massenverteilung mehr, als manches, was später gebaut wurde. Ein gutes Beispiel aus dieser Zeit ist das heute noch in Betrieb befindliche, im letzten Kriege allerdings stark beschädigte Empfangsgebäude in Braunschweig Hbf. (Abb. 2).

In der Folgezeit war es gerade der Eisenbahnbau mit den nunmehr erforderlichen großen Hallen und weitgespannten Brücken, welcher zur Entwicklung einer neuen Bautechnik wesentlich beitrug. Diese neue technische Entwicklung ermöglichte großartige und vorbildlose Raumschöpfungen. Der historisch gerichtete Sinn der damaligen Zeit ließ diese neuen Konstruktionen in äußerlicher Weise mit einem Kleid in historischen Formen versehen und vernachlässigte dabei die klare und überzeugende Gestaltung des Baukörpers.

Erst um die Jahrhundertwende wuchs die Erkenntnis, daß ein neues Raumgefühl und neue Bauweisen auch eine neue Gestaltung bedingten. Die Versuche, zu einer neuen Gestaltung zu kommen, krankten jedoch an dem Irrtum, daß noch lange Zeit das Formenkleid für das Wesentliche galt und eine sachliche Gestaltung des Baukörpers unter Zugrundelegung einer klaren Raumidee als Grundlage eines neuen Bauens unterblieb. Wenn hierin auch ein Wandel zu erkennen ist, so ist doch die Zeit eines unsicheren Suchens nach einer gemeinsamen Grundlage für das neuzeitliche Bauen noch keineswegs vorüber. Einander widersprechende Anschauungen stehen sich gegenüber.

Das Empfangsgebäude ist kein für sich unabhängiger Bau. Es steht vielmehr in enger Beziehung zu den anschließenden Anlagen des Personenbahnhofes und andererseits zu den Straßen und Plätzen der Stadt mit ihrer Bebauung oder mit der umgebenden Landschaft. Für die Gestaltung des Aufbaus sind die Bedingungen maßgebend, welche der Bauplatz und die Umgebung stellen, dazu das Bauprogramm und die Grundrißforderungen. Anlage und Aufbau eines Empfangsgebäudes wirken andererseits derart auf die Umgebung, daß nur durch Zusammenarbeit aller Beteiligten ein Gelingen der Gesamtanlage erzielt werden kann.

Für die Gestaltung des Baukörpers ist das Dach und seine Eindeckung von entscheidender Bedeutung. Das mit Ziegeln oder Schiefer gedeckte Steildach setzt im Grundriß einfache Baukörper mit mäßiger Gebäudetiefe voraus. Es eignet sich deshalb besonders für kleine und mittlere Empfangsgebäude auf dem Lande und in kleineren Städten, bei denen oft auch ein erheblicher Teil des Gebäudes durch Wohnungen eingenommen wird, so daß das Steildach für Trockenböden und Nebenräume der Wohnungen gut ausgenutzt wird. Die Eindeckung mit Ziegeln oder Schiefer hat zudem vor dem Pappdach den Vorteil, daß es dauerhafter ist und weniger Unterhaltungsarbeiten erfordert. Trotz der durch die heutige Holzknappheit bedingten Sparsamkeit im Holzverbrauch ist das Steildach deshalb gerechtfertigt, wobei allerdings die Abmessungen des Dachverbandes statisch ermittelt und die Dachbodendecke massiv ausgeführt werden sollten.

Vorteilhaft ist die Verwendung der für flache Dachneigungen geeigneten Falzpfannen. Ohne allzu großen Holzaufwand können hiermit verhältnismäßig tiefe Gebäude überdeckt werden. Über kleinere Vorbauten, die durch größere Raumtiefen bedingt sind, oder über Vorhallen läßt sich das Dach abschleppen. Ein besonderer Vorteil liegt ferner darin, daß ein angebauter Güterschuppen in der gleichen Weise wirtschaftlich überdeckt werden kann (Abb. 62 u. 63).

Die bevorzugte Verwendung des flachen Daches bei großen Empfangsgebäuden ist begründet in den großen Gebäudetiefen und den äußerst verwickelten Grundrissen, welche oft dazu zwingen, verschiedene Gebäudeteile in der Höhe zu staffeln, um allen Räumen Tageslicht zuführen zu können. Bei steilen Ziegel- oder Schieferdächern über tiefem oder gestaffeltem Grundriß gelingt es nicht immer, ohne flache Überdeckung einzelner Gebäudeteile auszukommen, was unorganisch wirkt.

Für die Bauweise der Außenwände wird die Verwendung der in der betreffenden Gegend heimischen Baustoffe in der landesüblichen Bautechnik zu einer guten Einfügung in die Umgebung beitragen und auch wirtschaftlich vorteilhaft sein. Große Empfangsgebäude mit ihren weitgespannten Hallen erfordern allerdings neuzeitliche Bauweisen in Stahl- oder Stahlbetonskelettbau, die sich auch im Äußeren kundtun. Große Fensterflächen in den Eingangshallen, Fensterbänder für Schalterräume und Warteräume, weitgehend verglaste, einladende Türen zu mehreren gekuppelt, geben dem Äußeren neuzeitlicher Empfangsgebäude das besondere Gepräge. Weit ausladende Vordächer, unter denen mit Kraftwagen ankommende Reisende, gegen Regen geschützt, aussteigen können, zuweilen auch bis zur Straßenbahnhaltestelle vorgezogene Überdachungen tragen zu dem besonderen Charakter neuzeitlicher Empfangsgebäude bei. Die Zeitgebundenheit des Verkehrs findet ihren Ausdruck in der möglichst großen, weithin sichtbaren und auch nachts beleuchteten Bahnhofsuhr. Die Forderung nach weiter Sichtbarkeit rechtfertigt die Anbringung an einem Uhrturm, dessen Untergeschosse als Turmwirtschaft oder für andere Zwecke verwendet werden, dessen Obergeschoß gegebenenfalls den auf dem Bahnhof erforderlichen Wasserbehälter aufnehmen kann. Gleichzeitig gliedert der Uhrturm den langgestreckten Bau in erwünschter Weise, zumal Empfangsgebäude im Verhältnis zu der oft vier- bis fünfgeschossigen Bebauung am Bahnhofsvorplatz niedrig sind. Bei den deutschen Eisenbahnen ist der Aufbau weiterer Geschosse über den Verkehrshallen und größerer Warteräume bisher vermieden worden, obwohl er städtebaulich zuweilen erwünscht sein kann. Konstruktive Schwierigkeiten, die Verschlechterung der Belichtung und die Rücksichtnahme auf spätere Erweiterungen waren die Hindernisse, während in anderen Ländern, vor allem in den Vereinigten Staaten, der teure Grund und Boden, auf dem Empfangsgebäude in den Großstädten stehen, durch hohe Überbebauung ausgenutzt wird.

Der Zusammenbau der Empfangsgebäude mit den Bahnsteigdächern muß sorgfältig überlegt werden. Große Hallen können durch ihre Abmessungen zum beherrschenden Motiv des Bahnhofbaus werden. Selten ist dieser Gedanke jedoch folgerichtig und klar durchgeführt worden. In Hamburg Hbf. kommt er nur in der Ansicht vom Steintordamm (also auf der Südseite) zum Ausdruck, während die Halle an der Hauptschauseite vom unruhig wirkenden Vorgebäude verdeckt wird. Damit wird auf ihre Wirkung verzichtet. Besonders überzeugend ist die Lösung beim Bf. Friedrichstraße in Berlin, wo die beiden parallelen Hallen für Fern- und Vorortverkehr mit dem hohen Unterbau, in dem die Räume des Empfangsgebäudes liegen, zu einheitlicher Wirkung verbunden sind. Handelt es sich hier um Empfangsgebäude in besonderer Lage quer über oder längs unter den Gleisen, so kann das Hallenmotiv auch bei Kopfbahnhöfen durchgeführt und zur Geltung gebracht werden, wie es beim Anhalter Bahnhof in Berlin geschehen ist. Bei der überwiegend angewandten Form des Durchgangsbahnhofes ist eine organische Verbindung zwischen Empfangsgebäude und Bahnsteighalle meist nicht möglich. Die Bahnsteighalle steht im Hintergrund und wird vom Empfangsgebäude mehr oder weniger günstig überschnitten. Eine klare und völlige Trennung der beiden Baukörper ist infolgedessen zweckmäßig.

Wie bereits oben ausgeführt, werden aber geschlossene, weitgespannte Hallen nur noch selten errichtet. Bei niedrigen Bahnsteigdächern muß darauf geachtet werden, daß sie die an den Hausbahnsteigen liegenden Räume nicht verdunkeln. Es empfiehlt sich deshalb, sie bei ausreichender Breite des Bahnsteiges vom Gebäude so weit abzurücken, daß genug Licht einfallen kann und sie nur bei den Ausgängen bis ans Gebäude heranzuführen. Bei hochgelegenen Bahnsteigen großer Durchgangsbahnhöfe wird das Empfangsgebäude so weit vom Bahnkörper abgerückt, daß der Lichteinfall in die rückwärtigen Räume nicht durch die Bahnsteigdächer beeinträchtigt wird. Die Randbahnsteige werden zweckmäßig durch Glasschürzen auf der Stützmauerkante abgeschlossen, die bis zum Bahnsteigdach hochgeführt werden. Bei Kopfbahnhöfen schließen niedrige Bahnsteigdächer gewöhnlich an eine hohe, reichlich belichtete Kopfbahnsteighalle an.

10. Städtebauliche Anordnung (Abb. 21, 61, 70, 78, 82, 97, 100).

Über die Lage des Empfangsgebäudes besagen die „Richtlinien für das Entwerfen von Bahnhofs- und Sicherungsanlagen von 1939": „Das Empfangsgebäude ist auf der Seite des Bahnhofs anzulegen, von der der Hauptverkehr zu erwarten ist, sofern nicht besondere örtliche oder betriebliche Verhältnisse dagegen sprechen. Liegen Bahn- und Straßenanlagen in verschiedener Höhe, so kann das Empfangsgebäude auch über oder unter den Gleisen angelegt werden. Dagegen sollen das Empfangsgebäude oder bei seitlichem Vorgebäude die Warteräume nicht auf einer Insel zwischen den Gleisen angelegt werden. Auf eine zweckmäßige Gestaltung der Bahnhofsvorplätze, die Anlage ausreichender Parkplätze und günstige Führung der Straßenbahnen ist im rechtzeitigen Benehmen mit den beteiligten Behörden Bedacht zu nehmen. Auf die städtebaulichen Belange ist Rücksicht zu nehmen." Diese Richtlinien schließen also die Insellage bei neuen Bahnhöfen aus, während Kopfbahnhöfe nicht besonders erwähnt werden. In der Regel wird die der Ortschaft zugekehrte Seite den stärksten Verkehr haben, so daß das Empfangsgebäude auf dieser Seite anzuordnen ist. In größeren Städten liegen Durchgangsbahnhöfe in der Mehrzahl der Fälle so, daß die Bahnstrecke das zur Zeit ihrer Erbauung vorhandene Stadtgebiet tangiert. Das Empfangsgebäude liegt also richtig und zweckmäßig auf der Seite nach diesem älteren Stadtgebiet, das gewöhnlich als Geschäftsstadt den stärksten Verkehr aufbringt. Im Hinblick auf den Wettbewerb anderer Verkehrsmittel muß darauf geachtet werden, daß sich städtebauliche Maßnahmen der Städte nicht zum Nachteil der Eisenbahn auswirken. Eine eindeutig erkennbare, kurze, bequeme und möglichst gefahrlose Verbindung zur Stadtmitte ist für Fußgänger notwendig und zugleich von werbender Bedeutung für die Eisenbahn und die Stadt. Unerwünscht ist es, daß Reisende erst durch Fragen oder unter Zuhilfenahme des Stadtplanes den Weg in die Stadt finden können. Die innerstädtischen Verkehrsmittel müssen nahe an das Empfangsgebäude herangeführt werden, so daß es auf kurzem und bequemem Wege von den Haltestellen aus erreicht werden kann.

In vielen Großstädten sind an der der Innenstadt abgewandten Bahnseite Stadtviertel entstanden, deren Bedeutung in Beziehung zum Bahnhof nicht unbeachtet bleiben kann. Hier fragt es sich, ob an dem bisher vor allem aus Gründen der Personalersparnis vertretenen Standpunkt festgehalten werden kann, an dieser Seite gar keine oder unzulängliche Zugänge für den Personen- und Gepäckverkehr vorzusehen. Die Anordnung gut angelegter Vorplätze mit einem ausreichend bemessenen Empfangsgebäude würde oft den Zubringerverkehr erleichtern und die andere Seite, als die Hauptverkehrsseite in dieser Beziehung wesentlich entlasten, vor allem, wenn es gelingt, auch für die Reisegepäckausgabe dieser Seite eine Lösung zu finden.

Für die Durchbildung der Bahnhofsvorplätze in Großstädten kann auf Teil II Band 1 dieser Sammlung „Städtebau" von OTTO BLUM Bezug genommen werden. Seit Erscheinen dieses Buches hat allerdings die Bedeutung anderer Verkehrsmittel in ihrem Verhältnis zur Eisenbahn weiter zugenommen. In diesem Zusammenhange muß deshalb auf die Anlage ausreichender Autobusparkplätze und regelrechter Omnibushöfe in der Nähe des Personenbahnhofes hingewiesen werden. Vielfach werden sich diese auf der der Geschäftsstadt abgewandten Seite der Bahn leichter anlegen lassen, so daß auch aus diesem Grunde ein zweiter Bahnhofsvorplatz auf dieser Seite erwünscht ist. Auch die Frage der Hubschrauberlandeplätze zur Erleichterung des Flugverkehrs hat an Bedeutung gewonnen. Bei diesen Anlagen ist es ebenfalls erwünscht, daß sie dicht beim Personenbahnhof liegen.

Die Grundsätze BLUMS für die Anlage von Bahnhofsvorplätzen gelten sinngemäß auch für kleinere Bahnhöfe. Auch hier handelt es sich oft darum, den Durchgangsverkehr vom Verkehr nach dem Bahnhof zu trennen und ausreichende Parkgelegenheit zu schaffen. Insbesondere in Kreisstädten, die auch geschäftliche Mittelpunkte eines größeren Einflußgebietes sind, hat der Autobusverkehr heute bereits einen erheblichen Umfang angenommen. Im Interesse sowohl der gesamten Verkehrsabwicklung als auch der Eisenbahn dürfte es liegen, daß der Personenbahnhof seine Bedeutung als Verkehrsmittelpunkt behält. Ältere Anlagen, die oft noch aus der Zeit vor der Motorisierung des Straßenverkehrs stammen, sind deshalb in dieser Hinsicht oft unzureichend geworden. Ihre entsprechende Umgestaltung stößt wegen unzulänglicher Platzgrößen zuweilen auf Schwierigkeiten, sollte aber insbesondere bei Neubauten oder Umbauten der Empfangsgebäude angestrebt werden.

Viele ältere, oft nicht einmal besonders gut gestaltete Empfangsgebäude auf kleinen und mittleren Bahnhöfen gewinnen dadurch in ihrer Gesamtwirkung erheblich, daß sie von Baumpflanzungen und Grünanlagen umgeben sind. Dies sollte auch bei Neuanlagen und Umbauten berücksichtigt werden. Großstädtische Bahnhofsvorplätze müssen selbstverständlich in erster Linie so entworfen werden, daß für ihre vielseitigen Aufgaben die nötigen Verkehrsflächen zur Verfügung stehen. Auch hierbei wird sich jedoch meist die Möglichkeit ergeben, wenn es rechtzeitig bei der Planung berücksichtigt wird, Baumgruppen und Grünflächen gut einzufügen. Vorhandene Bäume sollten bei Umbauten schonend behandelt und erhalten werden. In ländlicher und kleinstädtischer Umgebung sollten das Empfangsgebäude, der Vorplatz und die Umgebung möglichst in Blumen- und Baumschmuck eingefügt werden. Baumpflanzungen und gärtnerische Anlagen müssen stets bei der Planung vorgesehen und rechtzeitig ausgeführt werden, damit sie beim Abschluß der Bauarbeiten ebenfalls fertiggestellt sind und zu einem Gesamteindruck von Empfangsgebäude und Bahnhofsvorplatz beitragen.

B. Stellwerkgebäude.

1. Zweck und Arten.

Die Stellwerkgebäude enthalten mit ihren technischen Einrichtungen den wichtigsten Teil der Sicherungsanlagen der Eisenbahnen. Von hier aus überwachen und regeln die Stellwerkbeamten den gesamten Betrieb ihres Bezirks. Hier werden die Weichen und Signale gestellt und die Fahrstraßen gesichert. Die Stellwerkwärter handeln dabei nach den durch elektrischen Block übermittelten Befehlen des für den Zuglauf und Rangierbetrieb verantwortlichen Fahrdienstleiters, der sich auf dem meist in Bahnhofsmitte liegenden Befehlsstellwerk befindet. Die von diesem abhängigen, an den Enden der Bahnhöfe gelegenen Stellwerke heißen Wärterstellwerke. Außerdem gibt es Rangierstellwerke für den Rangierbetrieb auf den Verschiebe- und Güterbahnhöfen, Ablaufstellwerke, die den Lauf der Wagen von den Ablaufbergen regeln usw. Blockstellwerke liegen an der freien Strecke an den Enden einer Blockstrecke. Die Einteilung der Strecke zwischen zwei Bahnhöfen in mehrere Blockstrecken ermöglicht eine schnellere Zugfolge, da sonst, ungeachtet der mitunter sehr großen Entfernungen der Bahnhöfe voneinander, ein Zug von einem Bahnhof erst abgelassen werden kann, wenn der vorhergehende den nächsten Bahnhof erreicht hat.

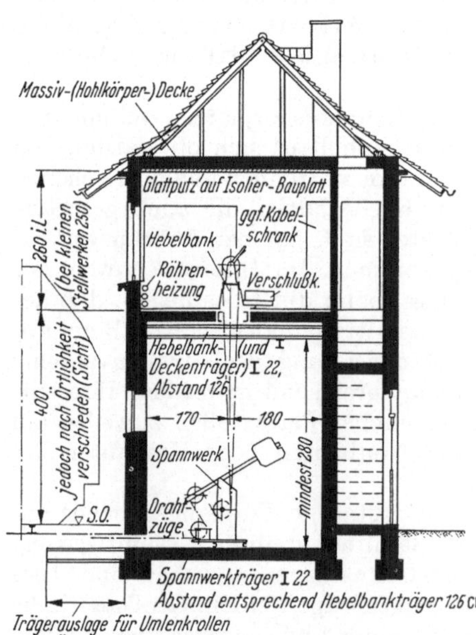

Abb. 117. Schnitt durch ein mechanisches Stellwerk.

Die technische Entwicklung der Stellwerkeinrichtungen hat den Entwurf der Stellwerkgebäude derart beeinflußt, daß für viele Wiederholungen solcher Anlagen eine typische Gebäudeform entwickelt wurde.

Die ältere Form des Stellwerks ist die mechanische. Sie ist auch heute noch im Gebrauch und hat sich bei einfachen Betriebsverhältnissen gut bewährt. Signale und Weichen werden durch Drahtzüge mittels Hebelübertragung durch die Kraft des Stellwerkwärters bewegt. Das Gebäude ist meist zweigeschossig und enthält im Obergeschoß den Stellwerkraum mit Hebelbank und Blockwerk, in dem der Stellwerkwärter seinen Dienst verrichtet. Von der Hebelbank führen Drahtzüge durch die Decke über das im Untergeschoß aufgestellte Spannwerk ins Freie zu den einzelnen Signalen und Weichen. Die Spannwerke halten durch Hebelgewichte die Drahtzüge in gleichbleibender Spannung, gleichen durch

Temperaturschwankungen verursachte Änderungen der Drahtspannungen aus und bewirken, daß bei Drahtbruch die Signale selbsttätig in Haltstellung, die Weichen in eine Endlage gebracht werden.

Eine neuere Form ist das elektrische Stellwerk, bei dem die mechanische Kraft durch elektrischen Strom übertragen wird. Durch die hierfür erforderlichen zahlreichen Nebenräume werden diese Gebäude meist dreigeschossig. Im obersten Geschoß befindet sich wie bei den mechanischen Stellwerken der Stellwerkraum mit dem Hebelwerk und dem Block. Der Spannwerkraum entfällt, da der elektrische Strom die Bewegung der Weichen und Signale bewirkt. Dafür müssen andere Räume für die Stromversorgungs- und Schaltanlagen in den unter dem Stellwerkraum liegenden Geschossen vorgesehen werden.

Bei beiden Bauarten muß der Stellwerkwärter von seinem Raum aus seinen Bezirk mit sämtlichen Gleisen, Signalen und Weichen gut übersehen können. Die neueste Entwicklung der elektrischen Stellwerke hat nun zur Ausbildung der Gleisbildstellwerke geführt. Hierbei hat der Stellwerkwärter ein Abbild seines Bezirks auf einem Tisch und der Fahrdienstleiter dasselbe auf einer Meldetafel an der Wand vor sich. Die Beamten können also innerhalb des Stellwerkraumes die Besetzung der Gleise und die Stellung der Signale und Weichen auf elektrisch gesteuerten bildlichen Darstellungen erkennen, ohne aus dem Fenster zu sehen. Sie werden hierdurch unabhängiger von den vom Wetter beeinflußten Sichtverhältnissen. Trotzdem wird auch bei diesen Stellwerken daran festgehalten, daß der gute Überblick vom Stellwerkraum gewährleistet sein muß. Bei dieser neuesten Form ergeben sich noch mehr Nebenräume für Stromversorgungs-, Schalt- und Relaisanlagen, die oft wegen des beschränkten Bauplatzes nicht in dem eigentlichen Stellwerkbau unterkommen können. Sie werden in eigenen, nicht zu entfernten Gebäuden untergebracht. Der eigentliche Stellwerkraum wird verhältnismäßig klein.

2. Lage und betriebliche Anforderungen, Höhenlage des Stellwerkraumes.

Stellwerke können in einem Vorbau vor dem Empfangsgebäude, in einem niedrigliegenden freistehenden Stellwerkraum (Stellwerkbude) oder in einem hochliegenden Stellwerkraum (Stellwerkturm) untergebracht werden. Die Lage in einem Vorbau vor dem Empfangsgebäude kommt auf kleineren Bahnhöfen mit einfachen Betriebsverhältnissen, insbesondere an Nebenbahnen, in Betracht. Bei angebautem Güterschuppen muß darauf geachtet werden, daß der seitliche Ausblick aus dem Stellwerkraum nicht durch Wagen auf dem Schuppengleis behindert wird. Die Bedienung des Stellwerks darf nicht gehemmt werden durch die Erledigung der übrigen Dienstgeschäfte. Stellwerkbuden sind unter gewissen Voraussetzungen zu wählen, wenn der Stellwerkbezirk von der Bude zu übersehen ist und der Wärter häufig außerhalb des Stellwerks tätig sein muß, z. B. zur Wahrnehmung des Aufsichtsdienstes. Sie sind deshalb so anzuordnen, daß sie für die außerhalb des Stellwerks zu verrichtende Tätigkeit des Personals günstig liegen und daß die wichtigsten betrieblichen Feststellungen vom Gebäude aus möglich sind. Wo vom Stellwerkraum aus eine größere Übersicht nötig ist, sind Stellwerkgebäude mit hochliegendem Stellwerkraum (Stellwerktürme) zu errichten. Diese sind deshalb möglichst so anzulegen, daß den Bediensteten die unerläßlichen Feststellungen, z. B. das Freisein der Weichen und Gleise, die grenzzeichenfreie Stellung der Fahrzeuge, das Vorhandensein des Zugschlusses usw., ohne Verlassen des Stellwerkraumes möglich sind. Auch auf die einwandfreie Verständigung mit dem Rangierpersonal und dem Personal rangierender Lokomotiven ist Rücksicht zu nehmen, falls nicht durch besondere Fernmelde- und Signaleinrichtungen für diese Zwecke gesorgt ist.

Wenn der Stellwerkbezirk nicht außergewöhnlich breit ist, sind die Stellwerke mit ihrer Hebelbank in der Regel parallel zu den Gleisen und seitwärts der zugehörigen Gleisgruppe anzuordnen. Die Lage der Stellwerke zwischen den Gleisen hat den Nachteil, daß der Wärter nach allen Seiten sehen muß, was die Übersicht erschwert und nach allen Seiten Fenster im Stellwerkraum erfordert. In gewissen Fällen — z. B. auf Inselbahnhöfen und bei der Einmündung mehrerer Strecken in einen Bahnhof — kann es aber auch zweckmäßig sein, das Stellwerkgebäude mit dem Hebelwerk quer zu den Gleisen zwischen den einmündenden Strecken oder verschiedenen Gleisgruppen zu errichten. Brückenstellwerke sind nach Möglichkeit zu vermeiden. Wo sie doch einmal gebraucht werden müssen, ist darauf zu achten, daß betrieblich wichtige Punkte, die der Wärter beobachten muß, nicht unmittelbar unter der Brücke liegen.

In seitlich der Gleise liegenden Stellwerkräumen steht der Wärter — außer in Gleisbildstellwerken — in der Regel auf der Gleisseite vor der Stellwerkbank, in Stellwerkräumen zwischen den Gleisen auf der Seite des größeren Verkehrs. In quer zu den Gleisen liegenden Stellwerkräumen steht der Wärter in der Regel auf der Seite, wo er sich am häufigsten mit dem Außenpersonal verständigen muß. Bei Gleisbildstellwerken steht der Wärter stets mit dem Gesicht zum Stelltisch und muß gleichzeitig den Stellwerkbezirk vor sich haben. Daraus ergibt sich die Lage des Stelltisches und der Standort des Wärters. Die Rechteckform ist in der Regel die zweckmäßigste Grundform des Stellwerkgebäudes oder des Vorbaus vor dem Empfangsgebäude. Kleine Erker vorzubauen kann bei mittleren und größeren Stellwerkgebäuden notwendig werden, sobald eine genügende Übersicht ohne Hinausbeugen aus dem Fenster nicht vorhanden ist. Sie sollen so klein sein, daß Tische darin nicht aufgestellt werden können. Wenn starker Zurufverkehr mit dem Außenpersonal nötig ist, empfiehlt sich die Anordnung offener Austritte.

Die Hauptfensterwand soll nicht nach Süden oder nach der Hauptwindrichtung liegen; maßgebend jedoch für den Standort ist in erster Linie die Rücksicht auf den Betrieb und die Übersichtlichkeit. An Wegeübergängen sollen die Schranken vom Stellwerk aus bedient werden können, was bei der Wahl des Standortes zwecks Personalersparnis zu bedenken ist.

Die Höhenlage des Stellwerkraumes ist beim Vorbau vor dem Empfangsgebäude durch die Höhenlage des Bahnhofsdienstraumes bestimmt, der sie gewöhnlich anzugleichen ist. Bei Stellwerkbuden liegt der Fußboden zu ebener Erde oder höchstens einige Stufen darüber. Die Spannwerke werden im Keller oder im Freien aufgestellt. In beiden Fällen muß die erforderliche geringste Fußbodenhöhe im Benehmen mit der Signalbauanstalt festgelegt werden.

Bei Stellwerktürmen ist der Fußboden des Stellwerkraumes so hoch zu legen, daß den Bediensteten die ihnen obliegenden Feststellungen nicht durch aufgestellte Fahrzeuge, Buden, Kohlenbansen usw. unmöglich gemacht werden. Hat der Wärter die Zugschlußsignale zu beobachten, so muß der Fußboden so hoch liegen, daß die Zugschlußsignale eines zu beobachtenden Zuges nicht durch davor fahrende oder stehende andere Züge verdeckt werden. In den meisten Fällen ist eine Höhe von 4 m über SO ausreichend und zweckmäßig. Liegen Brücken, Bahnsteigdächer od. dgl. in dem vom Wärter zu beobachtenden Bezirk, so ist die Höhe so zu wählen, daß der Wärter unter dem Hindernis hindurch oder darüber hinweg beobachten kann. In diesem Falle ist die zweckmäßigste Höhe durch Eintragung der Sehlinien in den Plan zu ermitteln. Bei quer über den Gleisen stehenden Stellwerkgebäuden ist die Fußbodenhöhe dadurch bedingt, daß die Unterkante des Trägers mindestens 5,51 m über SO liegen muß. Es ist aber stets zu prüfen, ob diese Mindestlichthöhe ausreicht. Bei Blockstellen an zweigleisigen Bahnen ist bei 3,50 m Gleisabstand und 2,50 m Abstand des nächsten Gleises vom Stellwerk eine Fußbodenhöhe von 4 m über SO erforderlich.

Bei Blockstellen an Bahnen mit mehreren Gleisen muß die Fußbodenhöhe entsprechend höher liegen. Eine außerordentliche Fußbodenhöhe kann dadurch vermieden werden, daß die Signalbrücke, die für die Aufstellung der Blocksignale oft erforderlich ist, vom Stellwerkraum zugängig gemacht wird. Von da aus kann auch der Zugschluß bei Zugbegegnungen beobachtet werden.

3. Raumbedarf.

Um einen Überblick zu erhalten, wird hier zunächst ein Raumverzeichnis für die bei der Deutschen Bundesbahn üblichen Bauarten gegeben.

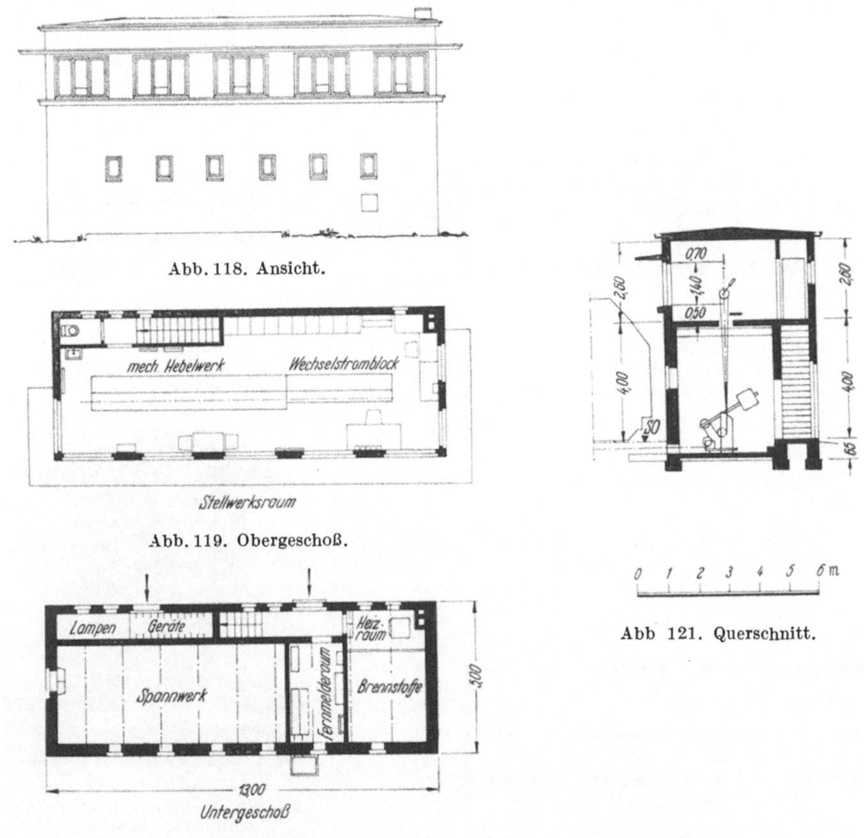

Abb. 118. Ansicht.

Abb. 119. Obergeschoß.

Abb 121. Querschnitt.

Abb. 120. Erdgeschoß.

Abb. 118 bis 121. Mechanisches Befehlstellwerk.

a) Mechanisches Stellwerk mit Wechselstromblock (Abb. 118 bis 121).

1. Stellwerkraum,
2. Spannwerkraum,
3. Raum zum Reinigen der Laternen, Aufbewahren von Putz- und Schmierstoffen, Petroleum usw.
4. Heizraum, wenn das Stellwerk Sammelheizung erhält,
5. Brennstoffraum,
6. Abort,
7. Abstell- und Geräteraum,
8. Fernmelderaum (nur bei größeren Anlagen).

Die Räume 2, 3, 4, 5 und 7 werden gewöhnlich im Unterbau des Gebäudes angeordnet. Bei Block- und Abzweigstellen kann meist auf die Räume 4 und 8 verzichtet werden.

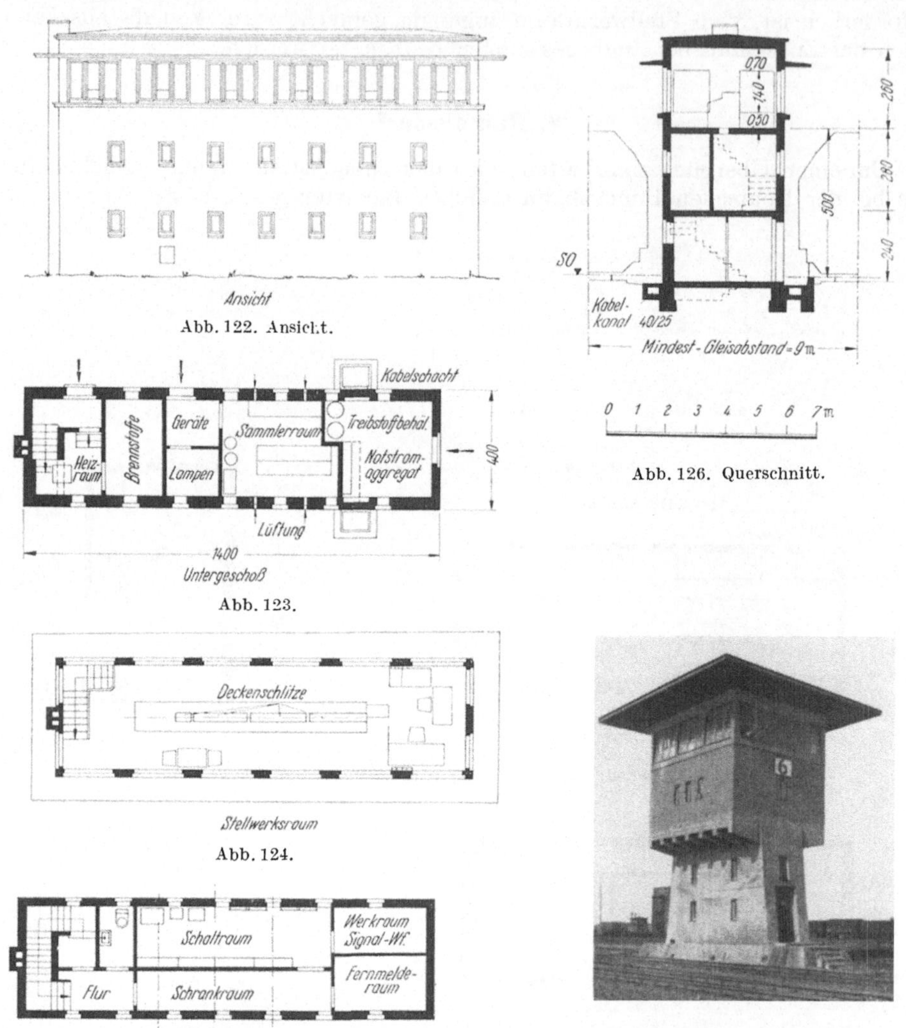

Abb. 122. Ansicht.

Abb. 123.

Abb. 124.

Abb. 125.

Abb. 126. Querschnitt.

Abb. 127. Rangierstellwerk auf beschränktem Bauplatz. Vbf. Braunschweig.

Abb. 122 bis 126. Elektrisches Befehlstellwerk. Standort zwischen den Gleisen.

b) Mechanisches Stellwerk mit Bahnhofsblock 43.

Zu den Räumen 1 bis 8 kommen noch folgende hinzu:

 9. Sammlerraum,
10. bei großen Anlagen nach Möglichkeit ein Schaltraum,
11. bei großen Anlagen nach Möglichkeit ein Raum für das tragbare Notstromaggregat.

c) Elektrisches Einreihenstellwerk der Bauart E 43.

Außer den Räumen 1 und 3 bis 8 sind noch vorzusehen (Abb. 122 bis 127:

 9. Sammlerraum,
10. Schaltraum,

Abb. 128. Ansicht.

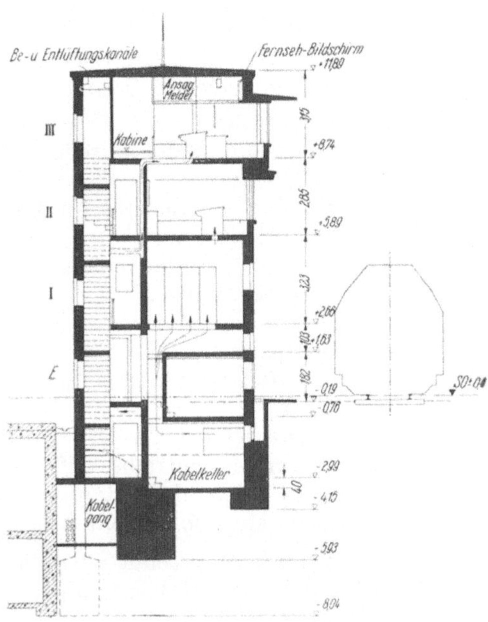

Abb. 129. Querschnitt.

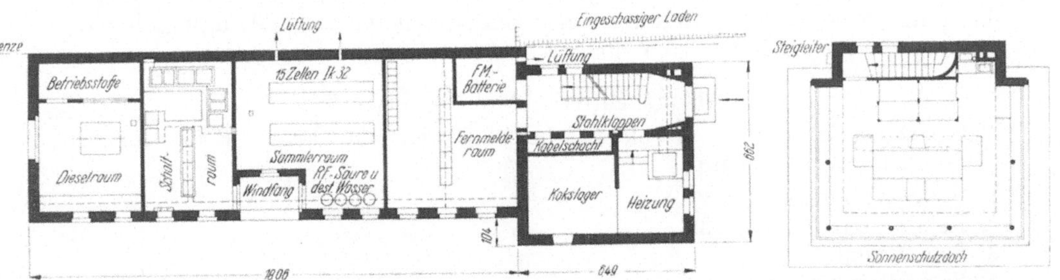

Abb. 130. Erdgeschoß.

Abb. 132. Befehlstelle.

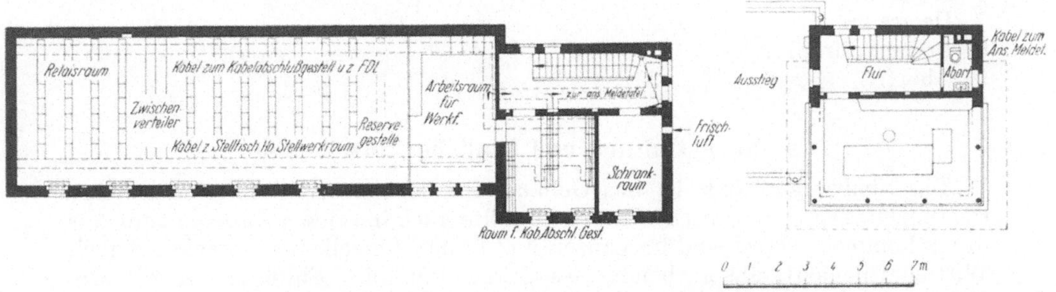

Abb. 131. I. Obergeschoß.

Abb. 133. Stellwerkraum.

Abb. 128 bis 133. Gleisbildstellwerk „Hof". Hannover Hbf.

11. Raum für Notstromaggregat,
12. in der Regel ein Arbeitsraum für den Signalwerkführer.

Wenn das Stellwerk keine eigene Stromversorgung besitzt, entfallen die Räume 9 und 11.

d) Gleisbildstellwerk mit eigener Stromversorgung (Abb. 128 bis 133).

Bei Wärterstellwerken oder Befehlsstellwerken mit der Befehlstelle im Wärterraum sind folgende Räume erforderlich:

1. Stellwerkraum,
2. Raum für Relaisgestelle,
3. Schaltraum,
4. Raum für Kabelabschlußgestelle,
5. Sammlerraum,
6. Raum für Notstromaggregat,
7. Fernmelderaum,
8. Heizraum,
9. Brennstoffraum,
10. Arbeitsraum für den Signalwerkführer,
11. Abort,
12. Geräteraum,
13. Raum für Betriebsstoffe,
14. nach Möglichkeit Raum für Säurebehälter,
15. nach Möglichkeit ein besonderer Schrankraum.

Wenn bei Gleisbildstellwerken die Befehlsstelle vom Wärterraum getrennt ist,
tritt zu den vorstehend aufgeführten Räumen noch der besondere Raum für die
Befehlstelle.

Die Räume 3, 5, 6, 13 und 14 entfallen, wenn das Gebäude keine eigene Not-
stromversorgung besitzt. Bei beengtem Bauplatz zwischen den Gleisen können
die Räume 2 bis 10 sowie 13 und 14 in einem besonderen Gebäude untergebracht
werden, das bis zu 200 m vom Stellwerkgebäude entfernt liegen darf.

e) Ablaufstellwerk (Abb. 134 bis 136).

Ablaufstellwerke werden als elektrische Stellwerke der Bauart E 43 oder als
Gleisbildstellwerke gebaut.

1. Stellwerkraum,
2. Relais- und Kabelraum,
3. Schaltraum,
4. Sammlerraum,
5. Raum für das Notstromaggregat,
6. Maschinenraum,
7. Heizraum,
8. Brennstoffraum,
9. Abort.

4. Baugestaltung und bauliche Einzelheiten.

Das Stellwerkgebäude ist das Gehäuse für hochentwickelte technische Einrichtungen. Dieser technische Charakter sollte auch in seinem Äußeren zum Ausdruck kommen. Dabei sind im ganzen und in den Einzelheiten Zweckmäßigkeit,
Wirtschaftlichkeit, ansprechende Gestaltung und gute Einfügung in die Umgebung miteinander zu verbinden. Die Baustoffe sind demgemäß auszuwählen,
wobei die besonderen Anforderungen an Kälte-, Wärme-, Wetter- und Feuer-
schutz zu berücksichtigen sind. Vor allem in ländlichen Gegenden wird die Bauweise mit bodenständigen Stoffen auch bei diesen Gebäuden am zweckmäßigsten
und wirtschaftlichsten sein. In erster Linie bei Sonderbauarten, wie Krag-, Pilz-
oder Brückenstellwerken, die auf manchen großen Bahnhöfen notwendig sind,
kommt Stahl- oder Stahlbetonskelettbau in Betracht, auch da, wo durch dicht
vorbeifahrende Züge starke Erschütterungen zu erwarten sind.

Das Flachdach entspricht dem technischen Charakter des Gebäudes am
besten. Da es meist zugleich die Decke des Stellwerkraumes bildet, ist es mit
einer Dämmschicht zu versehen, die genügend Schutz gegen Kälte und Hitze
bietet. Auf das Steildach braucht jedoch bei dieser Gebäudeart nicht ganz verzichtet zu werden, da sich auch damit gute Lösungen finden lassen. Die dafür
verwendete Ziegel- oder Schieferdeckung ist dauerhafter als die ständiger Pflege

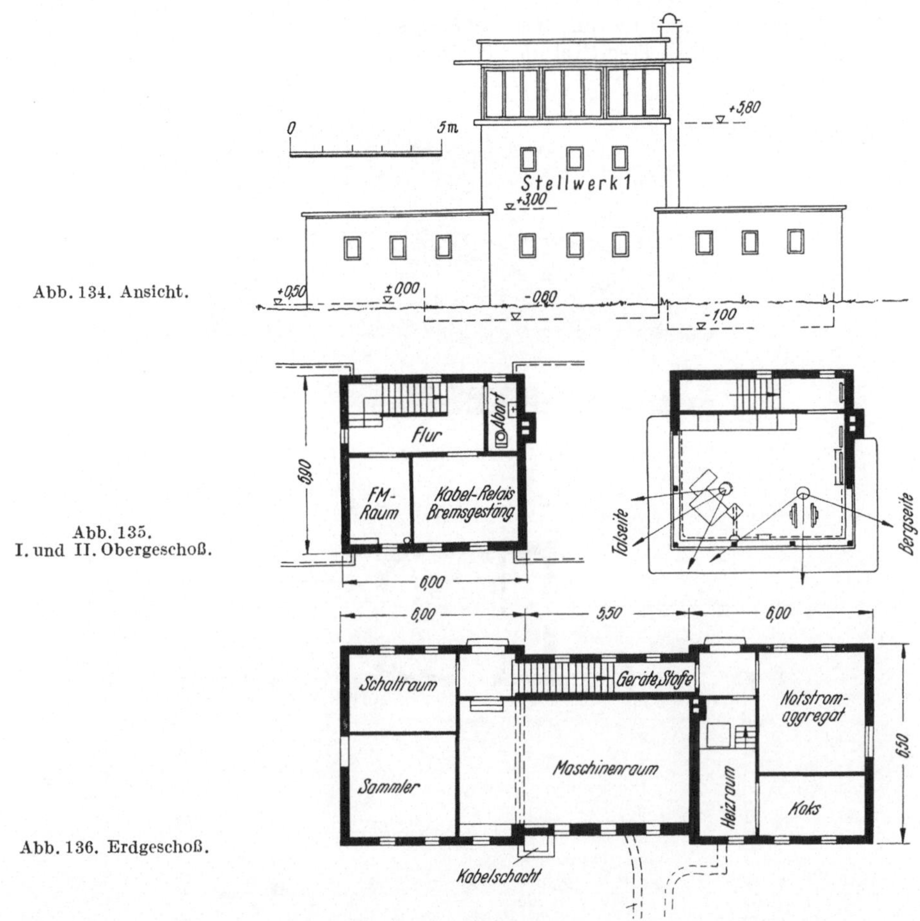

Abb. 134. Ansicht.

Abb. 135.
I. und II. Obergeschoß.

Abb. 136. Erdgeschoß.

Abb. 134 bis 136. Ablaufstellwerk.

bedürftige Eindeckung des Flachdaches mit Pappe. Außerdem bieten die entstehenden Lufträume Schutz gegen Sonnenhitze, was für den verantwortungs-
vollen Dienst der im Stellwerk tätigen Betriebsbediensteten nicht ohne Bedeutung ist.

Zum Schutz gegen Sonnenblendung wird das Steildach bis in Fenstersturz-
höhe des Stellwerkraumes herabgezogen. Beim Flachdach werden unmittelbar
über der Fensteroberkante flache Vordächer ausgekragt. In beiden Fällen muß
die Auskragung mindestens 80 cm betragen.

Beim Steildach muß das Holzwerk einen Feuerschutzanstrich erhalten. Der
Dachraum ist durch eine Deckenöffnung zugänglig zu machen, die nicht über der
Hebelbank, dem Stelltisch oder dem Block liegen darf. Ferner muß auch beim
Flachdach dafür gesorgt werden, daß das Dach für Ausbesserungsarbeiten und zur
Schornsteinreinigung zugänglig ist. Die Decken werden — auch wegen der Feuer-

sicherheit — als Massivdecken ausgeführt. Die Verwendung schalungsloser Massivdecken aus Fertigbauteilen ist nur da möglich, wo keine durchgehenden Schlitze für Drahtzüge und Kabel nötig sind. Holzbalkendecken können nur mehr bei kleinen, weniger wichtigen oder Behelfsanlagen in Frage kommen. Sie sind feuerhemmend zu verkleiden. Die Belastung durch Hebelwerke, Relaisgestelle u. dgl. ist bei der konstruktiven Ausbildung der Decken in Rechnung zu stellen.

Die *Treppe* ist im Inneren des Gebäudes und nicht als Außentreppe anzuordnen. Ist das Stellwerk seitlich der Gleise angeordnet, liegt diese zweckmäßiger-

Abb. 137. Ansicht.

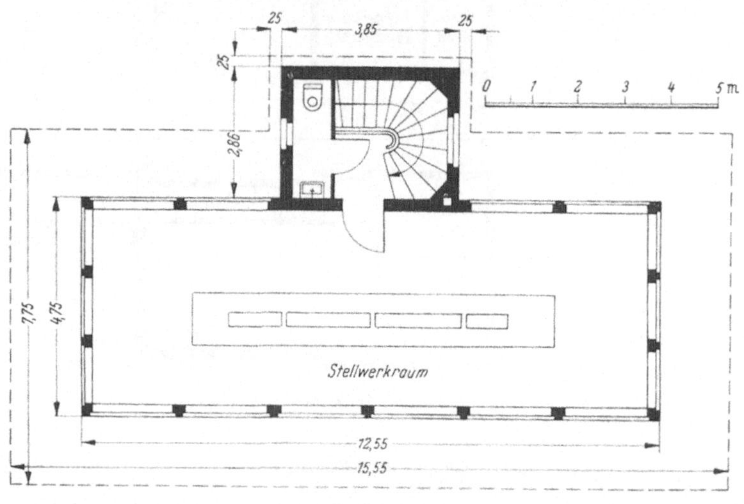

Abb. 138. Obergeschoß.
Abb. 137 und 138. Stellwerk „Ho". Hildesheim Hbf.

weise auf der gleisabgewandten Seite als gerade einläufige Treppe. Sie erhält eine lichte Breite von 80 bis 90 cm und ein Steigungsverhältnis von 20/23 bis 19/25. Die Treppe wird mit einem Handlauf und am Antritt mit einem Fußkratzeisen versehen. Ist eine andere Lage erforderlich, so soll die Treppe in Höhe des Stellwerkraumes so enden, daß das Arbeiten im Raum und der Ausblick auf die Gleisanlagen nicht behindert wird. Mündet sie frei in den Stellwerkraum, so ist sie wirksam gegen Kälte und Zugluft abzuschließen. Einzelne Stufen zu wendeln innerhalb sonst geradläufiger Treppen ist unerwünscht. Dagegen kann auf beschränktem Bauplatz eine Wendeltreppe mit gleichmäßiger fortlaufender Wendelung und einem Spindeldurchmesser von mindestens 60 cm vorteilhaft sein.

Stellwerkraum. Die Sichtverhältnisse, die Erleichterung des Stellwerkdienstes durch kurze Wege und die Wirtschaftlichkeit erfordern eine knappe Bemessung des Stellwerkraumes, wobei allerdings auf eine etwa zu erwartende Erweiterung der Stellwerkbank Rücksicht zu nehmen ist. Beim Entwurf ist die Größe des

Abb. 139. Ansicht.

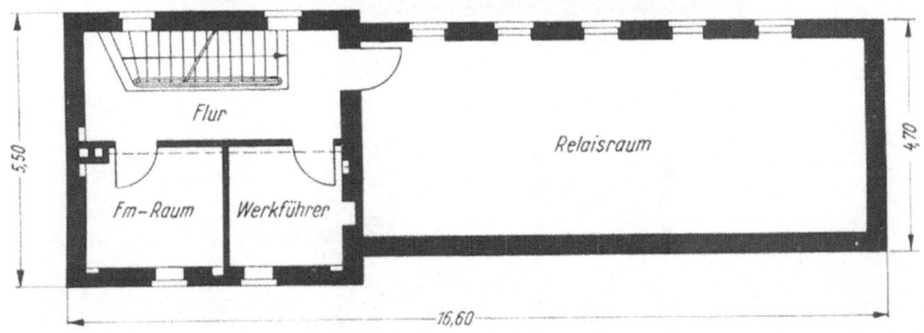

Abb. 140. Grundriß I. Obergeschoß.

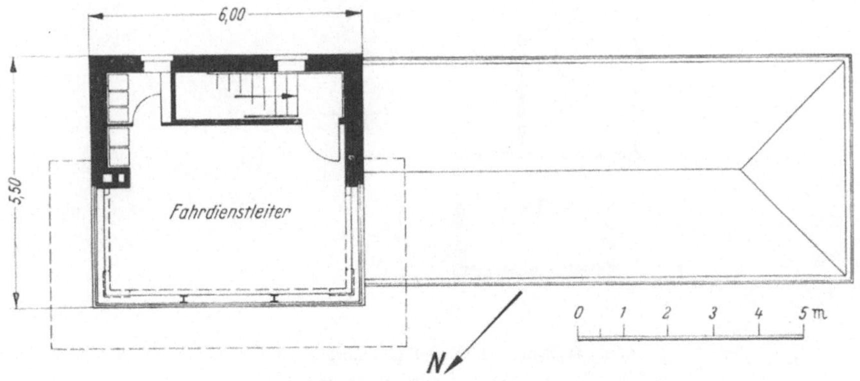

Abb. 141. Grundriß. II. Obergeschoß.

Abb. 139 bis 141. Zentralstellwerk Cornberg. Gleisbildstellwerk.

Raumes durch Eintragen der Stellwerkbank und aller erforderlichen Einrichtungsgegenstände zu ermitteln.

Bei *mechanischen und elektrischen E-43-Stellwerken* ist die *Länge* so zu bemessen, daß an dem Ende des Hebelwerks, an dem sich der Blockuntersatz befindet, mindestens 1 m, am anderen Ende mindestens 1,50 m Abstand von der Außenwand bleibt. Dieser Abstand ist in Befehlstellwerken und solchen, in denen eine Schrankenwinde unterzubringen ist, dann entsprechend zu vergrößern. Die

Breite des Stellwerkraumes ergibt sich bei mechanischen Stellwerken dadurch,
daß auf der Seite des Wärters ein Zwischenraum von 1,70 m zwischen der Hebel-
drehachse und der Fensterwand vorhanden sein muß und auf der anderen Seite
ein ausreichender Gehweg verbleibt, der nicht schmaler sein darf als die Breite
des Verschlußkastens, mindestens jedoch 0,60 m.

Abb. 142. Ansicht.

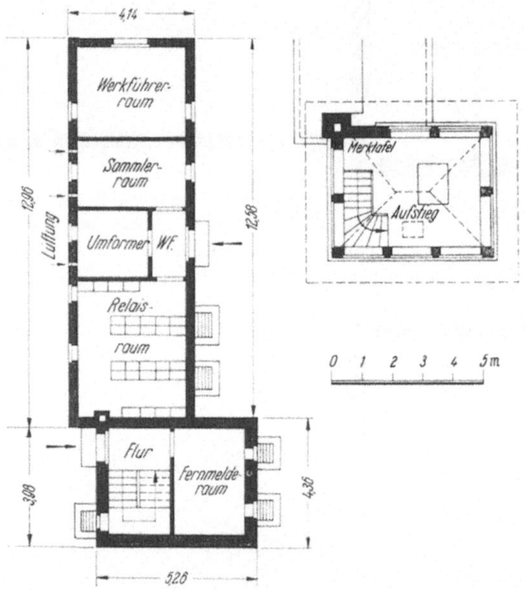

Abb. 143. Erdgeschoß und II. Obergeschoß.
Abb. 142 und 143. Zentralstellwerk Bf. Poppenburg.

Bei elektrischen Stellwerken der Bauform E 43 soll auf der Seite des Wärters
ein Abstand von 1,30 bis 1,50 m zwischen Vorderkante Hebelbank und Wand,
auf der anderen Seite ausreichender Arbeitsraum von mindestens 1 m zwischen
Hebelbank und Wand verbleiben. Auf der Wärterseite soll der Zwischenraum
nicht durch Einrichtungsgegenstände verschmälert werden. Wo solche stehen
müssen, ist der Zwischenraum zu verbreitern.

Im Vergleich zu größeren Stellwerken der bisherigen Bauart ergibt sich bei
Gleisbildstellwerken meist ein wesentlich kleinerer Stellwerkraum für den Wärter,

wozu in Befehlsstellwerken gegebenenfalls noch ein Dienstraum für die Befehlstelle kommt. Die Größe des Stellwerkraumes ergibt sich aus den Abmessungen des Stelltisches. Dessen Länge ist auf jeder Seite ein Abstand von 0,80 m hinzuzurechnen und zur Breite auf der Wärterseite ein Zwischenraum von 1,20 bis 1,50 m, auf der anderen Seite von 0,80 m. Hinzu kommt noch der Raum für die weiteren Ausstattungsstücke. Die Größe des Dienstraumes für die Befehlstelle richtet sich nach der Zahl der erforderlichen Arbeitsplätze, Größe der Tische und des Befehlspultes sowie nach der Entfernung der Bediensteten von der Meldetafel, die mindestens 2 m und höchstens 5 m sein soll.

Bei *Ablaufstellwerken* ergeben sich die Abmessungen des Stellwerkraumes aus den unterzubringenden Einrichtungen, wie Stelltisch, Speichertisch, Bedienungshebel für Gleisbremsen usw. Diese müssen möglichst nahe am Fenster angeordnet werden, um gute Sichtverhältnisse zu erzielen.

Ist das Stellwerk in einem *Vorbau vor dem Empfangsgebäude* untergebracht, so ist an jedem Ende der Stellwerkbank ein Abstand von 1 m von der Wand zu lassen. Wenn der Beamte neben dem Stellwerk auch die Fahrkartenausgabe bedienen muß, so muß darauf geachtet werden, daß zwischen Stellwerk, Morseapparat, Fernsprecher und Fahrkartenausgabe nicht zu weite Wege zurückzulegen sind.

Bei *Blockstellen* genügt in der Regel eine Grundfläche von 4 m Länge und 3 m Breite. Abzweigstellen brauchen eine größere Grundfläche (Abb. 144 bis 145).

Der Stellwerkraum braucht nur geringe lichte *Höhe*. In Block- und kleinen Abzweigstellen genügt eine solche von 2,50 m, während in allen anderen Stellwerken im allgemeinen die lichte Höhe von 2,60 m ausreicht. Über den Fenstern müssen Gleistafeln angebracht werden. Hieraus ergeben sich zuweilen größere Höhen, insbesondere in den Befehlstellen der Gleisbildstellwerke.

Von ausschlaggebender Bedeutung ist im Stellwerkraum die Anordnung und Ausbildung der *Fenster*. Sie dienen zugleich dem Ausblick und einer reichlichen Belichtung des Raumes. Wenn nötig, sind weitere Fenster zur Belichtung der Morsetische einzufügen. Durch die Ausblickfenster soll der ganze Stellwerkbezirk übersehen und ein möglichst weiter Ausblick auf die Strecke erzielt werden. Von welchem Standpunkt der Wärter auch die Hebel stellt, soll er die wichtigsten Weichen sehen oder mit wenigen Schritten eine Stelle erreichen können, die ihm diesen Überblick erlaubt. Zu diesem Zweck sind die Hebel zu gruppieren. Wie groß die Fensterfläche werden muß, richtet sich nach den Forderungen des Betriebes. Wandflächen für Apparate, Aushänge, Bildtafeln u. dgl. müssen jedenfalls verbleiben.

Der Fenstersturz soll im allgemeinen nicht höher als 1,80 bis 2 m über dem Fußboden liegen. In Verbindung mit dem unmittelbar darüber vorgekragten Dach wird hierdurch die Blendwirkung der Sonnenstrahlen so sehr wie möglich abgeschwächt. Außerdem ergibt sich zwischen Fenstersturz und Decke eine Fläche von etwa 0,75 m Höhe, die meist für die Anbringung von Gleistafeln genügt. Die Höhe der Brüstung ist von der Größe des Sichtwinkels abhängig, die erforderlich

Abb. 144. Ansicht.

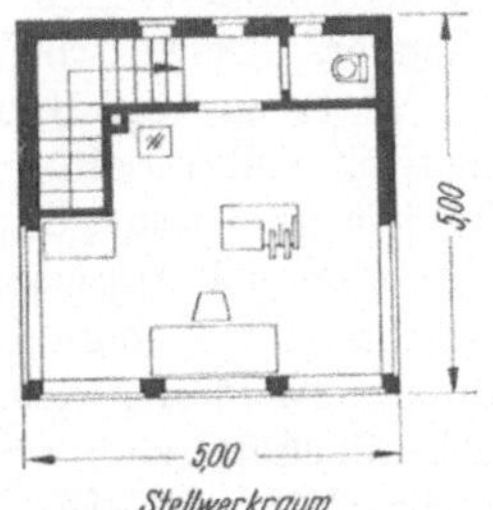

Abb. 145. Obergeschoß.

Abb. 144 und 145. Blockstelle.

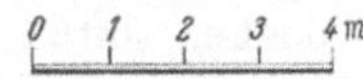

ist, damit der Wärter nahegelegene Weichen usw. sehen kann. Meist ist eine Höhe von 0,40 bis 0,50 m über dem Fußboden zweckmäßig.

Der Ausblick soll möglichst wenig durch Pfeiler und Stützen sowie Rahmenteile der Fenster behindert werden. Deshalb erhalten die Fensterflügel keine waagerechten Kämpfer oder Sprossen. Bewährt haben sich dreiteilige Fenster mit mittlerem Drehflügel als Sprech- bzw. Zuruföffnung von 1,70 m Breite und 1,40 m Höhe. Bei diesen Fenstern ist es möglich, die Glasscheiben der feststehenden Flügel durch die mittlere Öffnung außen vom Stellwerkraum aus zu reinigen. Je nach Bedarf stehen die Fenster einzeln oder zu mehreren, unmittelbar aneinandergereiht, als Fensterband. Vor den Öffnungsflügeln wird in etwa 1 m Höhe über dem Fußboden eine Rundeisenstange zum Schutz gegen Herausfallen außen auf dem Fensterrahmen befestigt. In Anbetracht der verhältnismäßig großen Fensterflächen ist es notwendig, daß die Fenster besonders dicht schließen. Wo es die klimatischen Verhältnisse erfordern, sind deshalb Doppelfenster anzuordnen. Diese werden als sogenannte Verbundfenster ausgeführt, wobei Rahmen auf Rahmen schlägt. Verbundfensterflügel lassen sich rasch mit einem Griff öffnen. An Rahmenholzbreite wird gespart. Aus letzterem Grunde werden neben Holz- auch Stahlfenster verwendet. Um eine Verzerrung der Bilder zu vermeiden, werden die für die Übersicht wichtigen Fenster, insbesondere bei schwierigen Betriebsverhältnissen, mit Spiegelglas verglast. In Stellwerken, in denen sich Fenster gegenüberliegen, kann es notwendig werden, die Fenster gegen die Senkrechte etwas geneigt anzuordnen, um das Spiegelbild von solchen Außenlampen aus dem Blickfeld zu verlegen, die sich bei Dunkelheit in den Scheiben spiegeln.

Beim *inneren Ausbau* muß Wert darauf gelegt werden, daß nicht durch Staub und herabfallende Putzteilchen Störungen an den empfindlichen Einrichtungen, besonders der elektrischen Stellwerke, eintreten. Die Wände und Decken sind deshalb glatt zu verputzen und mit einem wischfesten Anstrich zu versehen. Der Anstrich soll in einer gedämpften, nicht zu hellen Farbe ausgeführt werden. Elektrische Leitungen und solche für Fernsprecher sollen verdeckt liegen. Der Fußboden soll fußwarm, staubfrei und deshalb möglichst glatt und leicht zu säubern sein. Geeignet sind Linoleum, Gummi, Spachtelfußböden und Stabfußboden, soweit er gut schließt. Nur bei weniger wichtigen Stellwerken mit Holzbalkendecken reicht ein dicht verlegter Holzfußboden aus. Bei mechanischen Stellwerken muß für möglichst gute Abdichtung der Drahtdurchführungsöffnungen gesorgt werden. Bei Holzfußböden geschieht dies durch Holzrahmen, bei Massivdecken durch Eisenfassungen mit Korkdichtung.

Hinsichtlich der *künstlichen Beleuchtung* ist zu beachten, daß die Stellwerkräume bei Nacht so dunkel wie möglich sein sollen, damit keine störende Spiegelung in den Fenstern eintritt und die Bediensteten die Vorgänge außerhalb des Stellwerks sicher erkennen können. Von einer einwandfreien Stellwerkbeleuchtung ist zu fordern, daß die zu bedienenden Stellwerkeinrichtungen, Fernsprecher und Morseapparate an den notwendigen Stellen ausreichend erhellt werden, ohne daß direktes Licht und möglichst wenig Streulicht die Augen der Bediensteten, die den Gleisen und Signalen zugekehrten Fenster sowie Decke und Fußboden des Raumes trifft. Zu diesem Zweck empfiehlt es sich, Klappen oder Schieber an den Leuchtschirmen anzubringen, mit denen der Lichtkreis eingestellt werden kann.

Die richtige Anordnung der betrieblich erforderlichen Einrichtungsstücke im Raum und an den Wänden muß schon beim Entwurf gut überlegt werden. Kleiderschränke werden möglichst in einem Nebenraum, der auch in einem Zwischengeschoß liegen kann, untergebracht. Nach Möglichkeit ist im Stellwerkgebäude eine Wasserzapfstelle und ein Handwaschbecken vorzusehen.

Spannwerkraum. Die Spannwerke liegen bei mechanischen Stellwerken unter dem Teil des Stellwerkraumes, der die Hebelbank (ohne den Blockuntersatz) enthält. Dieser Raum soll so bemessen werden, daß vor und hinter der Spannwerkreihe und an einem Ende ein Arbeitsgang von mindestens 0,50 m verbleibt. Zur Aufnahme der Spannwerke erhält er im Fußboden eine Trägerlage, welche der Trägerlage unter der Hebelbank entspricht (Trägerabstand 126 cm). Die Fußboden- und Trägeroberkante liegt 28 cm unter der Schienenunterkante des Gleises. Die Träger ragen um ein von der Signalbauanstalt anzugebendes Maß aus dem Gebäude vor und tragen die Gruppenumlenkung. Für die Durchführung der Drahtzüge wird in der gleisseitigen Stellwerkwand über der Trägerlage ein Schlitz von 28 cm Höhe hergestellt, der mit Trägern überdeckt wird, die mit kurzen I-Trägerstücken gegen die Spannwerkträger abgestützt werden und diese dadurch gegen Hochheben sichern. Die lichte Höhe des Spannwerkraumes ist so zu bemessen, daß ein Flaschenzug zum Anheben der Spanngewichte angebracht werden kann. Der Spannwerkraum ist durch massive Wände gegen andere Räume abzuschließen und darf nicht als Durchgangsraum benutzt werden. Er muß Fenster erhalten, die ausreichen, um Licht für die Arbeiten an den Spannwerken zu bekommen, und muß gut zugängig sein. Die Wände werden verfugt und mit Kalkmilch gestrichen.

Schaltraum. Ein Schaltraum, in dem die Kabeleinführungen und die Gestelle zur Aufnahme der Stellwerkmagnetschalter und sonstige Hilfseinrichtungen sowie die zur Stromversorgung des Stellwerks gehörigen Schalttafeln und Gleichrichter untergebracht sind, liegt in allen elektrischen Stellwerken der Bauart E 43, abgesehen von ganz kleinen, unmittelbar unter dem Stellwerkraum. In den Schaltraum werden durch Wandschlitze die Kabel von den Außenanlagen, die Leitungen vom Batterieraum und dem Raum für das Notstromaggregat sowie durch einen Schlitz oder andere zweckdienliche Öffnungen in der Decke die Leitungen vom Hebelwerk eingeführt.

In mechanischen Stellwerken mit Bahnhofsblock 43 werden Relaisgestelle, Gleichrichter und Schalttafeln gewöhnlich im Stellwerkraum untergebracht. Für die Relaisgestelle werden in diesem Falle Schränke aufgestellt. Bei großen Anlagen kann es jedoch zweckmäßig sein, einen besonderen Schaltraum vorzusehen.

In Gleisbild- und Ablaufstellwerken enthält der Schaltraum die Gleichrichter und Schalttafeln. Für Relaisgestelle und Kabeleinführungen dienen besondere Räume. Im Fußboden des Schaltraumes sind Kanäle für die Kabelverlegung vorzusehen.

Sammlerraum. Der Sammlerraum dient zur reihenweisen Aufstellung von offenen Batterien, deren Säuren schädliche und aggressive Dämpfe entwickeln. Er erhält deshalb über dem Fußboden und unter der Decke Entlüftungseinrichtungen, die mit durchlochten Bleiplatten abgeschlossen sind. Die Wände werden geputzt und mit säurefester Farbe gestrichen; die Decke erhält Holzverkleidung, die ebenfalls mit säurefester Farbe gestrichen wird. Der Fußboden ist aus säurefesten Fliesen oder Asphaltplatten herzustellen. Eisenteile müssen vermieden werden, weil sie durch die Gase zerstört werden. Deshalb dürfen Heizrohre und Kabel nicht offen durch den Raum geführt werden. Die Batterieleitungen werden durch eine Öffnung herausgeführt, die mit einer Tafel aus säurefestem Stoff oder entsprechend getränktem Holz zur Leitungsdurchführung geschlossen ist. Der Sammlerraum darf nur von außen oder von einem Flur aus zugängig sein. Im Sammlerraum soll auch Platz für einen Säurebehälter sein. Für diesen wird bei großen Anlagen für Gleisbildstellwerke ein eigener Raum vorgesehen.

Raum für das Notstromaggregat. In diesem Raum wird das Notstromaggregat auf Fundamenten aufgestellt, die nicht mit den Gebäudefundamenten in Verbindung stehen, damit die Betriebserschütterungen nicht auf das Gebäude übertragen werden. Der Raum muß zugängig sein durch eine Tür, die breit genug ist, um das Aggregat hinein- und herauszubringen. Für Abführung der Verbrennungsgase sowie für Zu- und Ableitung des Kühlwassers muß gesorgt werden. Bei großen

Anlagen ist ein eigenes Gelaß für Betriebsstoffe, wie Benzin, Dieselöl und Schmieröl, zu schaffen.

Raum für Relaisgestelle der Gleisbildstellwerke. Es ist erwünscht, daß alle Relaisgestelle übersichtlich in einem Raum untergebracht werden. Bei der Bemessung dieses Raumes ist darauf zu achten, daß zwischen den Relaisgestellen Raum zum Arbeiten bleibt. Wenn die Gestelle bei kleiner Grundfläche des Stellwerkgebäudes in diesem selbst mit untergebracht werden sollen, ist zuweilen nicht zu vermeiden, sie getrennt in zwei Räumen übereinander aufzustellen. Von der Örtlichkeit hängt ab, ob sie dann über oder unter dem Stellwerkraum liegen. Die hohe Lage hat den Vorteil, daß sie weniger staubgefährdet ist. Der Relaisgestellraum muß staubfrei, trocken, gleichmäßig erwärmt und hell sein. Wände, Decken und Fußboden müssen deshalb möglichst glatt hergestellt werden. Die Fenster werden als Doppelfenster ausgebildet. In greifbarer Nähe der Relaisgestelle dürfen sich keine leitenden, geerdeten Bauteile befinden, weil hierdurch das Unterhaltungs- und Bedienungspersonal gefährdet wird. Heizkörper und Rohre müssen deshalb gegebenenfalls mit Holz verkleidet werden. Die notwendige lichte Höhe der Räume beträgt bei kleinen Anlagen 2,80 m, bei großen 3 m. Das beträchtliche Gewicht der Relaisgestelle muß bei der Berechnung der Decken in Ansatz gebracht werden.

Raum für den Signalwerkführer. Der Raum soll günstig zum Schalt- und Relaisgestellraum liegen. Außer dem gut belichteten Werkplatz mit Werkbank oder Tisch und Stuhl enthält er ein Regal zum Aufbewahren von Ersatzteilen und einen Schrank.

Abort. Der Abort muß möglichst im gleichen Geschoß wie der Stellwerkraum liegen, zweckmäßigerweise vom Treppenhaus zugängig. Nur wo schwacher Betrieb ist oder bei mehrfacher Besetzung des Stellwerkraumes kann er im Untergeschoß angeordnet werden. Wenn bei Blockstellen oder kleineren abgelegenen Stellwerken die Anlage von Spülaborten unverhältnismäßig hohe Kosten verursachen würde, kann eine Abortgrube oder ein Tonnen- oder Kübelabort vorgesehen werden. Abort, Grube und der Tonnenraum sind in allen Fällen gut zu entlüften.

Lampenraum. Der Lampenraum dient zum Aufbewahren und Reinigen von Weichen- und Signallaternen und zur Lagerung der benötigten Brennstoffe. Er ist ebenso wie Heiz- und Brennstoffräume gegen das übrige Gebäude feuersicher abzuschließen. Zur Aufbewahrung der Putzwolle müssen Eisenblechkästen, zur Aufbewahrung von Ölkannen massive Schränke mit feuersicherer Tür vorgesehen werden. Kabel dürfen im Lampenraum nicht hochgeführt werden.

Heizung und Lüftung. Mittlere und große mechanische Stellwerke müssen in der Regel, elektrische Stellwerke auf jeden Fall mit Sammelheizung versehen werden, um die Staubentwicklung einzuschränken. Bei kleineren mechanischen Stellwerken genügt ein Einzelofen im Stellwerkraum, der mit einer Vorrichtung zum Wärmen von Speisen verbunden werden kann und nicht in der Nähe von elektrischen Einrichtungen stehen darf. Außer dem Stellwerkraum müssen der Schaltraum, der Fernmelderaum, der Werkführerraum und die Räume für Relaisgestelle in Gleisbild- und Ablaufstellwerken beheizt werden. Wenn mechanische Stellwerke mit Sammelheizung versehen werden, ist ratsam, im Spannwerkraum unterhalb der Decke beiderseits der Drahtdurchführung je ein Heizrohr entlang zu führen, um das Eindringen von Kaltluft in den Stellwerkraum zu verhindern. Im Stellwerkraum darf das nahe Herantreten an die Ausblickfenster nicht behindert werden, deshalb sind glatte Heizrohre in mindestens 10 cm Abstand vom Fußboden oder einsäulige Heizkörper zu verwenden. Der Brennstoffraum erhält eine Öffnung, durch die Brennstoffe vom Eisenbahnwagen aus eingeworfen werden können.

Im Stellwerkraum genügt im allgemeinen die Entlüftung durch möglichst gegenüberliegende Fenster. Der Raum über den Fenstern kann nötigenfalls durch weitere Vorrichtungen unmittelbar nach außen entlüftet werden.

Anschriften. An jedem Stellwerk wird an gut sichtbaren Stellen, der Fahrtrichtung zugewendet, seine Kurzbezeichnung angebracht. Plastische Einzelbuchstaben aus Metall, Zementguß, Porzellan od. dgl. haben sich hierfür hinsichtlich Aussehen, Deutlichkeit und Haltbarkeit bewährt. Als Maß genügt in der Regel bei kleinen Buchstaben eine Höhe von 40 cm, bei großen von 50 cm. Maßgebend hierfür ist die Entfernung, aus der die Kurzbezeichnung noch lesbar sein muß. Bahnhofsnamen werden nur dann angebracht, wenn dies zur Unterrichtung der Reisenden nötig ist, außerdem an Stellwerken in der Nähe der Einfahrgruppen der Verschiebe- und Güterbahnhöfe. Dem Bahnhofsnamen soll stets auch die Kurzbezeichnung des Stellwerks angefügt werden. Um nachts lesbar zu sein, kann der Bahnhofsname auf einem beleuchteten Transparent erscheinen.

C. Sonstige Betriebsdienstgebäude.

1. Gebäude auf Verschiebe- und Betriebsbahnhöfen.

Außer Empfangs- und Stellwerkgebäuden sind für den Betriebsdienst weitere Gebäude für verschiedene Zwecke, vor allem auf den Verschiebe- und sonstigen Betriebsbahnhöfen, erforderlich. Die Verschiebebahnhöfe haben eigene Verwaltungsgebäude, in denen der Bahnhofsvorsteher seinen Sitz hat, während für den Verwaltungs- und Betriebsdienst der Personenbahnhöfe gewöhnlich Räume im Empfangsgebäude oder in Seitenflügeln desselben eingerichtet werden. Diese Verwaltungsgebäude sollen am Rande des Bahnhofes mit Anschluß an das öffentliche Straßennetz liegen. Sie sollen dort erstehen, wo sie dem Schwerpunkt des Betriebes nahe liegen, auch ist die Nähe einer Personenzughaltestelle anzustreben. Über die Einzelgestaltung der Verwaltungsgebäude kann auf die entsprechenden Ausführungen in Absatz IV Bezug genommen werden. Im Verwaltungsgebäude werden außer den Büroräumen der Bahnhofsverwaltung Geräteläger mit Ausgabe, ein Unterrichtsraum, Verbandraum, Räume für den Fahrmeister, Tagesaufenthaltsräume für Zugbegleitpersonale mit Schrank- und sonstigen Wohlfahrträumen (s. Abschnitt V) untergebracht. Ferner können darin die Fernsprech- und Telegraphenzentrale, Bahnmeistereien, Kasse, Wohnungen usw. liegen. Auch Räume für Güterabfertigung und andere Zusatzanlagen können darin vorgesehen werden, wenn das Verwaltungsgebäude dazu günstig liegt. Das Übernachtungsgebäude für das Zugbegleitpersonal (s. Abschnitt V) kann damit verbunden oder in mäßiger Entfernung am Rande des Bahnhofes errichtet werden.

Gebäude, die unmittelbar dem Betrieb dienen, wie die Stellwerkgebäude (Abschnitt I B) müssen zwischen oder nahe neben den Gleisanlagen liegen. Jedes Betriebsgebäude soll einen möglichst günstigen Platz in seinem Bezirk einnehmen. Dabei empfiehlt es sich, mehrere Dienstzweige, die in demselben Bezirk tätig sind, in einem größeren Gebäude, gegebenenfalls mit getrennten Eingängen zusammenzufassen. Die Größe solcher Gebäude darf jedoch die Übersichtlichkeit und Erweiterungsfähigkeit der Gleisanlagen nicht behindern. Auf Verschiebebahnhöfen sind etwa folgende Betriebsgebäude erforderlich:

a) Ein Gebäude an der Einfahrgruppe für den Aufsichtsbeamten und die Zugabfertiger. Darin sind auch Räume für den Rangierleiter und die am Berg tätigen Rangierer (Zettelschreiber) vorzusehen; ebenso kann das Wagenuntersuchungspersonal darin Platz finden. Bei günstiger Lage des Stellwerks können die vorgenannten Räume mit diesem verbunden werden; jedoch darf die Übersicht vom Stellwerk dadurch nicht behindert werden.

b) Ein ähnliches Gebäude am Ausfahrende der Ausfahrgruppe.

c) Kleinere Gebäude für Hemmschuhleger in den Richtungsgleisen und für Rangierer in besonderen Gruppen (z. B. Stationsgruppen). Diese kleineren Gebäude dürfen die Übersicht in ihrem Bezirk nicht stören.

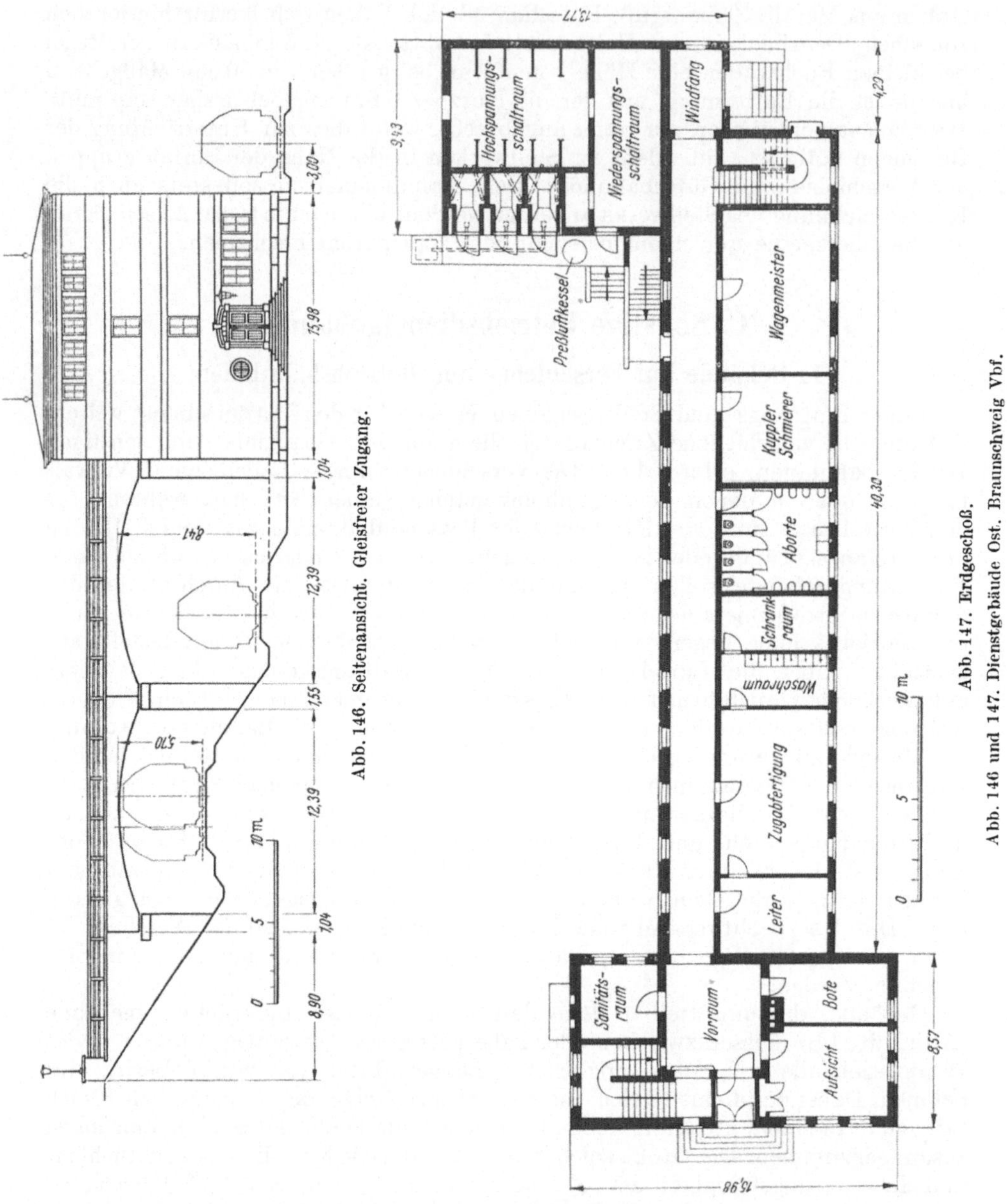

Abb. 146. Seitenansicht. Gleisfreier Zugang.

Abb. 147. Erdgeschoß.

Abb. 146 und 147. Dienstgebäude Ost. Braunschweig Vbf.

d) Werkstatträume und Aufenthaltsräume mit Wasch- und Trockengelegenheit für Bahnunterhaltungspersonal.

Durch den Verschiebebahnhof sind Fußwege zu führen, auf denen die Bediensteten möglichst gefahrlos zu den Betriebsgebäuden gehen können. Bis zu den hauptsächlichen Arbeitsstellen der Bediensteten sind die Wege für Fahrräder befahrbar und möglichst schienenfrei anzulegen.

2. Schrankenwärterbuden.

Eigens eingesetzte Schrankenwärter sind notwendig, wenn die Schranken von Wegübergängen in Schienenhöhe nicht von einem günstig gelegenen Stellwerk aus

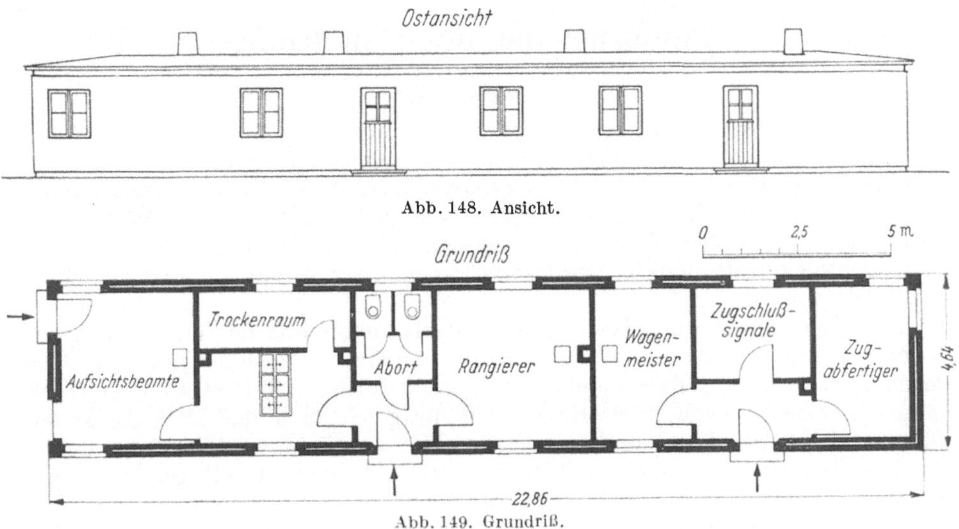

Abb. 148. Ansicht.

Abb. 149. Grundriß.

Abb. 148 und 149. Dienstgebäude am Nordende des Bf. Uelzen.

bedient werden können. Für deren Unterkunft werden in der Nähe der Wegübergänge Schrankenwärterbuden erforderlich. Die Gebäude werden in etwa 5 m Entfernung vom nächsten Gleis so errichtet, daß der Wärter durch günstig gelegene Fenster von seinem Dienstraum aus einen möglichst großen Streckenabschnitt und bei stark befahrenen Straßen möglichst auch diese übersehen kann. Bei der Durchfahrt eines Zuges treten die Schrankenwärter ins Freie. Die Schrankenwinde liegt deshalb zweckmäßig im Freien unter einem Vordach. Zumal bei kreuzenden Straßen mit starkem Kraftwagenverkehr muß der Wärter von seinem Standort neben der Schrankenwinde den Zugverkehr und außerdem den Verkehr auf der Straße gut beobachten können. Meist liegt der Wärterraum in Schienenhöhe, doch kommen auch Fälle vor, in denen eine erhöhte Lage erforderlich ist. Der Wärterraum erhält eine Größe von etwa 8 bis 9 m² und wird durch einen Ofen beheizt. Außer dem Wärterraum sind ein Brennstoff- und ein Geräteraum sowie ein Abort erforderlich. Wenn kein Kanal- und Wasseranschluß möglich ist, muß ein Trockenklosett mit

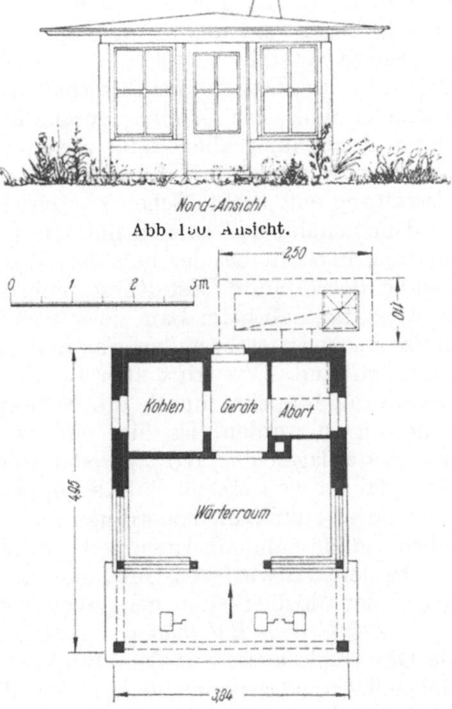

Abb. 151. Grundriß.

Abb. 150 und 151. Schrankenwärterbude bei Meschede.

Fäkaliengrube ausgeführt werden. Diese Gruppe sonstiger Betriebsdienstgebäude ist in ihrer äußeren Gestaltung und hinsichtlich der Wahl der Baustoffe der jeweiligen Örtlichkeit anzupassen.

D. Güterhallen und Güterabfertigungen.

1. Allgemeines.

Die Güterabfertigung, gewissermaßen das Empfangsgebäude für den Güterverkehr, hat äußerlich betrachtet geringe Wertschätzung erfahren im Gegensatz zum Empfangsgebäude für den Reiseverkehr, das seit Bestehen der Eisenbahnen als das neuzeitliche Eingangstor zur Stadt behandelt wurde und deshalb in seiner Grundrißbildung und Gestaltung mit besonderer Sorgfalt entworfen und oft in monumentaler Haltung als Repräsentationsbau der Eisenbahn und der Stadt behandelt wurde.

Die Lage zwischen den Gleisen des Güterbahnhofs und der Ladestraße, umgeben von Lagerplätzen und Fabriken, führte in einer Zeit, in der man der Überzeugung war, daß für reine Zweckbauten — also für die Arbeitsstätten der Werktätigen — eine liebevolle Gestaltung nicht nötig sei, dazu, daß auch das äußere Bild der Güterabfertigung und Güterhalle sich seiner lieblosen Umgebung durchaus anschloß. So kommt es, daß diese Stätten fleißiger Arbeit gegenüber den Anlagen für den Personenverkehr wie das Aschenbrödel im Vergleich zu seiner bevorzugten Schwester erscheinen. Das bezieht sich nicht nur auf das äußere Bild, sondern auch im Inneren ist oft manches verbesserungsbedürftig, insbesondere dann, wenn im Laufe der Entwicklung die Anlagen räumlich unzureichend geworden sind. Durch behelfsmäßige Erweiterungen oder Umbauten ist der ursprünglich vielleicht gute Grundriß unübersichtlich geworden, so daß sowohl die Räume für den Dienstbetrieb als auch die für die Verfrachter ungünstig liegen und unzweckmäßig und dürftig eingerichtet sind.

Selbstverständlich muß berücksichtigt werden, daß, abgesehen von den Büros, in den Räumen der Güterhallen mit schweren Lasten hantiert wird. Diese Tatsache muß sich in einer geräumigen Flächenbemessung, derben und haltbaren Ausbildung aller Teile ausprägen. Das hindert jedoch nicht, daß die Gesamtanlage nach innen und außen den heutigen Anforderungen an eine gute Gestaltung entspricht. Schon der bisherige Name *Güterschuppen* verleitet leicht zu dem Schluß, daß es sich hier um eine Bauaufgabe von untergeordneter Bedeutung handelt, bei der behelfsmäßige Ausführungsarten in Betracht kommen und bei der auf gute Gestaltung wenig Wert gelegt zu werden braucht. Nun ist es zwar richtig, daß beim Bau vieler Stückgutanlagen der zu erwartende Verkehrsumfang schwer festzustellen war und daß deshalb Erweiterungen unvermeidlich geblieben sind. Das trifft aber für die meisten Eisenbahnanlagen zu. Die gute Gestaltung brauchte durch die Notwendigkeit der Erweiterungen nicht ausgeschlossen zu werden. Da hier einer sorgfältigen und guten Durchbildung der Stückgutanlagen das Wort geredet werden soll, ist in folgenden Ausführungen nicht länger von einem Güterschuppen sondern von einer *Güterhalle* die Rede, einer Bezeichnung, die neuerdings auch in die amtlichen Bestimmungen der Deutschen Bundesbahn übernommen wurde.

Bei dem Entwurf von Gebäuden für den Stückgutverkehr muß mit zwei verschiedenen Möglichkeiten gerechnet werden:

1. Auf *kleinen Bahnhöfen*, insbesondere solchen mit vereinigtem Dienst, wird die Güterhalle meist mit dem Empfangsgebäude zu einer Einheit oder zu einer Gebäudegruppe zusammengefaßt. Für die Abfertigung wird dann ein Fahrkartenschalter mit benutzt oder es wird ein besonderer Schalter in der Schalterhalle des Empfangsgebäudes vorgesehen.

2. Auf *größeren Bahnhöfen* ist es dagegen in der Regel angebracht, die Güterhalle mit der Abfertigung an der Ladestraße als freistehendes Gebäude zu errichten. Bei starkem Güterverkehr würde sonst der Fuhrwerkverkehr zur Güterhalle den Zugang von Reisenden zum Empfangsgebäude stören. Auch kommt es auf größeren Stationen zu einer Trennung der Gütergleise von den Personengleisen oder zur Anlage eines selbständigen Güterbahnhofes. Dessen Verwaltung untersteht dann einem eigenen Gütervorsteher.

Die Anforderungen, die zur zweckmäßigen Verkehrsabwicklung an die Grundrißbildung und Gestaltung zu stellen sind, gleichen einander bei großen und kleinen Anlagen. Insbesondere lassen sich weit ausladende Vordächer über den

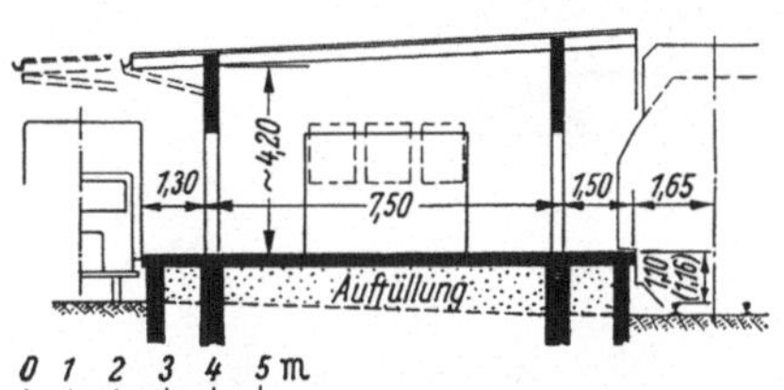

Abb. 152. Dachkonstruktion aus Stahl.

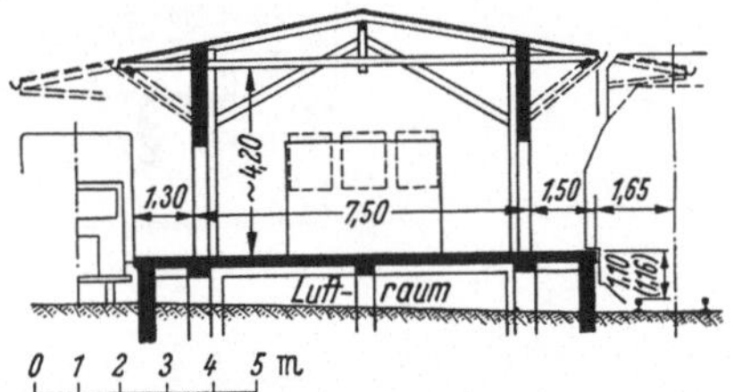

Abb. 153. Dachkonstruktion aus Holz.

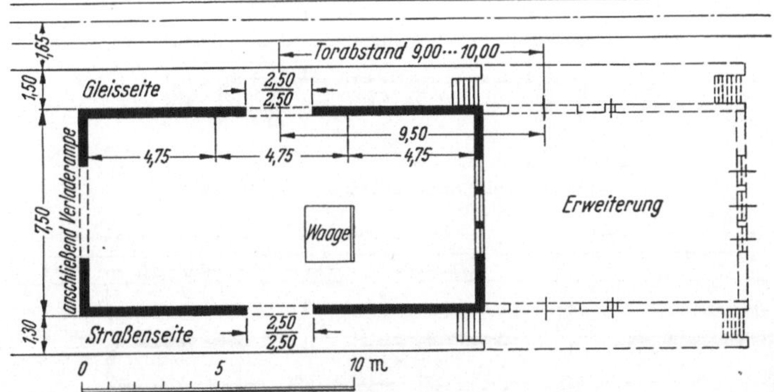

Abb. 154. Grundriß.

Abb. 152 bis 154. Güterhalle für kleine Anlagen.

Rampen am besten bei einer flachen Dachneigung ausführen. Ist die kleine Güterhalle jedoch mit einem mit Steildach versehenen Empfangsgebäude verbunden, das dann meist der in seiner Größe und Bedeutung überwiegende Bauteil ist, so wird eine Anpassung in der Dachdeckung und damit auch der Dachneigung aus Gründen der allgemeinen Baugestaltung angebracht sein. Die beiden Bauteile kommen gewissermaßen unter ein Dach. Die geringere Verkehrsbedeutung solcher kleinerer Anlagen wird dann eine geringe Abweichung von den folgenden vor allem auf größere Anlagen anzuwendenden Richtlinien zulassen.

2. Güterhallen.

a) Zweck, Größe und Form (Abb. 152 bis 160).

In den Güterhallen sollen die eingehenden und die zu versendenden Stückgüter zeitweilig untergebracht werden, um sie gegen Witterungseinflüsse und gegen Diebstahl zu sichern, zum Versand für die verschiedenen Richtungen zu sammeln und zu ordnen, zu verladen oder umzuladen und bis zur Versendung oder bis zur Ausgabe an die Empfänger aufzubewahren.

Die Größe der Güterhallen wird von der Zahl und Art der Güter bestimmt. Sie wird ferner beeinflußt von der Zugdichte und davon, ob es sich um eine Versand-, eine Empfangs- oder Umladehalle handelt. Zur eigentlichen Lagerfläche kommt der für Karrbahnen, Wiegeplätze, Lademeisterräume und verschließbare Abteilungen für überzählige und wertvolle Güter freizuhaltende

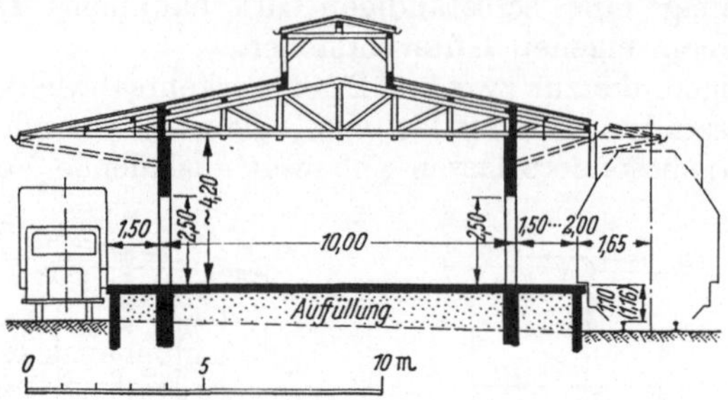

Abb. 155. Dachkonstruktion aus Holz.

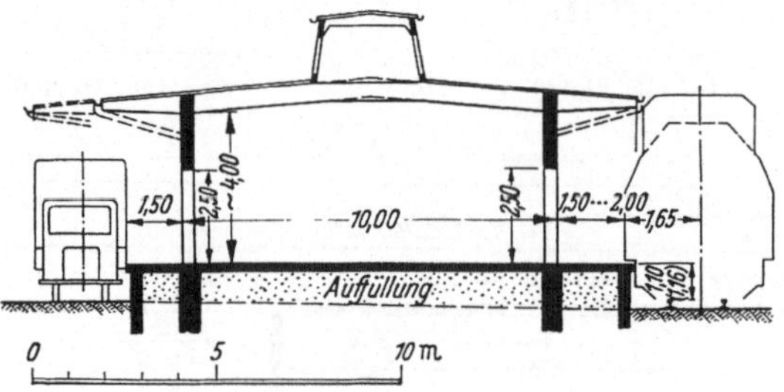

Abb. 156. Dachkonstruktion aus Stahlbeton.

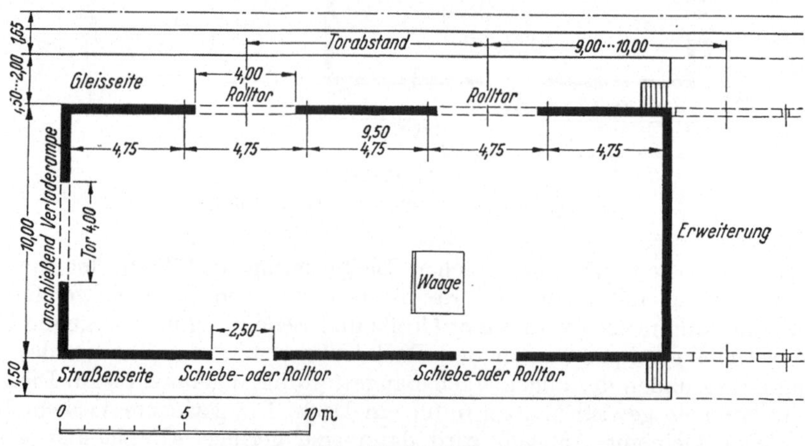

Abb. 157. Grundriß.

Abb. 155 bis 157. Güterhalle für mittlere Anlagen.

Raum, der etwa $^2/_5$ der Gesamtfläche beträgt und bei kleinen Anlagen verhältnismäßig größer ist. Bei kleinen und mittleren Anlagen sind je Tonne des täglich im Durchschnitt zu behandelnden Stückgutes im Versand in der Regel 8 m² und im Empfang 12 bis 15 m² Hallenfläche erforderlich. Örtliche Besonderheiten in der Art der Güter (Sperrigkeit, Aufkommen von Behältern, Verwendung von Kastenladeplatten in Verbindung mit Gabelstaplern usw.) sind zu berücksichtigen. Für sperriges und Leichtgut (z. B. Holz- und Wollwaren, landwirtschaftliche Maschinen) ist also eine größere Lagerfläche für die Tonne, für Schwergut (z. B. Eisenwaren) eine kleinere Lagerfläche nötig. Für Verkehrsspitzen ist in der Regel ein Zuschlag von 25 vH, für Karrwege, Wiegeplätze und Einbauten 40 vH der Fläche hinzuzurechnen. Die Zugdichte spielt insofern eine Rolle, als von ihr

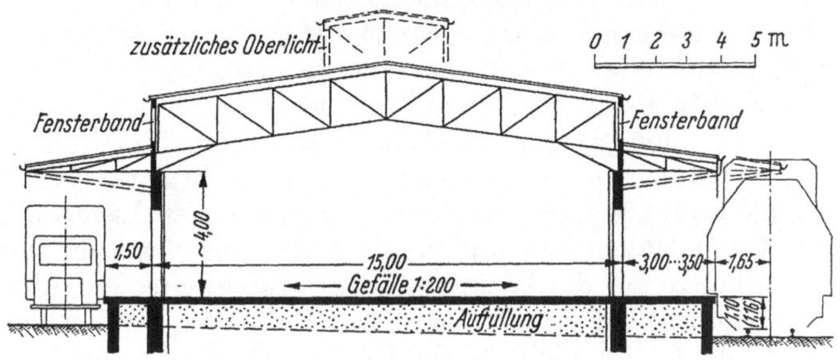

Abb. 158. Dachkonstruktion aus Stahl.

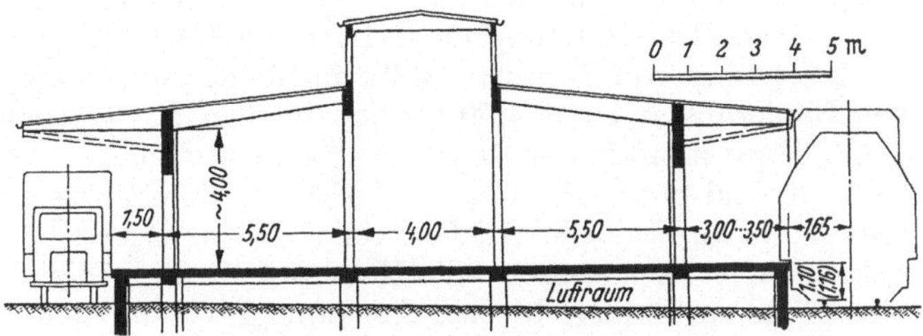

Abb. 159. Dachkonstruktion aus Stahlbeton.

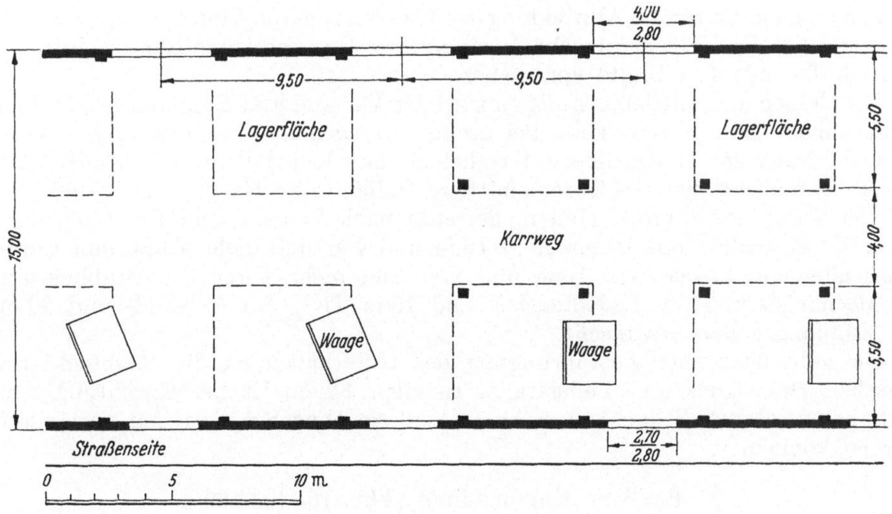

Abb. 160. Grundriß.

Abb. 158 bis 160. Güterhalle für große Anlagen.

abhängt, wie lange die Güter zu stapeln sind. Die Umladehallen können im allgemeinen kleiner als die sonstigen Hallen bemessen werden, weil bei ihnen die Frist der Aufspeicherung auf das geringste Maß beschränkt werden kann. Empfangshallen müssen wiederum größer als Versandhallen vorgesehen werden, denn in ihnen müssen die Güter immer längere Zeit und übersichtlich, d. h. nicht zu eng aufgestapelt, liegen, damit sie schnell herauszufinden sind, wenn sie von den

Empfängern abgeholt werden. Dagegen können im Versandschuppen die Güter dichter gelagert werden, weil sie meist bald nach der Annahme in den Wagen verstaut werden. Bei großen Verkehrsanlagen dienen Versandhallen im allgemeinen nur als Puffer, da vom Straßenfahrzeug ohne Zwischenlagerung in die Güterwagen verladen wird. Die Hallenfläche ist in diesen Fällen entsprechend zu ermitteln. Der zunehmende Einsatz von Kraftwagen im Stückgutnahverkehr in Ergänzung oder an Stelle der Schienenbeförderung erfordert eine eingehende Untersuchung hinsichtlich der baulichen Erfordernisse an die Güterhallen. Für das Abstellen der für den Stückgutverkehr bestimmten Kraftfahrzeuge ist in nächster Nähe der Güterhalle ein genügend großer Parkplatz vorzusehen.

Die Hallenlänge ergibt sich einerseits aus der benötigten Lagerfläche im Verhältnis zur gewählten Hallentiefe und andererseits aus der Zahl der erforderlichen Wagenstandplätze auf der Gleis- und der Straßenseite. Wenn die Zahl der gleichzeitig zu behandelnden Güterwagen eine Hallenlänge erfordert, die nach der ermittelten Hallenfläche nicht nötig ist, so ist ein zweites Ladegleis mit Überladebühne zwischen den beiden Gleisen anzuordnen. Der Abstand der Hallentore auf der Gleisseite richtet sich nach der Länge der Güterwagen. Sie beträgt 9,10 bis 12,80 m je nach Wagengattung im Stückgutverkehr. Hiernach hat sich ein Abstand von 9 bis 10 m von Tormitte zu Tormitte als zweckmäßig erwiesen. Dies ergibt einen Binderabstand von 4,50 bis 5 m für den Dachverband. An der Straßenseite ist der Torabstand in der Regel der gleiche wie an der Gleisseite. Die Ladestraße muß genügend breit sein, um das Aufstellen der Fahrzeuge zur Ent- und Beladung vor Kopf zu ermöglichen. Um vollen mechanisierten Ladebetrieb durchführen zu können, ist es erwünscht, die Hallenwände an beiden Längsseiten aufzulösen, d. h. in jedem Binderfeld eine Toröffnung vorzusehen. Soweit die Öffnungen einstweilen noch nicht gebraucht werden, können sie zunächst mit Baustoffen geschlossen werden, die bei Bedarf leicht wieder herausgenommen werden können. Ist für die Abwicklung des Ladedienstes die Einfahrt von Straßenfahrzeugen in die Halle erwünscht, so ist an ihrer Stirnseite eine Rampenauffahrt und ein Tor mit 4 m Breite vorzusehen.

Bei kleinen und mittleren Anlagen wird der Versand und Empfang gewöhnlich in derselben Halle abgewickelt. Bei großen Anlagen ist eine Trennung zweckdienlich. Nach der Hallentiefe unterscheidet man kleine Güterhallen mit 6 bis 8 m Tiefe und ein bis zwei Toren, mittlere Hallen mit 8 bis 12 m Tiefe und drei bis vier Toren sowie große Hallen, getrennt nach Versand und Empfang, darunter Versandhallen mit 10 bis 15 m Tiefe und vier und mehr Toren und Empfangshallen mit 12 bis 20 m Tiefe und vier und mehr Toren. Im Hinblick auf die Mechanisierung des Ladedienstes sind 15 m Tiefe für Versand- und 20 m für Empfangshallen erwünscht.

Die gebräuchlichste Ausführungsart der Güterhallen ist die Rechteckform zwischen Hallengleis und Ladestraße. In allen Fällen ist bei Errichtung von Güterhallen darauf Bedacht zu nehmen, daß sie ohne Schwierigkeit verlängert werden können.

b) Bauliche Durchbildung (Abb. 161 bis 169).

Die zweckentsprechende bauliche Gestaltung der Güterhallen hat sich aus den Verkehrsvorgängen entwickelt. Die Stückgüter sollen vom Straßenfahrzeug und vom Güterwagen möglichst bequem, gegen Nässe geschützt, auf den Güterboden und umgekehrt vom Güterboden auf die Fahrzeuge befördert werden können. Zu diesem Zweck werden auf beiden Seiten Rampen angeordnet und diese mit weitausladenden Vordächern überdeckt. Die Vordächer gewähren am besten Schutz gegen Schlagregen, wenn sie bei genügend weiter Ausladung möglichst niedrig liegen, also so tief, daß sie gerade das Lichtraumprofil frei lassen. Da die Vordächer meist als Ausladung des Hauptdaches hergestellt werden, muß auch dieses möglichst niedrig liegen, was gleichzeitig zu einer Ersparnis an umbautem Raum führt. Beeinflußt wird der Querschnitt der Güterhalle ferner noch durch das Bedürfnis, ihr reichlich Tageslicht zuzuführen.

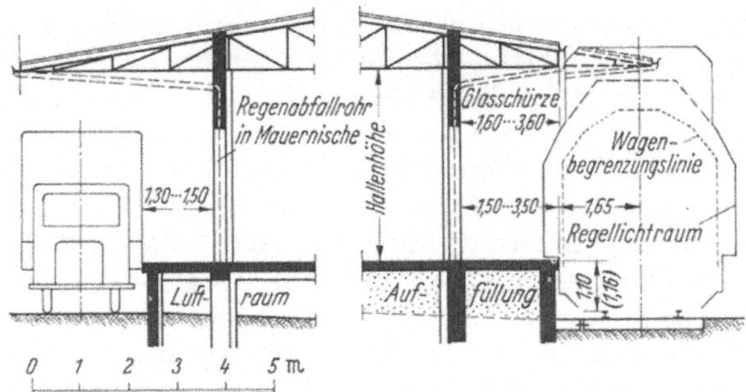

Abb. 161. Güterhallenvordach und Ladebühne an der Gleis- und Straßenseite.

Das Hallendach. In der Regel wird als Dachhaut eine doppellagige, teerfreie Dachpappe verwendet. Die Neigung ist dann bei Holzschalung 1 : 8 und bei Eindeckung auf Leichtbetonplatten oder Spannbetonplatten 1 : 10 bis 1 : 12. Die

Abb. 162. Ansicht.

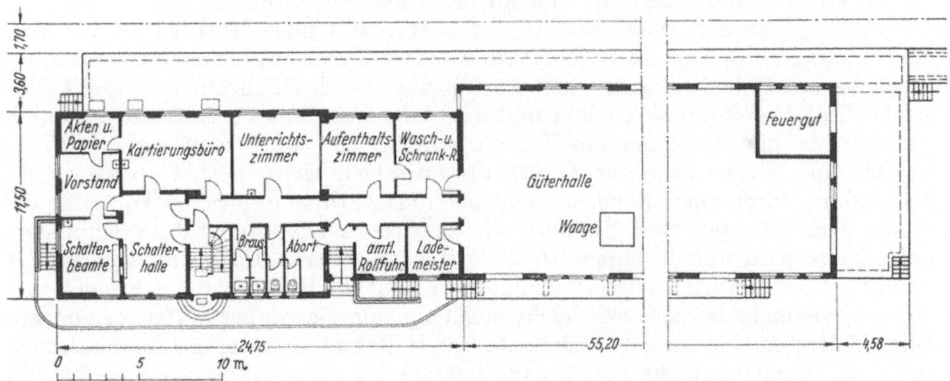

Abb. 163. Erdgeschoß.
Abb. 162 und 163. Güterabfertigung Forchheim.

Eindeckung mit Ziegeln oder Schiefer erfordert eine steilere Neigung und kommt deshalb nur bei kleineren Hallen, insbesondere in den eingangs erwähnten Fällen, in Betracht, wo auf das angebaute Empfangsgebäude Rücksicht zu nehmen ist.

In den meisten Fällen wird das Dach als Satteldach ausgebildet und das Vordach an der Gleisseite bis 0,30 m über Gleismitte ausgekragt. An der Straßenseite soll das Vordach möglichst ein längs der Rampe stehendes Fahrzeug in voller Breite überdachen. Die Traufenhöhe an der Gleisseite wird dadurch bestimmt, daß das Dach mit seiner Konstruktion und der Dachrinne das Lichtraumprofil frei lassen muß. Aus der Dachneigung ergibt sich ferner die Höhenlage des Firstes und die Oberkante der Hallenlängswände. Bei elektrischem Betrieb muß der Dachüberstand mit Rücksicht auf die Fahrleitung beschränkt werden. In diesem Falle empfiehlt sich die Anordnung von Glasschürzen zum Schutz der Güter gegen Schlagregen. Die Konstruktion des Dachüberstandes ist so auszubilden, daß eine entsprechende Änderung ohne Schwierigkeit möglich ist, sobald die Einführung des elektrischen Betriebes hierzu zwingt. Bei Stahlbetondächern muß deshalb das Lichtraumprofil für den elektrischen Betrieb schon vorsorglich frei gelassen werden, weil bei diesen eine Änderung nicht möglich ist.

Als Dachkonstruktion können Holz-, Stahl- und Stahlbetonbauten zur Wahl stehen. Bei Holzkonstruktionen sind die bisher üblichen schweren Ausführungen zugunsten der Ersparnis von Holz zu vermeiden und weitgehend Sparbauweisen, z. B. geleimte Binder, anzuwenden. Alle Hölzer — insbesondere auch bei Sparkonstruktionen — müssen vor dem Einbau mit wirksamen Holzschutzmitteln gegen Fäulnis, Insektenfraß und Feuer imprägniert werden. Bei Ausführung in Stahl können neben den bisher üblichen Stahlbindern, Stahlleichtbinder und Stahlrohrbinder in Erwägung gezogen werden, weil sie durch Stahlersparnis und leichteren Einbau beachtliche Vorteile bieten.

Auch Konstruktionen aus Stahlbetonfertigteilen haben sich schon bewährt. Hierbei und auch im Stahlbau können Pultdächer in Betracht kommen. Maßgebend für die Bestimmung der Ausführungsart muß neben zweckmäßig guter Gestaltung stets auch die Wirtschaftlichkeit sein. Während man früher Stützen in der Halle aus Gründen der Raumaufteilung für die Lagerung der Güter nicht als nachteilig, sondern teilweise als vorteilhaft ansah, hält man sie heute für unerwünscht, weil sie den Verkehr mit Behältern und Elektrokarren behindern. Wenn bei größeren Hallenbreiten aus Gründen der Wirtschaftlichkeit Zwischenstützen nötig werden, so sind zwei Binderstützen in einem Abstand von mindestens 4 m anzuordnen, um einen Karrweg in der Mitte der Halle frei zu lassen.

Dachrinnen und Fallrohre sind an der Gleisseite profilfrei anzuordnen. Die Verbindung von der Dachrinne an der weitvortretenden Traufkante der Vordächer zum Fallrohr an der Hallenaußenwand wird meist durch ein flachgeneigtes, geschlossenes Rohr in der gleichen Ausführung wie das Fallrohr hergestellt. Ein solches Rohr verstopft sich leicht und wird leicht beschädigt. Außerdem ist zum Anschluß an die Dachrinne ein Krümmer nötig, der zur Erreichung der Profilfreiheit eine höhere Lage der Traufkante erfordert. Es ist deshalb besser, diese Verbindung durch eine offene, wenig geneigte Dachrinne in gleicher Form wie die an der Traufe herzustellen, die durch Rinneneisen am Untergurt des Dachbinders aufgehängt wird und in einen Rinnenkasten am oberen Ende des Abfallrohres mündet. Hierbei wird an Traufhöhe gespart, und die Rinne kann sich nicht verstopfen, vielmehr ist sie stets leicht zugängig, um sie sauber halten zu können. Die Abfallrohre sind an der Außenseite der Hallenwände in offene Mauernischen zu legen, damit sie nicht von Karren oder Gütern beschädigt werden. Ist dies nicht möglich, sind die Abfallrohre in 1,50 m Höhe aus Stahlrohr herzustellen.

Hallenwände. Holzfachwerk kommt nur für kleinere oder Behelfsanlagen in Frage. Im allgemeinen ist aus Gründen der Feuersicherheit eine Massivbauweise vorzuziehen. Am besten sind stoßfeste Baustoffe, die gewaltsamen Beschädigungen gut widerstehen und keinen Wandputz erfordern. Leichtbeton muß deshalb durch einen festen dichten Vorsatzbeton ummantelt werden (durch

Verwendung von Betonschalplatten, Betonschalsteinen u. dgl.). Die Wanddicke ist in erster Linie nach den statischen Erfordernissen zu bemessen. In der Regel genügen 25 bis 30 cm, nötigenfalls mit Pfeilervorlagen. Bei mittleren und großen Anlagen empfehlen sich im Hinblick auf die Mechanisierung des Ladebetriebes Skelettbauarten, z. B. Rahmen aus Stahlbetonfertigteilen, weil hierbei eine Verbreiterung oder Vermehrung der Tore leicht möglich ist.

Hallenfußboden und Ladebühnen. Der Hallenfußboden und die Bühnendecke können als Stampfbetondecke mit Baustahlgewebe-Einlage auf gut abgestampfter Erdschüttung oder als Stahlbetondecke über einem Luftraum oder Kellerraum ausgeführt werden. Im letzteren Falle liegt die Hallendecke auf den beiden Außenwänden und auf Stützen; die Bühnendecke wird entweder ausgekragt oder sie liegt auf der Hallenaußenwand und einer vorderen Abschlußwand unter der Bühne, die hinter die Kante etwas zurücktritt. Der Hohlraum unter der ausgekragten oder auf Einzelstützen ruhenden Bühnendecke wird am besten vorn durch eine leichte Mauer abgeschlossen, um Schmutzwinkel zu vermeiden. Die Vorderkante der Bühne muß durch ein U-Eisen gegen Beschädigung geschützt werden. Die Nutzlast beträgt bei einfachen Verhältnissen 1000 kg/m². Bei mechanisiertem Ladebetrieb ist sie besonders zu ermitteln.

An die Haltbarkeit des Fußbodenbelages müssen hohe Anforderungen gestellt werden. Er soll eine geschlossene, ebene, staubfreie und auch bei Benetzung mit Wasser griffige Oberfläche bilden. Als geeigneter Belag haben sich bisher bewährt Hartbeton nach DIN 1100, Hartstein- oder Betonplatten mit Oberflächenhärtemittel, Hartgußasphalt und Asphaltplatten. Hartbetonbelag ist möglichst in einem Arbeitsgang mit dem Unterbeton herzustellen. Hartstein- oder Betonplatten mit Oberflächenhärtemittel werden in Zementmörtel verlegt und verfugt. Sie sind haltbar und bei Beschädigungen leicht auszuwechseln; sie befahren sich aber hart und verursachen unter eisenbereiften Fahrzeugen starkes Geräusch. Hartgußasphalt befährt sich weich und ist bei Beschädigungen leicht und haltbar auszubessern. Asphaltplatten (Hochdruckstampfasphaltplatten) in Mörtel auf Magerbeton werden engfugig verlegt; sie verursachen wenig Lärm und nur geringe Staubentwicklung. Auswechslung beschädigter Platten ist leicht möglich. Von Bedeutung für die Wahl des Belages ist die Bereifung der verwendeten Fahrzeuge. Bei Fahrzeugen mit Eisenbereifung empfehlen sich Hochdruckstampfasphaltplatten, bei Fahrzeugen mit Gummibereifung auf Stampfbetondecke (über Erdaufschüttung) Hochdruckstampfasphaltplatten und auf Stahlbetondecke Hartbetonbelag oder Hartgußasphalt. Der Fußboden der Halle erhält von der Hallenmitte aus ein einheitliches Quergefälle von 1 : 200, das sich auch über die Ladebühnen erstreckt. Stellen, die zum Stapeln feuchter Güter, wie von Seefischen oder Häuten dienen, werden trogförmig ausgebildet und mit Entwässerungsanschluß versehen.

Die Höhe und Breite der Ladebühnen sollen ein bequemes Verladen ermöglichen. Sie sind auf der Gleis- und Straßenseite etwas verschieden. An der Gleisseite ist bei kleinen Hallen bis zu zwei Toren als geringste Breite 1,50 m anzunehmen, bei mittleren Hallen mit drei bis vier Toren sind 1,50 bis 2 m Breite nötig, bei großen Hallen mit mehr als vier Toren 3 bis 3,50 m, weil hierbei ein Längsverkehr überhaupt nicht zu vermeiden ist. Bei Einsatz von Motorfahrzeugen oder Gabelstaplern ist eine Bühnenbreite von 4 bis 5 m anzustreben. Die Bühnenhöhe darf nach der BO 1,12 m über SO und, wenn das zugehörige Ladegleis auch von Zügen befahren wird, nur 1,10 m über SO betragen. Beide Maße entsprechen nicht der mittleren Höhenlage des Wagenfußbodens von 1,18 m über SO. Mit Rücksicht auf Veränderungen dieser Höhenlage, die durch Setzen der Tragfedern und Abnützung der Radreifen entstehen, wäre eine Ladebühnenhöhe von 1,16 m über SO für ein bequemes Überkarren von der Bühne zum Wagen erwünscht. Dieses Maß, gegebenenfalls auch das bei Mechanisierung des Ladedienstes erwünschte Höhenmaß von 1,19 oder 1,20 m, kann bei der Deutschen Bundesbahn durch die HV zugelassen werden, wenn das zugehörige Ladegleis

a) nicht von Zügen, die aus mehreren Regelfahrzeugen bestehen oder von Triebwagen oder Lokomotiven (im Sinne von BO § 54 [1]),

b) nicht für die Behandlung von Wagen mit nach außen aufschlagenden Türen benutzt wird.

Die Bedingung a ist nicht erfüllt, wenn leichte Güterzüge (Leig) oder andere Stückgüterzüge auf dem an der Bühne liegenden Gleis auf Signal ein- und ausfahren oder dies in Zukunft zu erwarten ist. Benutzen solche Züge zur Ein- und Ausfahrt ein anderes Bahnhofsgleis und werden als Rangierfahrt dem Gleis neben der Bühne zugeführt, so ist das Maß von 1,16 m zulässig. Die Bedingung b wird — da Stückgut mit Ausnahme des an anderer Stelle zu behandelnden Feuergutes ausschließlich in gedeckten Wagen mit seitlichen Schiebetüren befördert wird — in der Regel erfüllt sein.

Zur Erleichterung des Ladedienstes muß der Abstand zwischen Wagenkasten und Bühnenkante und damit der zwischen Gleismitte und Bühnenkante möglichst gering sein. Letzterer darf zur Einhaltung des Lichtraumprofils bei geradem Gleis 1650 mm betragen. Bei gekrümmten Gleisen wird der erforderliche Abstand größer. Um große Spaltbreiten zwischen Wagenkasten und Bühnenkante zu vermeiden, sollen Ladegleise an Güterhallen nicht in Krümmungen liegen oder allenfalls in solchen mit großen Halbmessern, was auch aus baulichen Gründen erwünscht ist.

Die Bühnenbreite an der Straßenseite soll 1,30 m nicht unterschreiten und bei mittleren und großen Hallen 1,50 m betragen. Die Bühnenhöhe über der Ladestraße soll der Bodenhöhe der Straßenfahrzeuge möglichst entsprechen. Diese schwankt allerdings zwischen 0,90 m bei Pferdefuhrwerken und 1,10 bis 1,45 m bei Lastkraftwagen. Die Bühnenhöhe ist deshalb in ländlichen Gegenden, soweit Pferdefahrzeuge noch überwiegen, auf 0,90 bis 1 m und überall wo Lastkraftwagen überwiegen, auf 1 bis 1,20 m zu bemessen. Die Rampen werden an den Enden durch Treppen zugängig gemacht.

Tore. Die Tore können als Schiebetore oder als Rolltore ausgebildet werden. An der Straßenseite und bei kleinen Hallen auch an der Gleisseite genügen Öffnungen von 2,50 bis 2,70 m Breite und 2,50 bis 2,80 m Höhe. Bei mittleren und großen Hallen sind an der Gleisseite 4 m breite Tore erforderlich, wenn Motorfahrzeuge eingesetzt werden sollen.

Schiebetore lassen sich entweder auf der Außen- oder Innenseite der Hallen anbringen. Sie können aus Holz oder Stahlblech hergestellt werden. Die Anbringung auf der Außenseite hat den Vorteil, daß die Innenwandseite für das Stapeln der Güter frei bleibt, und den Nachteil, daß die Türflügel beim Verkarren der Güter auf den Ladebühnen leicht beschädigt werden. Gegen Beschädigungen durch das Verkarren der Güter auf den Ladebühnen können sie geschützt werden, indem sie in flache Nischen gelegt werden, so daß ihre Kanten nicht vorstehen. Die Tore sollen einbruchsicher sein und nicht ausgehängt werden können. Zu diesem Zweck werden an die Türflügel oder Bügel der Laufrollen eiserne Winkel oder Laufrollen dicht unter den Laufschienen angeschraubt. Bei der Anbringung der Laufschienen ist darauf zu achten, daß ihre Befestigungsstützen nicht die Bewegung der Laufrollen und der Hängebügel behindern. Werden die Tore im Inneren angebracht, so müssen sie mit einem Schutzgerüst aus kräftigen Kreuzholzzargen umgeben und dieses im unteren Teile mit auf Lücke angebrachten Bohlen bekleidet sein, damit dagegen gestapelt werden kann. Zur unteren Führung der Tore dienen in den Fußboden eingelassene Schienen oder Rillen. Diese geben leicht Anlaß zu Beschädigungen des Fußbodens in den stark beanspruchten Toröffnungen, wo die Schienen oder Rillen durch das Karren allmählich gelockert werden. Dies wird vermieden bei Verwendung von Rolläden. Diese bestehen aus Stahlblechlamellen, die oben und unten durch ineinandergreifende Wulste beweglich miteinander verbunden sind. Sie laufen oben über eine Welle und seitlich in U-Eisenführungen, die am besten zum Schutz gegen Beschädigung in flachen Wandnischen liegen. Die Rolläden müssen im Inneren verriegelt werden können. Das Öffnen und Schließen der Rolläden erfordert mehr Zeit als das der Schiebetore, was aber unbedenklich ist, weil sie nur bei Beginn oder Beendigung des Ladegeschäftes betätigt werden müssen.

Abb. 164. Ansicht.

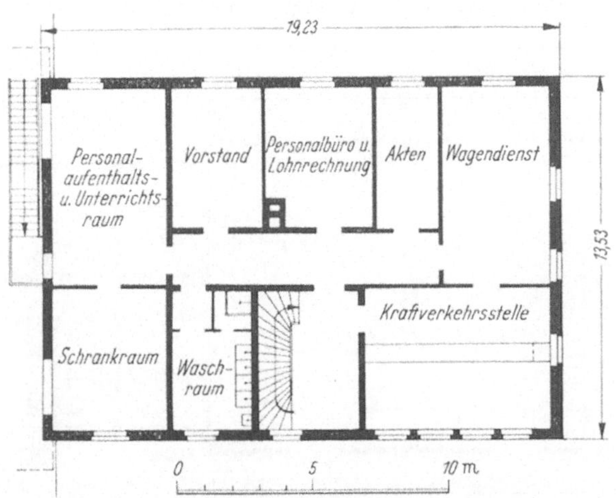

Abb. 165. Obergeschoß des Güterabfertigungsgebäudes.
Abb. 164 und 165. Güterabfertigung in Celle.

Fenster und Oberlichtaufbauten. Die ausreichende Belichtung der Güterhallen ist für die Abwicklung des Ladegeschäftes von großer Bedeutung. Fenster unterhalb der weit vortretenden Vordächer geben eine ungenügende Belichtung, zumal an der Gleisseite, wo der Lichteinfall außerdem noch durch die davorstehenden Güterwagen beeinträchtigt wird. Nur bei kleinen Hallen genügt die Belichtung durch Fenster in den Seitenwänden, weil sie hier ergänzt werden kann durch große Fenster in der Giebelwand. Fenster in den Seitenwänden sollen mit ihrer Brüstung mindestens 1,50 m über dem Hallenfußboden liegen, damit gegen den unteren Teil der Wände gestapelt werden kann.

Bei mittleren und größeren Hallen muß das Tageslicht über den Vordächern zugeführt werden.

Dies kann durch Oberlichtaufbauten auf den Dächern geschehen. In der Dachfläche liegende oder schräg gestellte (Dreiecks-) Oberlichter sind, wie bei allen Eisenbahnhochbauten so auch hier, zu vermeiden, da sie stark verschmutzen und nicht einwandfrei gereinigt werden können. Im Winter führt Schneefall zu völliger Verdunklung. Im Sommer ergeben solche Oberlichter eine starke Erhitzung bei Sonnenbestrahlung und damit ungünstige Arbeitsbedingungen in der Halle. Es sind deshalb Oberlichtaufbauten mit senkrecht stehenden oder nur leicht geneigten seitlichen Glaswänden aufzustellen. Die Aufbauten müssen genügend breit und die Glaswände ausreichend hoch sein. Im allgemeinen genügt eine lichte Fensterfläche von $\frac{1}{8}$ der Grundfläche der Halle. Fensterbänder in

Abb. 166. Innenansicht der Güterhalle.

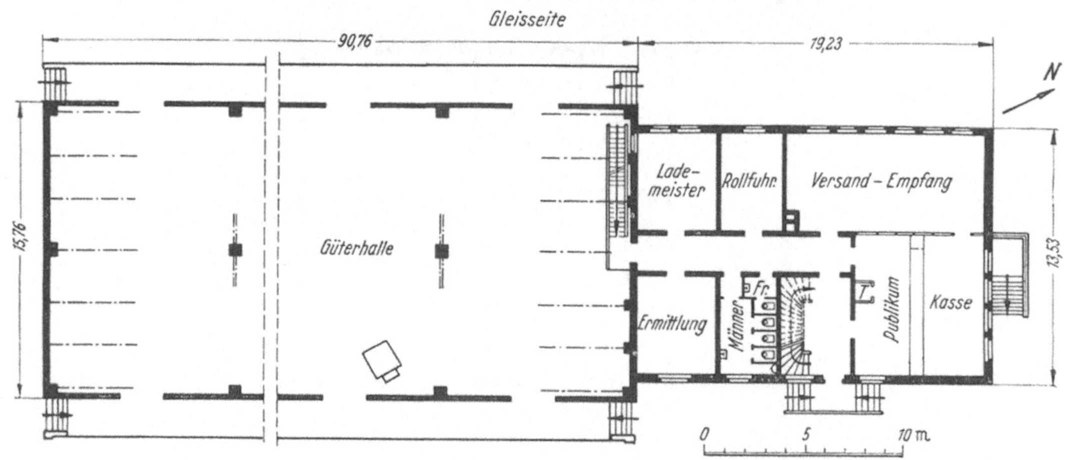

Abb. 167. Erdgeschoß.
Abb. 166 und 167. Güterabfertigung in Celle.

den Außenwänden oberhalb der Vordächer ergeben bei entsprechender Ausbildung der Dachbinder besonders günstige Belichtung. Diese Lösung, ebenso wie die Anordnung von Laternenaufbauten, hat den Vorteil, daß Fenster in den unteren Seitenwänden ganz vermieden werden, wodurch die Einbruchgefahr vermindert wird.

c) Nebenanlagen.

Eine Unterkellerung empfiehlt sich nur bei kurzen Hallen, da bei langen Hallen die Zugänglichkeit der mittleren Kellerräume wegen des Lastwagenverkehrs vor der Ladebühne zu unbequem wird. Eine beschränkte Anzahl von Kellerräumen ist für die Lagerung empfindlicher Güter, wie Wild, für die Unterbringung von Kohlen, Fahrrädern usw. meist erwünscht. Man ordnet sie am freien Giebelende oder im Zusammenhang mit der Unterkellerung des anschließenden Abfertigungsgebäudes an. Es empfiehlt sich, die Ladebühnen mit zu unterkellern, weil dann der Lichteinfall durch Fenster in den vorderen Rampen-

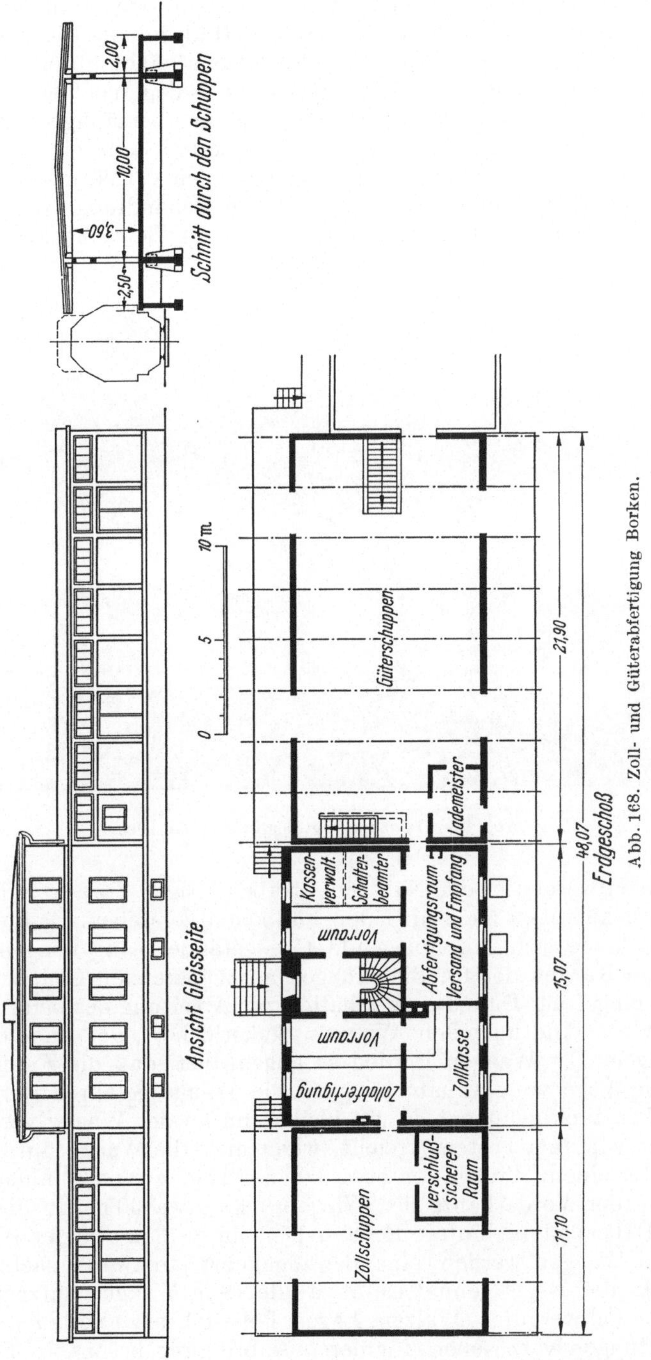

Abb. 168. Zoll- und Güterabfertigung Borken.

mauern günstiger wird, als wenn die Fenster sich in den Längswänden der Halle im Schatten der Ladebühnen befinden.

In größeren Hallen sind Räume für das Ladeaufsichtspersonal in der Nähe der straßenseitigen Tore einzubauen. Bei großen Hallen mit entsprechender Höhe können auch hochliegende Räume in Hallenmitte eingebaut werden. Die Räume erhalten eine Grundfläche von etwa 8 m², Linoleum oder ähnlichen Fußbodenbelag, Fenster in der Außenwand und nach der Halle zu allseitig über Brüstungshöhe verglaste Wände, damit das Aufsichtspersonal einen guten Überblick über alle Vorgänge in der Halle hat. Für je etwa 70 m Hallenlänge genügt in der Regel ein solcher Raum. Weitere Einbauten kommen für überzählige und Zollgüter in Betracht. Für überzählige Güter ist an geeigneter Stelle ein gesonderter abschließbarer Raum erforderlich, für den bei einfachen Verhältnissen ein Verschlag aus Latten oder Drahtgeflecht genügt. Für die Behandlung von Zollgütern ist nach Bedarf, soweit nicht besondere Zollhallen in Betracht kommen, ein getrennter Raum vorzusehen.

Abb. 169. Hamburg, Güterhalle, Innenansicht.

Die Waagen werden in der Nähe der straßenseitigen Tore so aufgestellt, daß ihre Wiegebrücken etwa 5 cm über den Fußboden vorstehen. Dadurch wird vermieden, daß lange sich durchbiegende Gegenstände beim Wiegen den Boden berühren. Die Kanten der für die Waagen auszusparenden Gruben werden mit Winkeleisen eingefaßt. Die Gruben erhalten zur Ableitung des beim Reinigen des Hallenfußbodens eindringenden Wassers Sickerlöcher oder andere Fußbodenentwässerungen. Die Waagen werden so angeordnet, daß die Frachtstücke auf fast geradem Wege vom Annahmetor auf die Waage gefahren werden können, außerdem aber auch genügend Raum bleibt, um an der Waage vorbeifahren zu können. Dies wird am besten erreicht, wenn man die Waage, im Grundriß betrachtet, unter einem Winkel von etwa 60° zur Hallenwand so aufstellt, daß die vordere Ecke der Vorderkante der Wiegebrücke etwa 30 cm in die Toröffnung vorspringt. Dabei soll die hintere Ecke nicht mehr als 3 m von der Wand entfernt sein. Je zwei Waagen werden, einander zugekehrt, an zwei benachbarten Toren aufgestellt. In der Regel genügt es, etwa alle 18 m Waagen aufzustellen.

Wo häufig Schwergüter (Walzen, Lager, Behälter usw.) verladen werden, sind Hebevorrichtungen vorzusehen, für deren Anbringung besondere Tragkonstruktionen anzuordnen sind. Die Möglichkeit, fahrbare Ladekrane einzusetzen, ist zu berücksichtigen. Um die Behandlung der Güter zu beschleunigen, können, namentlich bei Umladehallen, die einzelnen Güter durch Greifer oder Wagen gehoben und abgesetzt und auf Hänge- oder Rollbahnen befördert werden. Diese Einrichtungen haben sich jedoch bisher im allgemeinen nicht bewährt.

Bei größeren Verkehrsanlagen mit mechanisiertem Ladebetrieb sind Einrichtungen zum Laden von Elektrofahrzeugbatterien notwendig. Für den Einbau entsprechender Räume hierzu gelten besondere Vorschriften. Auch Werkstätten zur Vornahme kleinerer Instandsetzungen an diesen Fahrzeugen, Behältern und sonstigem Gerät sind oft notwendig.

Während Wohlfahrtsräume für die Güterbodenarbeiter bei kleinen und mittleren Anlagen meist im Abfertigungsgebäude vorgesehen werden, ist bei langen Güterhallen ihre Lage in der Mitte dieser Halle oder zwischen Versand- und Empfangshalle vorteilhafter. Die Abortanlagen werden bei kleinen und mittleren Anlagen von den Güterbodenarbeitern und den Bürobediensteten gemeinsam benutzt. Sie sind so zu legen, daß lange Wege vermieden werden. Bei größeren Anlagen werden deshalb die Aborte besser getrennt angeordnet. Für die Verfrachter werden öffentliche Aborte zweckmäßig im Keller des Abfertigungsgebäudes vorgesehen, wo sie sich leichter überwachen lassen als freistehende Aborte an der Ladestraße.

Eine allgemeine Beheizung der Güterhallen ist nicht erforderlich. Dagegen müssen die Räume für das Ladeaufsichtspersonal durch Öfen beheizt werden, weil ein Anschluß an die Sammelheizung des Abfertigungsgebäudes meist zu unwirtschaftlich ist. Eine feuersichere Rauchabführung über Dach durch Schornsteine ist notwendig. Eine ausreichende künstliche Beleuchtung des Inneren der Güterhallen und unter den Vordächern ist vorzusehen. Zur Erleichterung des Verstauens der Stückgüter in den Güterwagen ist es zweckmäßig, elektrische Lampen in den Wagen aufhängen zu können, deren Kabelzuführung durch Hängestangen an eine Stromzuführungsleitung unter dem Vordach angeschlossen werden kann.

Zwischen den Dachbindern eines Hallenteils sind Einrichtungen für das Trocknen von feuchten Wagenplanen vorzusehen. Sie bestehen aus einem Gestänge von der Länge der Decken, die in einem eisernen Gestell so angebracht werden, daß mittels Seil und Rollen jede einzelne Stange herniedergelassen und aufgezogen werden kann.

Zur Sicherung gegen Feuersgefahr ist längs der Halle, nach Möglichkeit an der Ladestraße, eine Löschwasserleitung mit Unterflurhydranten in Abständen von etwa 50 m zu verlegen. Zur schnellen Bekämpfung von Bränden sind in den Hallen genügend Trockenfeuerlöscher vorzusehen. Soweit notwendig, sind auch in der Halle Wandhydranten anzuordnen. Lange Hallen sind in Abständen von 50 bis 60 m durch Brandmauern mit feuersicher verschließbaren Toren von 4 m Breite zu unterteilen.

3. Güterabfertigungsgebäude.

a) Zweck, Lage und Größe (Abb. 170 bis 174).

Ein Güterabfertigungsgebäude ist notwendig, wenn die Güterhalle infolge des umfangreichen Güterverkehrs nicht mit dem Empfangsgebäude verbunden ist oder in gewisser Entfernung von diesem steht, so daß die Abfertigung nicht im Empfangsgebäude vorgenommen werden kann. Im Abfertigungsgebäude werden alle Räume zusammengefaßt, die für die Abfertigung von Eil- und Frachtgütern — hierbei außer dem Stückgutverkehr auch der Freiladeverkehr — ebenso wie für den Verkehr mit den Verfrachtern notwendig sind.

Die Büros der Güterabfertigung werden bei kleinen und mittleren Anlagen meist in der Verlängerung der Güterhalle errichtet. Oft genügt es, sie in dem vordersten Binderfeld der Halle einzubauen, so daß die Dachform nicht gewechselt zu werden braucht und nur die Vordächer für diesen Bauteil fortfallen.

Bei großen Stückgutanlagen wird sich die Lage des Bürogebäudes nach den örtlichen Verhältnissen richten; sie ist so zu wählen, daß die Wege zu den Güterhallen und den sonstigen Güterverkehrsanlagen nicht zu weit werden. Wenn Versand- und Empfangshalle mit dazwischen geschalteten Umladebühnen parallel nebeneinanderliegen, empfiehlt sich die Lage des Bürogebäudes quer zu den

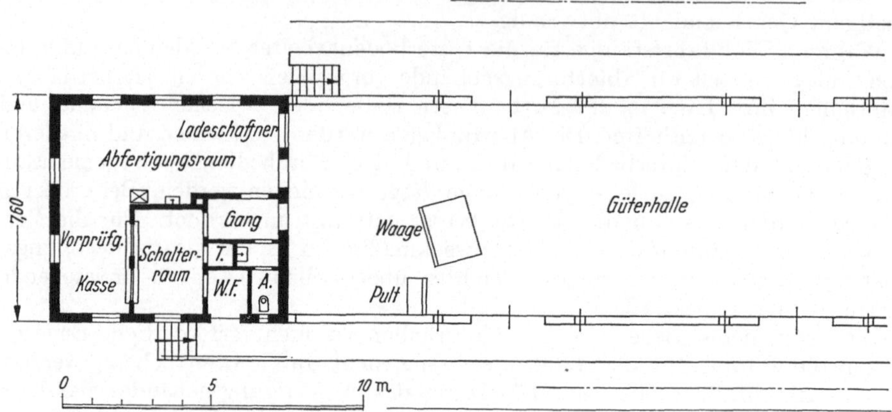

Abb. 170. Güterabfertigung für kleine Anlagen.

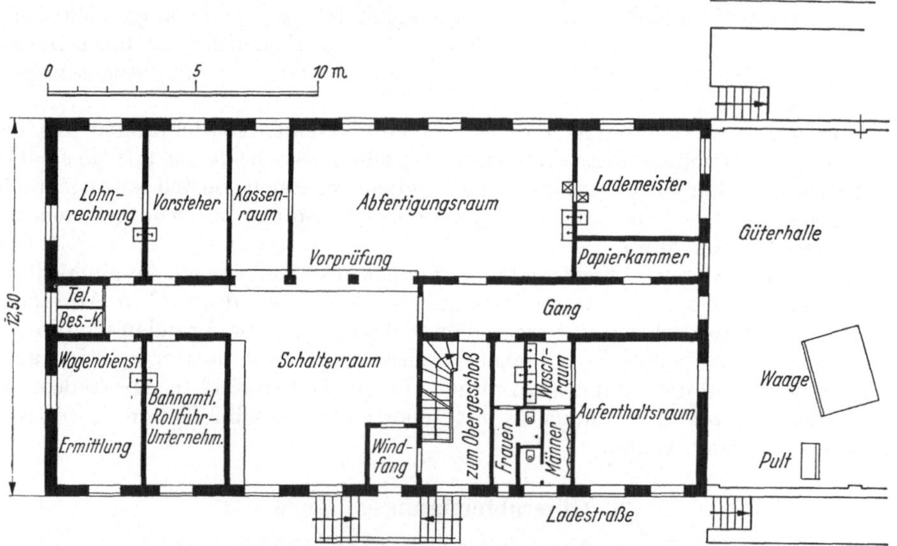

Abb. 171. Güterabfertigung für mittlere Anlagen.

Gleisen vor Kopf der beiden Hallen. Es entsteht dann ein Kopfbahnhof. Empfehlenswerter für große Anlagen mit Umladehallen ist die Form des Durchgangsbahnhofes, wobei das Bürogebäude seitlich zwischen der Versand- und Empfangshalle liegt. Eine Trennung der Bürogebäude nach Versand und Empfang ist möglichst zu vermeiden, weil die innerdienstliche Abwicklung gestört ist und Überblick und einheitliche Leitung für den Dienststellenvorsteher erschwert sind.

Die Größe des Bürogebäudes richtet sich nach Art und Stärke des Verkehrs und wird durch besondere Verhältnisse, z. B. bei Hafen- und Grenzbahnhöfen

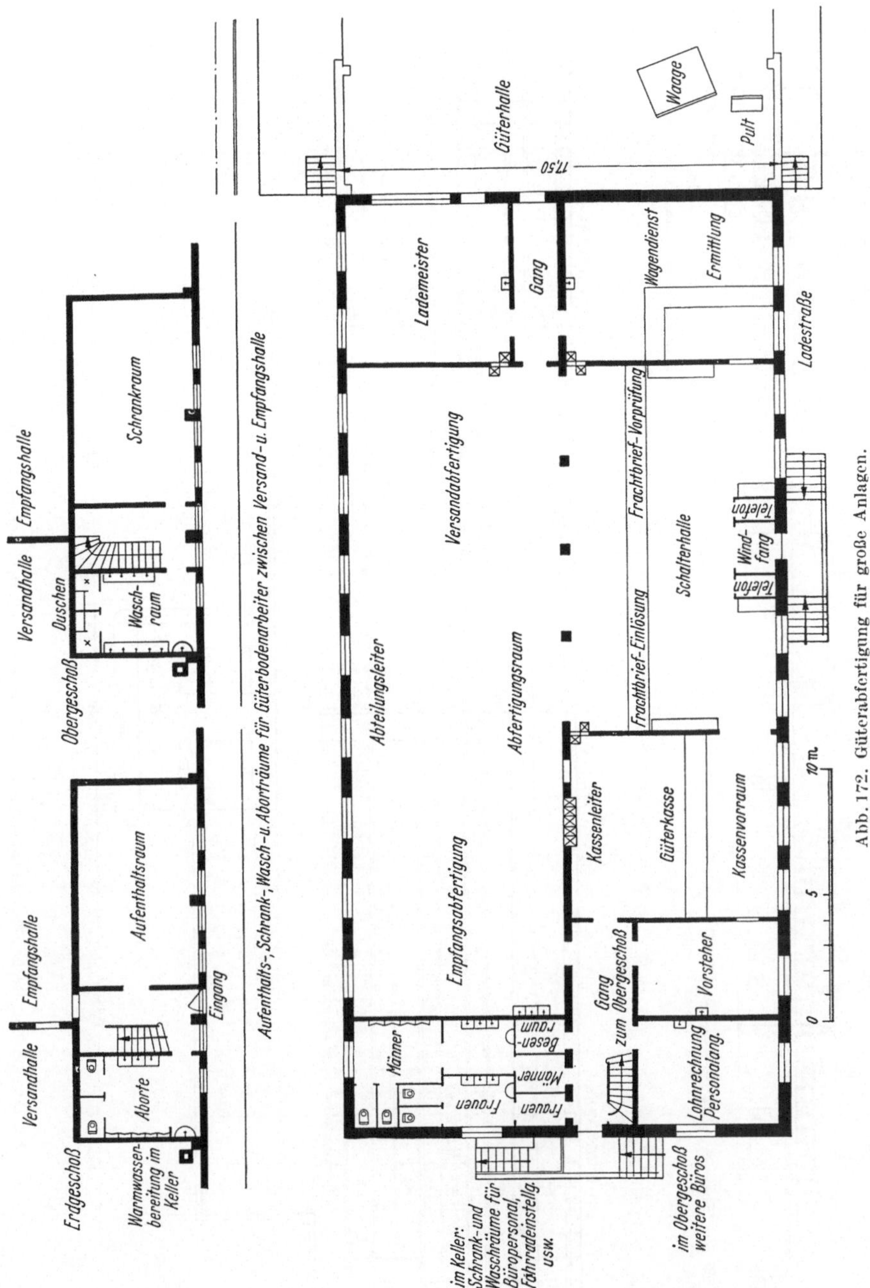

Abb. 172. Güterabfertigung für große Anlagen.

oder starkem internationalen Verkehr, beeinflußt. Hinsichtlich der Größenbemessung kann man unterscheiden:

Kleine Güterabfertigungen mit täglich bis zu   200 Abfertigungen
Mittlere   „   „   „   „   „ 1000   „
Große   „   „   mehr als   1000   „

Wesentlich für die Zahl der Räume ist auch, ob es sich um die Güterabfertigung eines Bahnhofes mit vereinigtem Dienst oder um eine selbständige Güterabfertigung handelt.

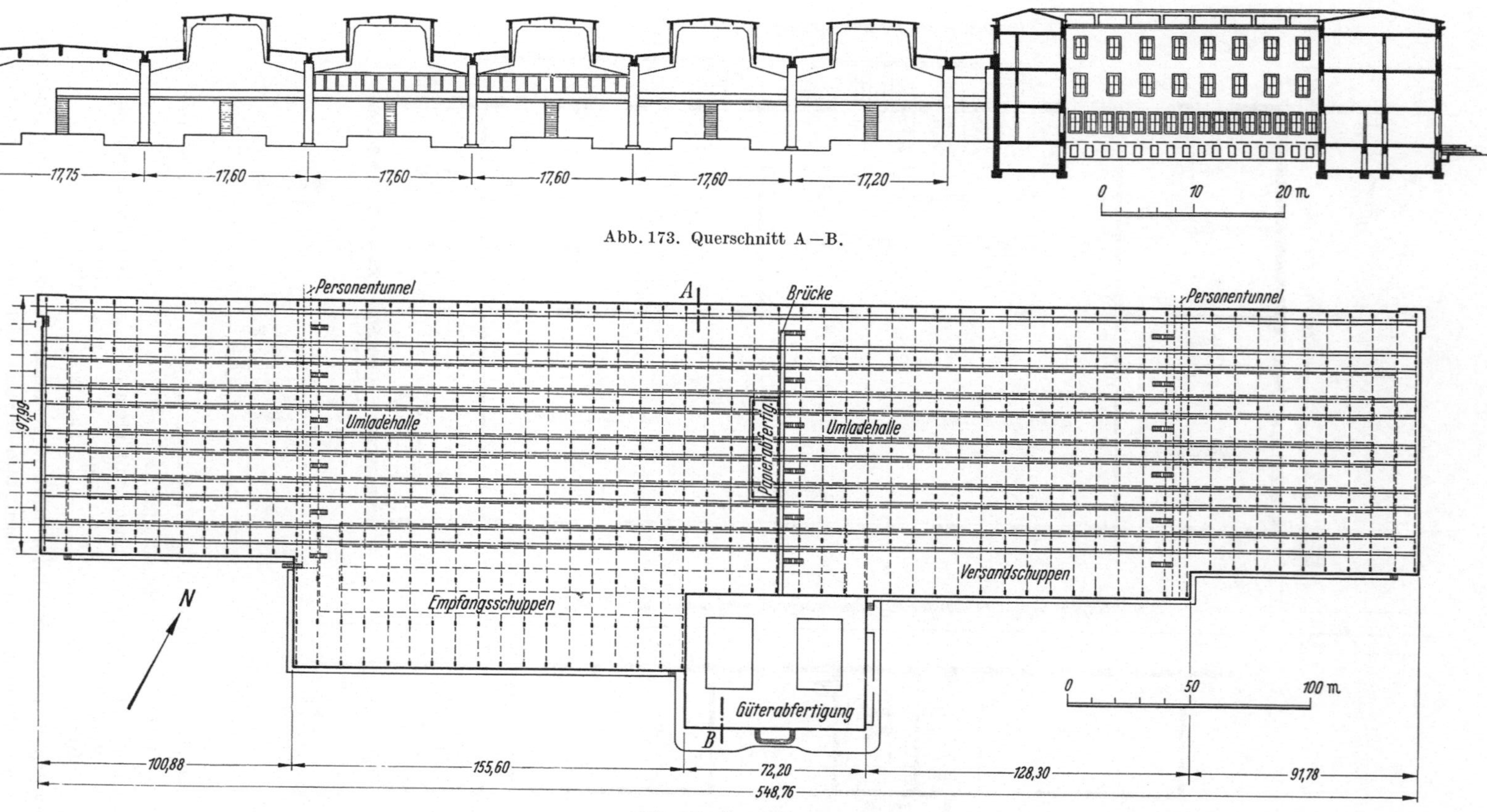

Abb. 173. Querschnitt A—B.

Abb. 174. Grundriß.

Abb. 173 und 174. Große Güterumladehalle in Durchgangsform mit Orts-Güterabfertigung.

b) Raumbedarf und Raumanordnung.

Die Räume des Abfertigungsgebäudes können in drei Gruppen aufgeteilt werden, und zwar in

a) Räume für den Verkehr mit den Kunden,
b) Räume für die innerdienstliche Abfertigung,
c) sonstige Räume, wie Aufenthalts-, Schrank-, Wasch- und Aborträume, sowie Nebenräume für Geräte, Altpapier usw.

Für den Entwurf ist zweckdienlich, ein Raumprogramm in Form einer Liste zusammenstellen, wozu im einzelnen die Verkehrsdienststellen gehört worden sind. Bei *kleinen* Güterabfertigungen auf Bahnhöfen mit *vereinigtem Dienst* sind erforderlich ein Schalterraum, ein Abfertigungs- und Kassenraum oder bei größerem Geschäftsumfang mehrere getrennte Diensträume für Abfertigung und Kasse.

Bei *selbständigen* mittleren und großen Güterabfertigungen werden benötigt:

a) *für den Verkehr mit den Kunden* ein Schalterraum, ein Raum für die Frachtbriefvorprüfung, ein Raum für die Kasse, ein Raum für den Wagendienst, ein Raum für den Ermittlungs- und Entschädigungsdienst, ein Raum für den Dienstvorsteher;

b) *für die innerdienstliche Abfertigung* ein Abfertigungsraum (bei großen Anlagen nach Versand und Empfang getrennt), ein Raum für den Lademeisterdienst mit Ausblick in die Halle, ein Raum für den Lohnrechnungs- und Personaldienst;

c) *für sonstige Zwecke:* Nebenräume für Akten, Drucksachen, Altpapier und Geräte, Wasch-, Schrank- und Aufenthaltsräume für Büropersonal und Güterbodenarbeiter,
Räume für Botendienst und Scheuerfrauen,
Aborte für Bedienstete und Kunden.

Soweit angängig und notwendig, können zusätzlich noch folgende Räume vorgesehen werden:
zu a) für den bahnamtlichen Rollfuhrunternehmer,
den Eisenbahnzolldienst,
die Kraftverkehrsstelle;
zu c) für Fahrräder, für eine Personalkantine mit Nebenräumen und für die Personalvertretung.

Gelegentlich wird im Güterabfertigungsgebäude auch die Bahnhofskasse untergebracht. Für den Einbau von Wohnungen ist die Lage zwischen Gleisen und Ladestraßen meist nicht besonders günstig.

Gegebenenfalls sollten Wohnungen für den Vorsteher, eine Ladeaufsichtskraft, einen Hausmeister oder Heizer vorgesehen werden, jedoch nur, soweit die Beaufsichtigung der Anlage dies erfordert.

Die bauliche Ausbildung des oft mehrgeschossigen Abfertigungsgebäudes und seine Lage vor Kopf oder zwischen den Güterhallen hat zur Folge, daß seine Erweiterung nicht so leicht möglich ist wie die der eingeschossigen Hallen. Die Räume sind deshalb so zu bemessen, daß sie auch bei einem späteren Verkehrszuwachs noch ausreichen. Deshalb ist ein Zuschlag von 20 vH zu dem bei Errichtung der Anlage in Frage kommenden Spitzenverkehr bei der Raumbemessung zu berücksichtigen.

Die Größe des Abfertigungsraumes ist von der Zahl der darin tätigen Bediensteten abhängig. Dabei ist davon auszugehen, daß ein Bediensteter (abgesehen von schwierigem Spezialverkehr) etwa 70 Abfertigungsvorgänge je Arbeitstag bearbeiten kann. Die Zahl der notwendigen Arbeitsplätze ergibt sich dadurch, daß die Anzahl der arbeitstäglich anfallenden Frachtbriefe durch 70 geteilt wird. Bei Fließarbeit kann man für einen Kopf mit einem Platzbedarf bis herab zu 4,50 m² rechnen. Das Dienstzimmer für den Vorsteher der Güterabfertigung soll mindestens 16 bis 20 m² groß sein, um auch mehreren Besuchern zu Besprechungen Platz zu bieten. In den übrigen Büroräumen sollen jeweils mindestens zwei Bedienstete untergebracht werden, damit sie sich bei Krankheit oder Urlaub gegenseitig vertreten können. Unter dieser Voraussetzung beträgt der Platzbedarf für einen Bearbeiter 9 m². Die Größe der Aufenthaltsräume richtet sich nach der Höchstzahl der in einer Schicht anwesenden Güterbodenarbeiter. Man rechnet mit einem Flächenbedarf von 1 bis 1,50 m² je Kopf. Für Schrankräume sind 1 bis 1,60 m² je Kopf erforderlich, wobei ein Schrankabteil 0,40 m breit und 0,50 m tief angenommen wird. In den Waschräumen ist eine Waschstelle für je zwei Arbeiter und eine Grundfläche von 0,50 bis 0,70 m² je Kopf vorzusehen. In den Aborträumen sind ein Abort und ein Pißstand für 20 Männer und ein Abort für je 15 Frauen erforderlich.

Zur richtigen Bemessung aller Räume sind bei der Entwurfbearbeitung Arbeitstische, Akten- und Kleiderschränke und alle sonstigen Einrichtungsgegenstände in die Grundrisse einzutragen.

Bei der *Raumanordnung* muß erstens Wert darauf gelegt werden, daß der Verkehr mit den Kunden sich in zweckmäßiger und bequemer Weise abwickeln kann und zweitens, daß der innere Dienstbetrieb durch günstige Lage der Diensträume untereinander und zur Güterhalle erleichtert und wirtschaftlich gestaltet wird und daß drittens weite Wege für Verfrachter und Bedienstete vermieden werden.

Hinsichtlich des *Verkehrs mit den Kunden* ist es notwendig, daß ebenso wie in der Schalterhalle eines Empfangsgebäudes alle Einrichtungen, die dem Verkehr mit den Reisenden dienen, übersichtlich und leicht auffindbar vereinigt sein sollen, auch in der Güterabfertigung der Verfrachter alle Bürostellen, mit denen er zu tun hat, möglichst in einer Schalterhalle vereinigt vorfindet. Soweit abgesonderte Räume für einzelne Zwecke nötig sind (Wagendienst, Ermittlung, Vorsteher, Zolldienst, Rollfuhrunternehmer), sollten sie unmittelbar von der Schalterhalle zugängig sein. Der ausreichend geräumig bemessene Schalterraum soll so liegen, daß er von der Ladestraße aus leicht aufzufinden ist, und daß die Verfrachter von ihm aus während der Abfertigung ihr auf der Ladestraße stehendes Fahrzeug und Gut nach Möglichkeit überwachen können.

Als Schaltereinrichtungen haben sich offene Schaltertische immer mehr eingeführt. Die zunächst dagegen geltend gemachten Bedenken treten gegenüber dem Vorteil des erleichterten offenen unbürokratischen Verkehrs zurück. An den Kassenschaltern können zum Schutz gegen Diebstahl niedrige Schranken aus Mattglas oder Gitterwerk auf den Schaltertischen angebracht werden. In größeren Abfertigungen empfiehlt es sich, die Rechnungsbüros gegen die Arbeitsplätze der Schalterbeamten durch Glaswände abzutrennen, damit die Rechnungsbeamten nicht durch den Verkehr zwischen Schalterbeamten und Verfrachtern in ihrer Arbeit gestört werden. Das Dienstzimmer des Vorstehers soll so liegen, daß es sowohl von den Kunden als auch von den Bediensteten leicht zu erreichen ist und daß auch der Vorsteher ohne lange Wege den Dienstbetrieb gut überwachen und bei plötzlichem Andrang auf der Ladestraße oder in der Schalterhalle eingreifen kann.

Hinsichtlich des *inneren Dienstbetriebes* muß die Lage der Büros und der einzelnen Arbeitsplätze und Abfertigungsstellen zueinander so angeordnet werden, daß sie dem Gang des Abfertigungsgeschäftes für Versand und Empfang entspricht. Es empfiehlt sich deshalb, den Weg, den Frachtbriefe bei der Abfertigung zwischen Güterboden und den Arbeitsplätzen des Rechnungsbüros und Schalter nehmen müssen, beim Grundrißentwurf genau festzulegen, um Wege zu vermeiden, die bei regelmäßiger Wiederkehr beim Abfertigungsgeschäft sehr unwirtschaftlich sein würden.

Beim *Versand* eines Gutes bringt der Verfrachter den Frachtbrief zunächst zur Vorprüfung in den Schalterraum, dann mit dem Gut in die Versandhalle zur

Annahme. Von dort geht der Frachtbrief bei Überweisung der Fracht unmittelbar vom Lademeister in die Versandabteilung der Abfertigung zur Verrechnung, bei Freibeträgen vom Lademeister über die Schalterkasse in die Versandabteilung der Abfertigung zur Verrechnung. Von dort kommt der Frachtbrief wieder zum Lademeister.

Beim *Empfang* kommt der Frachtbrief vom Lademeister in der Empfangshalle zur Empfangsabteilung der Abfertigung, dann zur Güterkasse, wo er vom Kunden eingelöst wird, der dann das Gut mit dem eingelösten Frachtbrief von der Empfangshalle abholt. Je nach der Größe der Abfertigung geschieht die Bearbeitung der Papiere durch einzelne Beamte oder in Arbeitsteilung durch mehrere. In letzterem Falle — also bei mittleren und großen Anlagen — ist Fließarbeit besonders anzustreben. Das heißt im vorliegenden Falle, daß die Arbeitsplätze der beteiligten Bediensteten so angeordnet werden, daß sie dem kürzesten Weg der Papiere entsprechen, so daß sie von Hand zu Hand weitergegeben werden können. Bei der Beförderung der Papiere in benachbarte Räume haben sich zugfreie Übergaberutschen oder — wenn eine Verteilung notwendig ist — Übergaberegale bewährt, die in die Trennwände eingebaut werden.

Für die an den Schaltern tätigen Bediensteten und für die Büros, in denen eine größere Anzahl von Bediensteten tätig sind, müssen Kleiderschränke, in besonderen Kleiderablagen, vorgesehen werden. In den kleineren Büros werden für die darin tätigen Bediensteten die Kleiderschränke in den Büros selbst aufgestellt. Die Kleiderablagen und Waschräume können im Kellergeschoß vorgesehen werden. Für die auf dem Güterboden tätige Belegschaft müssen ausreichende gut eingerichtete, helle und leicht sauber zu haltende Aufenthaltsräume geschaffen werden. Ihre Lage wurde bereits bei den Güterhallen erörtert. Sie werden so angeordnet, daß die Arbeiter die Anlagen nicht durch die Tore der Güterhalle verlassen müssen. Nebenräume für Akten, Drucksachen, Altpapier und Geräte, für Botendienst, Scheuerfrauen usw. sind neben den eigentlichen Haupträumen an passender Stelle des Abfertigungsgebäudes einzufügen. Über Aborte für Beamte, Güterbodenarbeiter und Verfrachter wird ebenfalls auf die Ausführungen bei den Güterhallen verwiesen. Die Arbeit auf den Güterböden läßt es erwünscht erscheinen, Bäder für die Güterbodenarbeiter einzurichten. Bei kleinen und mittleren Anlagen können sie mit in den Waschräumen untergebracht werden. Bei großen Anlagen liegen sie zweckmäßig, zu einem Bade- und Duschraum, zusammengefaßt im Keller.

c) Bauliche Einzelheiten und innere Ausstattung (Abb. 175 bis 178).

Alle dem Verkehr mit den Kunden dienenden Räume sollen nicht nur in ihrer Grundrißanordnung, sondern auch in ihrer baulichen Durchbildung und Ausstattung aus Gründen einer werbenden Wirkung gediegen, geschmackvoll und zweckentsprechend sein. Aber auch für die Räume des inneren Dienstbetriebes ist dies angebracht, soweit dadurch die Leistungsfähigkeit, Arbeitsfreude und Gesundheit der Bediensteten gefördert werden können.

Alle Räume erhalten zweckmäßig angeordnete, gut durchgebildete und ausreichend große Fenster in den Seitenwänden. Beleuchtung durch Oberlicht empfiehlt sich bei der Eisenbahn wegen der Gefahr der Verschmutzung durch Ruß und Staub im allgemeinen nicht. Die Wände und Decken werden hell gestrichen. Für reichliche künstliche Beleuchtung ist zu sorgen. In den Einzelbüros sind außer Deckenbeleuchtung Steckkontakte für Tischleuchten vorzusehen. Im Schalterraum und den Abfertigungsbüros mit zahlreichen Arbeitsplätzen empfiehlt sich eine Allgemeinbeleuchtung (am besten mit Leuchtstoffröhren), die so bemessen ist, daß sich Einzelleuchten erübrigen, weil diese auf den Arbeitsplätzen Raum einnehmen und oft stören. Pendelleuchten sind zu vermeiden, weil sie ein unschönes Bild ergeben und schon bei geringen Platzänderungen falsch hängen.

Da, wo allzu grelles Sonnenlicht stören würde, sind helle einfache Sonnenschutzvorhänge anzubringen, gegebenenfalls auch da, wo bei eintretender Dunkelheit

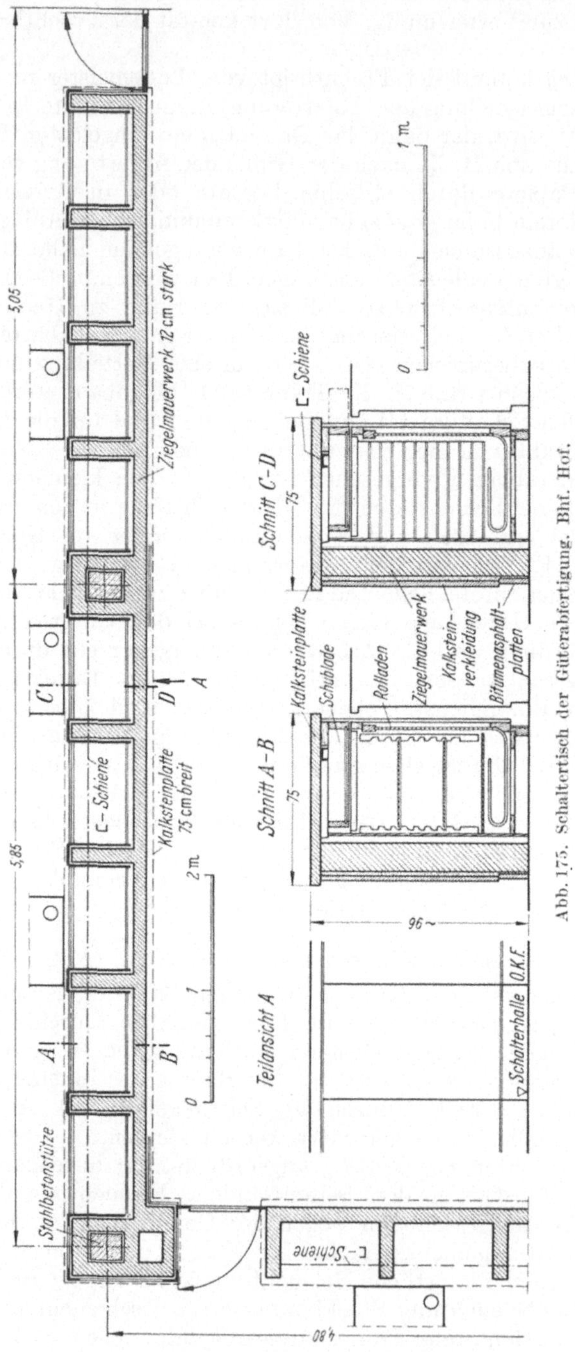

Abb. 175. Schaltertisch der Güterabfertigung. Bhf. Hof.

der Einblick von außen in die beleuchteten Büros unerwünscht ist. Bei Abort-,
Wasch- und Baderäumen sind nötigenfalls die Fenster mit Mattglas zu verglasen,
um den Einblick zu verhindern.

Abb. 176. Hof, Schalterhalle.

Abb. 177. Celle, Schalterhalle.

Abb. 178. Flensburg, Schalterhalle.

Für den Fußboden sind in den Diensträumen und Fluren fußwarme, wenig Schmutz aufnehmende und leicht zu reinigende Beläge zu verwenden. Außer Stabfußboden kommen holzsparende Austauschstoffe, wie Linoleum, Steinholz und Spachtelböden auf Estrichunterlage mit Wärmedämmschicht in Betracht. In Aufenthaltsräumen für Arbeiter haben sich auch die dauerhaften und fußwarmen Asphaltplatten bewährt. Für die Schalterhalle und Eingangsflure ist ein besonders widerstandsfähiger und mit Wasser leicht zu reinigender Belag aus Fliesen oder geeigneten Steinplatten angebracht. Auch in Abort-, Wasch-, Umkleide- und Baderäumen sind die gleichen Anforderungen zu stellen. Hier sind Fußbodenfliesen oder Terrazzobelag und an den Wänden helle glasierte Wandfliesen zu verwenden. Die Abort-, Wasch- und Umkleideräume sind hygienischen Forderungen entsprechend auszustatten. Die Pißstände sind mit säurefesten Fliesen zu hinterkleiden und mit ausreichender Spülung zu versehen. Als Abortbecken sind, insbesondere in den Arbeiteraborten, solche mit eingelassenen Kunststoff- oder Holzbacken ohne Deckel und mit Druckknopfspülung zu empfehlen. In Abortvorräumen ist ein Waschbecken und ein Ausguß vorzusehen.

Der Schalterraum ist mit allen Einrichtungen für die Bequemlichkeit der Kunden auszustatten. Eine Uhr, ein Schreibpult, Bänke, verglaste Tafeln für Bekanntmachungen und Werbeplakate sind vorzusehen. Schalterinschriften und Hinweistafeln sind nötig, um dem Kunden den Weg zu weisen, damit er seine Geschäfte schnell erledigen kann. Mindestens in allen mittleren und größeren Güterabfertigungen sind Münzfernsprecher in schalldichten Zellen erforderlich.

Es empfiehlt sich ferner, bei großen Anlagen möglichst neben dem Eingang zur Schalterhalle große Schaufenster für Werbezwecke einzubauen, um hierin Werbedrucksachen, Fahr- und Beförderungspläne, Bilder vom Ladebetrieb, Modelle von Ladegeräten, Collicokisten, Güterwagen und Großbehältern auszustellen.

Auf die Ausstattung der Diensträume mit zweckmäßigen, gut gestalteten Büromöbeln und bequemen Stühlen ist Wert zu legen. Auch die Aufenthaltsräume für Güterbodenarbeiter sind so auszugestalten, daß sie den Arbeitern in der Ruhepause einen angenehmen Aufenthalt bieten. Fest eingebaute Bänke mit Tischen davor sind zweckmäßig, da sie zugleich die Wände schützen. An geeigneter Stelle oder in einem Sonderraum sind Vorrichtungen zum Anwärmen von Speisen anzubringen.

III. Bauten für den Maschinendienst.

A. Allgemeines.

Im Maschinendienst der Eisenbahnen werden zwei große Arbeitsgebiete unterschieden. Das *erste* ist der *Betriebsmaschinendienst*, der in den Bahnbetriebswerken die im Betrieb befindlichen Fahrzeuge zu pflegen und zu unterhalten und, soweit es sich um Triebfahrzeuge handelt, mit Betriebsstoffen zu versorgen und mit Personal zu besetzen hat. Zu den Aufgaben des Betriebsmaschinendienstes gehören auch die Betreuung und Unterhaltung der beim Eisenbahnbetrieb benötigten Maschinen und maschinenartigen Anlagen. Dem *Werkstättendienst*, dem *zweiten* großen Arbeitsgebiet des Eisenbahnmaschinendienstes, obliegen die Untersuchungen und größeren Instandsetzungen der zu diesem Zweck vorübergehend aus dem Betrieb gezogenen Fahrzeuge. Für beide Zwecke sind zahlreiche, besonders charakteristische Hochbauten erforderlich. Abgesehen von den für beide Dienstzweige nötigen Verwaltungs- und Wohlfahrtsgebäuden haben sie einen ausgeprägt technischen Charakter. Sie werden deshalb als Ingenieurhochbauten bezeichnet. Es beruht dies z. T. darauf, daß sie Eisenbahnfahrzeuge aufnehmen müssen und infolgedessen noch enger als andere Eisenbahnhochbauten an die Bedingungen des Gleisbaus gebunden sind. Ferner ergeben sich für Lokomotivhallen und Werkstätten aus den Arbeitsbedingungen besondere Formen und oft so große Abmessungen, daß sie nur mit den Mitteln des ingenieurmäßigen Stahl-, Stahlbeton- oder Holzbaus gelöst werden können. Bei der Entwurfbearbeitung dieser Bauten ist es deshalb selbstverständlich und unbedingt notwendig, daß der Architekt sich rechtzeitig mit dem Maschineningenieur als dem Nutznießer und mit dem Bauingenieur bzw. mit dem Statiker hinsichtlich der konstruktiven Durchbildung berät. Vernünftige Gestaltungsgrundsätze bezüglich der Grundriß-bildung, der Zusammenfügung der Baukörper, der Belichtung und der Einzel-durchbildung sollten auch hier gelten. Manche Bauten der Industrie können hierin als Vorbild dienen. Der richtige Weg der Bearbeitung dürfte sein, daß zunächst der Maschineningenieur ein Bauprogramm mit dem Raumbedarf und den betrieblichen Erfordernissen, insbesondere des Arbeitsflusses aufstellt, hiernach der Architekt einen Vorentwurf fertigt und diesen dann mit dem Statiker zur konstruktiven Durchbildung berät und gegebenenfalls abändert. Nach Prüfung des Ergebnisses durch den Maschineningenieur werden die endgültigen Bau- und Konstruktionszeichnungen vom Architekten und Statiker in gegen-seitigem Benehmen aufgestellt.

B. Betriebsmaschinendienst.

1. Lokomotivhallen.

Vorbemerkung: Lokomotivhallen sind sowohl für Dampf- als auch für elektrische Lokomotiven erforderlich. Sie werden hierunter gemeinsam behandelt, wobei die jeweiligen Besonderheiten vermerkt werden.

a) Allgemeines über Lokomotivbetriebswerke.

Die Lokomotivbetriebswerke dienen dazu, die aus dem Dienst kommenden Lokomotiven so herzurichten, daß sie die nächste Fahrt in betriebssicherem und -tüchtigem Zustand antreten können. Ein Teil dieser Aufgaben wird im Freien vorgenommen. Ein Teil aber, insbesondere Instandsetzungsarbeiten, wird, geschützt gegen Witterungsunbilden, in Lokomotivhallen erledigt. Die Lokomotivhallen beherbergen auch die vom Betrieb nicht benötigten warmen und z. T. auch kalt abgestellten Lokomotiven. Neben den Lokomotivbehandlungsanlagen im Freien sind also verschiedene charakteristische Hochbauten erforderlich.

Es kommen jeweils in Betracht: Werkstatt- und Verwaltungsgebäude, Gebäude für Anlagen zur Erzeugung von Druckluft und Azetylen, ggf. besonderes Gebäude für Betriebsgruppenleiter und Lokleitung, Unterkunft- und Übernachtungs-gebäude, Stofflager, Kesselhaus, Nebengebäude für Umspann- und Schaltanlage, für das Laden der Batterien und die Pflege der Elektrokarren.

b) Zweck der Lokomotivhallen.

Die Lokhallen sind ein wichtiger Teil der Lokomotivbetriebswerke. In ihnen werden die Lokomotiven zum Schutz gegen Witterungseinflüsse untergestellt, gereinigt, gepflegt und für den nächsten Dienst vorbereitet. Bei den Dampf-lokomotiven werden auch die Heiz- und Rauchrohre der Kessel ausgeblasen.

Die Vorbereitung zum Dienst umfaßt Füllen und Anheizen der Kessel, Unter-haltung des Ruhefeuers, Abölen und Untersuchen der gesamten Lokomotive auf Betriebssicherheit.

Die Versorgung der Dampflokomotiven mit Kohle und Wasser, das Entfernen der Feuerungsrückstände aus Feuerbüchsen, Aschkästen und Rauchkammern geschieht nicht in den Lokomotivhallen, sondern auf Bekohlungs- und Ausschlackständen im Freien.

Dagegen gehören zu den Arbeiten an den Lokomotiven in den Hallen die Beseitigung kleinerer Mängel während der Dienstpausen, das Auswaschen der Kessel, Untersuchung einzelner Einrichtungen, wie Kolben und Schieber, Vorwärmer usw. nach bestimmten Laufleistungen und schließlich auch umfangreichere Instandsetzungsarbeiten. Hierfür werden neben den Betriebsständen besondere Austausch-, Achswechsel- und Ausbesserungsstände vorgehalten.

c) Grundform.

Nach der Grundform unterscheidet man Rechteckhallen und Ringhallen. Kreishallen werden wegen ihrer Nachteile nicht mehr gebaut. Sie bestehen u. a. darin, daß diese Form einerseits gleich für eine große Zahl von Ständen gebaut werden muß, was zumeist unwirtschaftlich ist, und andererseits hinsichtlich der Standzahl gar nicht und hinsichtlich der Standlänge schlecht erweitert werden kann.

Die Wahl der Grundform und ihre Durchbildung ist z. T. von der Gesamtanlage des Lokomotivbetriebswerks abhängig. Lokomotivbetriebswerke können in Kopfform oder Durchgangsform gebaut werden. Von Einfluß hierauf sind die Lage im Bahnhof und die Verbindung mit den sonstigen Bahnhofsanlagen.

Die *Kopfform* wird angewendet, wenn das Betriebswerk nur einseitig angeschlossen werden kann und seine Gleise in ihm stumpf enden.

Bei der *Durchgangsform* wird das Betriebswerk zweiseitig angeschlossen. Diese Form ist vorzuziehen, weil dadurch die Betriebsführung flüssiger wird.

Rechteckhallen werden mit und ohne Schiebebühne ausgeführt. *Rechteckhallen ohne Schiebebühnen* eignen sich nur für kleine Anlagen. Hierbei sind der umbaute Raum und damit die Baukosten geringer als bei allen übrigen Anlagen. Da aber auf jedem Gleis bei Kopfform zur Erzielung eines flüssigen Betriebs nur zwei, bei Durchgangsform allenfalls drei Lokomotiven stehen können, erfordert eine große Standzahl viel Platz für die Gleisentwicklung, wodurch die Wirtschaftlichkeit der Erweiterungsfähigkeit begrenzt ist.

Für *Rechteckhallen mit Schiebebühne* gibt es drei Grundformen:

a) die Rechteckhalle mit einer Schiebebühne,
b) die Rechteckhalle mit mehreren Schiebebühnen in Teleskopform und
c) die Rechteckhalle mit mehreren Schiebebühnen in gleichbleibender Breite.

Die Schiebebühnen liegen in der Regel innerhalb der Halle. Die Schiebebühnenfelder werden über die Halle hinaus verlängert. In ihre Vorbauten werden die Ein- und Ausfahrgleise eingeführt.

Bei Rechteckhallen mit Schiebebühnen bewegen sich die Lokomotiven auf jeder Hallenseite in entgegengesetzter Fahrtrichtung. In Betriebswerken in Kopfform fahren die Lokomotiven auf der einen Seite der Schiebebühne in die Halle ein, während die ausfahrenden sie auf der entgegengesetzten Seite verlassen. Bei der Durchgangsform hat jeder Schiebebühnenvorbau je ein Gleis für einfahrende und ausfahrende Lokomotiven. Bei Lokomotivhallen mit mehreren Schiebebühnen sind die Zu- und Abfahrgleise so anzuordnen, daß der Lokomotivumlauf jedes von einer Schiebebühne bedienten Hallenteils unabhängig vom Betrieb in anderen Hallenteilen bleibt.

Bei Form a) werden auf jeder Seite der Schiebebühne mehrere Stände in der benötigten Gesamtzahl angeordnet. Für große Anlagen ist diese Form nicht geeignet, weil sie eine große Breite, damit lange Schiebebühnenwege sowie hohe Verlustzeiten für Ein- und Ausfahrt der Lokomotiven zur Folge hat. Auch erfordert sie viel Platz für die Gleisentwicklung.

Bei großen Anlagen werden deshalb Rechteckhallen mit mehreren Schiebebühnen angeordnet, die sich gut der langgestreckten Bauform neuzeitlicher

Behandlungsanlagen anpassen und bei ausreichendem Bauplatz sehr erweiterungsfähig sind. Der Ausfall einer Schiebebühne legt die aufgestellten Lokomotiven
entweder gar nicht oder nur vorübergehend fest, weil der größte Teil der Lokomotiven über die zweite Schiebebühne befördert oder aus den Toren an den
Stirnwänden herausgebracht werden kann. Wo solche Tore nicht vorhanden
sind, müssen Gleise behelfsmäßig über die Schiebebühnengrube gelegt werden.

Der Betrieb in den Hallen ist gut
zu übersehen. Die Anlagekosten sind
dadurch hoch, daß die Schiebebühnen überbaut werden und ein oder
zwei Drehscheiben außerdem vorhanden sein müssen. Dafür sind
aber weniger Tore und Umfassungswände als bei Ringhallen gleicher
Standzahl erforderlich, weil auf den
Standgleisen im allgemeinen mehr
als eine Lokomotive steht. Da die
Lokomotiven bei Ein- und Ausfahrt
lange Wege unter Dampf zurück-
legen müssen, sind die Hallen gut zu
entlüften, um dem Verqualmen ab-
zuhelfen (Abb. 179 und 180).

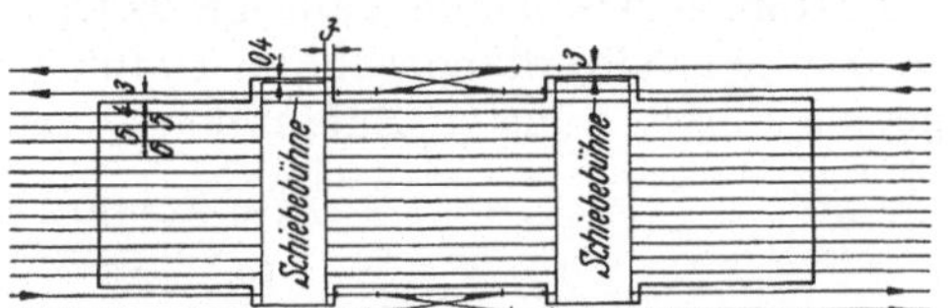

Abb. 179. Rechteckhalle mit gleichbleibender Breite.

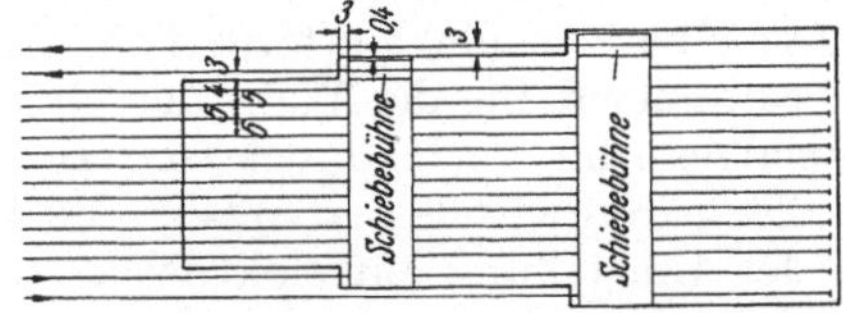

Abb. 180. Rechteckhalle in Teleskopform.

Die Teleskopform eignet sich besonders für Betriebswerke in Kopfform.
Die Rechteckhalle mit gleichbleibender Breite ist in Betriebswerken der Durchgangsform günstiger, weil Ein- und Ausfahrt in beiden Richtungen möglich ist,
wenn zwischen den Schiebebühnenvorbauten eine doppelte Gleisverbindung eingebaut wird. Wegen der hierfür erforderlichen Länge ist dies allerdings nur bei
Hallen möglich, in denen im Feld zwischen den Schiebebühnen mehr als zwei
Lokomotiven großer Länge aufgestellt werden.

Die *Ringhalle* (Abb. 181) ist aus dem Bestreben
entstanden, die einzelnen Stände über die zum Wenden
der Dampflokomotiven ohnehin erforderliche Drehscheibe ohne Benutzung von Schiebebühnen oder Wei-
chenstraßen zugängig zu machen. Sie überdeckt die
strahlenförmig um eine Drehscheibe angeordneten Lo-
komotivstände. Die Ringhalle hat gegenüber allen anderen Formen den Vorteil, daß sie entsprechend der Zunahme des Betriebes leicht vergrößert werden kann und
deshalb zu Anfang nur für die unbedingt erforderliche
Zahl von Lokomotiven angelegt zu werden braucht.
Aus betrieblichen Gründen werden nicht mehr als

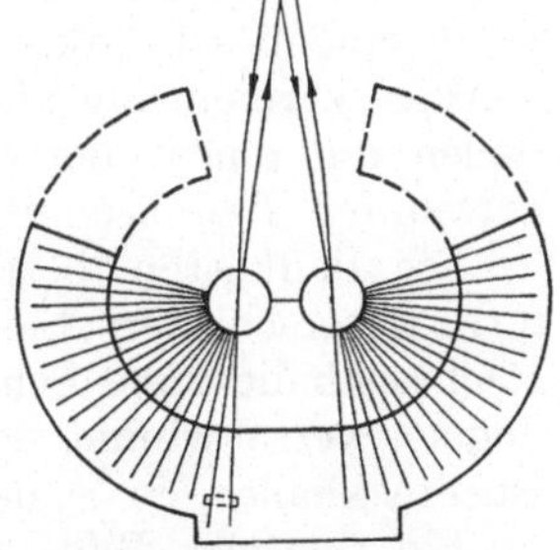

Abb. 181. Ringhallen mit da-
zwischenliegender Werkstatt.

30 Stände an eine Drehscheibe angeschlossen, weil ihre Bedienung bei größerer
Zahl schwierig wird. Deshalb werden bei größerem Bedarf an Ständen mehrere
halbkreisförmige Hallen nebeneinandergestellt. Für Betriebswerke in Kopfform
können zwei Ringhallen mit je einer besonderen Drehscheibe gegenübergestellt
werden. Die Ringhalle hat ferner den Vorteil, daß die Lokomotiven rascher ein-
und ausfahren als über eine Schiebebühne. Nachteilig ist jedoch, daß bei Ausfall
der Drehscheibe alle untergebrachten Lokomotiven abgeschnitten sind. Die
Übersicht ist, insbesondere bei mehreren Hallen, schlecht. Die vielen Tore ver-
teuern die Unterhaltung und verursachen Wärmeverluste. Die Ringhalle beansprucht infolge der auseinanderlaufenden Strahlengleise eine große Geländefläche. Die Kosten je Lokomotivstand sind nur bei Hallen mit kurzen Ständen
geringer als bei Rechteckhallen mit Schiebebühnen. Dagegen ist bei Ringhallen
nur eine Drehscheibe, bei größeren Rechteckschuppen Drehscheibe und Schiebe-

bühne nötig. In den Ringhallen werden die Maschinen entweder einzeln oder zu zweien hintereinander aufgestellt. Je kleiner dabei der Winkel ist, den die einzelnen Gleise miteinander bilden, desto weniger nicht ausnutzbarer Raum verbleibt nach Aufstellung der Maschinen, desto mehr Lokomotiven können also in einer Halbkreishalle aufgestellt werden. Um so größer wird aber der Halbmesser der Halle und der Abstand vom Mittelpunkt der Drehscheibe. Die große Länge der Strahlengleise bedingt eine große Geländefläche, wodurch die Anlage verteuert wird. Die größte Ständezahl im Halbkreis beträgt unter der Voraussetzung eines gerade durchgeführten Zufahrgleises bei einer Herzstückneigung

$$\frac{1:7}{19} \quad \frac{1:8}{23} \quad \frac{1:9}{26} \quad \frac{1:10}{29} \; .$$

Für elektrische Lokomotiven werden bei Neuanlagen meist nur Rechteckhallen gebaut, weil diese Lokomotiven in der Regel nicht gedreht werden, eine Drehscheibe also nicht erforderlich ist.

Bestimmend für die Wahl der Grundrißform der Hallen sind die Form des Bauplatzes, die Verbindungswege zu den Behandlungsanlagen, die vorläufige und die spätere Größe der Anlage, die Bau- und Betriebskosten und die Möglichkeit der Umstellung auf elektrischen Betrieb.

Schmale und langgestreckte Plätze zwischen parallelen Gleisen sind am besten für Rechteckhallen geeignet. Unregelmäßig geformte Plätze lassen sich häufig noch gut für Ringhallen ausnutzen, zumal diese in beliebiger Richtung angeschlossen werden können. Die Form des Bauplatzes und der Verbindungswege zu den übrigen Bahnhofsanlagen bestimmen auch die Lage der Behandlungsanlagen. Häufig ist dadurch bereits die Grundrißform der Hallen zwangsläufig gegeben.

Genügen zunächst wenige Stände, ist jedoch eine spätere, nicht sehr umfangreiche Erweiterung in verschiedenen Abschnitten zu erwarten, so ist eine Ringhalle zweckmäßig. Eine Rechteckhalle ohne Schiebebühne ist am Platze, wenn eine beschränkte Zahl von Lokomotiven unterzubringen und mit einer starken Vermehrung nicht zu rechnen ist. Für größere Anlagen sind Rechteckhallen mit einer oder mehreren Schiebebühnen vorzuziehen, weil sie auch in getrennten Bauabschnitten ausgeführt werden können.

Die Baukosten, bezogen auf einen Stand, sind für die einzelnen Grundrißformen verschieden. Sie wachsen bei kleinen Anlagen in folgender Reihenfolge: Rechteckhalle ohne Schiebebühne, Ringhalle, Rechteckhalle mit Schiebebühne. Jedoch verschwindet der Unterschied in den Kosten zwischen Ringhalle und Rechteckhalle mit Schiebebühne bei zunehmender Standlänge.

Ein richtiges Bild über die Wirtschaftlichkeit der verschiedenen Grundrißformen läßt sich nur gewinnen, wenn man bei der Kostenvergleichsrechnung außer den Kosten für die Hochbauten auch die für Grunderwerb und Erdbewegungen, ferner die Anlagekosten für den Oberbau, Drehscheiben, Schiebebühnen, Rauchabführung und alle übrigen Nebenanlagen in Betracht zieht.

Die Betriebskosten und die Kosten für Unterhaltung der baulichen Anlagen, für Reinigung, Lüftung, Beleuchtung, Wasserversorgung und Entwässerung werden von der Grundrißform der Halle stark beeinflußt. So hängen beispielsweise die Kosten für Betrieb und Unterhaltung der Hallenheizung von der Zahl der Halleneinfahrten ab.

d) Zahl, Anordnung und Abmessungen der Stände.

Maßgebend für die Zahl der überdachten Stände ist die Zahl der Lokomotiven, die dort behandelt und unterhalten werden sollen. Als Grundlagen für die Bemessung kommen in Betracht:

a) Der engere Lokomotiveinsatzbestand, das ist die Zahl der dem Betriebswerk zugeteilten Lokomotiven, vermindert um die Zahl der Lokomotiven im Ausbesserungswerk, in der Folge bezeichnet mit L,

b) die Zahl der im Betrieb einzusetzenden Lokomotiven, in der Folge bezeichnet mit Lb. Sie setzt sich zusammen aus den für den planmäßigen Zug- und Rangierdienst erforderlichen Lokomotiven $L1$ und $L2$ und einem Zuschlag von je 10 vH für Nebenleistungen und Spitzenverkehr, beträgt also $Lb = 1{,}2$ $(L1 + L2)$,

c) die Zahl der zur Ausbesserung, zum Auswaschen oder für Fristarbeiten im Betriebswerk abzustellenden Lokomotiven,

d) die Zahl der das Betriebswerk berührenden Wendelokomotiven.

Bei Umbau und Erweiterung bestehender Anlagen sind die Zahlen bereits bekannt. Beim Neubau von Betriebswerken sind sie vom Maschinendienst für die im Zug- und Rangierdienst erforderlichen Lokomotiven einschließlich der Zuschläge für Nebenleistungen und für Spitzenverkehr besonders zu ermitteln. In Hallen für *Dampflokomotiven* unterscheidet man

a) Betriebsstände,
b) Ausbesserungsstände,
c) Auswaschstände,
d) Achssenkstände.

a) Die Zahl der Betriebsstände kann angenommen werden für eigene Lokomotiven bei Güterzugdienst zu 30 vH von Lb, bei Reisezugdienst zu 40 vH von Lb. Für Wendelokomotiven kommen hinzu 15 vH der innerhalb 24 Stunden das Betriebswerk berührenden Wendelokomotiven. Diese Zahl wird jedoch durch die Betriebsverhältnisse und Fahrzeiten beeinflußt und ist entsprechend zu ermäßigen oder zu erhöhen.

b) Auf den Ausbesserungsständen stehen die Lokomotiven zu länger dauernden Instandsetzungs- und Fristarbeiten. Ihre Zahl ist nach dem engeren Lokomotiveinsatzbestand zu bemessen. Sie beträgt bei

L bis   45 Lokomotiven 2 Stände,
L bis   75 Lokomotiven 3 Stände,
L über 75 Lokomotiven 4 Stände.

c) Der Anteil der Auswaschlokomotiven (a_w) richtet sich nach den Auswaschfristen, die den Speisewasserverhältnissen entsprechend festgesetzt werden. Er beträgt bei 10 tägiger Auswaschfrist 10 vH, bei 15 tägiger 6,7 vH und bei 20 tägiger 5 vH von L. Der Bedarf an Auswaschständen kann angenommen werden zu $1{,}5\,\dfrac{a_w L}{100}$.

d) Für den Ausbau von einzelnen Achsen sollen mindestens vorhanden sein bei kleinen Betriebswerken

1 Achssenke mit 2 Achssenkständen und 1 Aushebestand,

bei mittleren Betriebswerken

1 Achssenke mit 3 Achssenkständen und 1 Aushebestand,

bei großen Betriebswerken

2 Achssenken mit je 2 Achssenkständen und je 1 Aushebestand.

In Hallen für *elektrische Lokomotiven* unterscheidet man
a) Betriebsstände,
b) Ausbesserungsstände,
c) Achssenkstände.

a) Die Zahl der Betriebsstände kann angenommen werden für die eigenen Lokomotiven zu 20 bis 25 vH von *Lb*, für die Wendelokomotiven zu 10 vH der innerhalb 24 Stunden das Betriebswerk berührenden Wendelokomotiven. Diese Zahlen sind Mittelwerte, die sich nach den Betriebsverhältnissen ermäßigen oder erhöhen.

b) Auf den Ausbesserungsständen werden die regelmäßigen Untersuchungen, Fristarbeiten, die länger dauernden Instandsetzungsarbeiten und alle Arbeiten auf dem Dach der Lokomotive ausgeführt. Diese Stände sind nicht mit Fahrleitung überspannt. Die Zahl der Ausbesserungsstände ist auf $^1/_{10}$ L zu bemessen.

c) Für den Ausbau von einzelnen Achsen sollen mindestens vorhanden sein: bei mittleren Betriebswerken 1 Achssenke mit 2 Ständen und 1 Aushebestand, bei großen Betriebswerken 1 Achssenke mit 3 Ständen und 1 Aushebestand.

Die Ausbesserungs-, Auswasch- und Achssenkstände liegen bei kleinen und mittleren Lokomotivhallen geschlossen in einem Teil der Halle, der mit der Werkstatt in unmittelbarer Verbindung steht. In großen Betriebswerken werden die Achswechsel- und Ausbesserungsstände möglichst in einer besonderen Halle oder in einem völlig abgeschlossenen Hallenteil untergebracht. Diese Halle oder dieser Hallenteil wird mit einem Laufkran von 1,5 t Tragfähigkeit ausgestattet; die Werkstätten, wie Dreherei, Schmiede usw., werden ihm angegliedert. Die Achswechsel- und Ausbesserungsstände sollen von der Lokomotive ohne Benutzung einer Drehscheibe oder einer Schiebebühne durch Toreinfahrten erreicht werden können.

In *Ringhallen* sind die Lokomotiven der Regelbauart mit der Rauchkammer nach der Fensterwand hin aufzustellen, da sich bei dieser Stellung die besten Licht- und Platzverhältnisse für die Arbeiten an den Lokomotiven ergeben, die am meisten gepflegt und ausgebessert werden müssen (Triebwerk und Zylinder) sowie für das Ausblasen der Rohre.

Wenn bei *Rechteckhallen* in der Einfahrt keine Drehscheibe vorhanden ist, so ist bei der Bemessung der Standlängen darauf zu achten, daß die Rohre in jeder Stellung ausgeblasen werden können. Auch ist jeder Stand mit zwei Rauchabzügen auszurüsten. Führt der Einfahrweg über eine Drehscheibe, so sind alle Lokomotiven einer Standreihe in derselben Richtung, und zwar mit der Rauchkammer nach der Hallenseite mit den besten Lichtverhältnissen aufzustellen. In allen Feldern mit zwei Ständen stehen dann die Lokomotiven mit den Tendern gegeneinander, also mit dem Schornstein nach der Tor- oder Fensterwand oder nach der Schiebebühne. Bei Einfachständen wird meist die Stellung mit der Rauchkammer nach der Fensterwand die besten Lichtverhältnisse geben, während die Stellung nach der Schiebebühne der nach der Torwand vorzuziehen ist.

Standlänge. Die Standlänge wird bedingt durch die Grundlängen der Lokomotiven und durch die notwendigen Abstände der Lokomotiven voneinander und von den Tor- und Fensterwänden oder der Schiebebühne. Um die Stände für verschiedene Lokomotivgattungen benutzen zu können, sind die folgenden Lokomotivlängen L einzusetzen:

Dampflokomotiven	elektrische Lokomotiven
$L\,1 = 14$ m	$L\,1 = 14$ m
$L\,2 = 17$ m	$L\,2 = 17$ m
$L\,3 = 24$ m	$L\,3 = 19$ m
$L\,4 = 28$ m	

Der Abstand (t) von der Tenderseite der Dampflokomotive und von beiden Seiten der elektrischen Lokomotive bis Tor oder Wand wird lediglich durch den Querverkehr bedingt, da an diesen Seiten für Arbeiten an den Lokomotiven kein großer Raum nötig ist. Der Abstand ist mit 3 m anzunehmen. An der Rauchkammerseite muß Platz vorhanden sein, damit Rohre bequem ausgeblasen und ausgewechselt und die nötigen Arbeitsbühnen oder Böcke aufgestellt werden können, ohne daß der Querverkehr behindert wird. Der Abstand (r) bis zum Tor, zur Wand oder zur nächsten Lokomotive auf demselben Standgleis muß deshalb bei $L1$ u. 2 4 m und bei $L3$ u. 4 5 m betragen. Der Abstand (s) der Puffer von der Schiebebühnengrube wird durch den Querverkehr bestimmt. Es genügt also ein Abstand von 3 m. Auch bei der Stellung der Rauchkammerseite nach der Schiebebühne genügt dies im allgemeinen, weil das kurzzeitige Hineinragen von Arbeitsgeräten in das Schiebebühnenfeld bei Arbeiten am Kessel zulässig ist. Doch empfiehlt es sich, den Abstand (s) bei Lokomotiven der Länge $L3$ u. $L4$ auf 4 m zu vergrößern. Der Abstand zwischen zwei Lokomotiven auf demselben Stand (z) muß den Querverkehr und den bequemen Zugang zur Arbeitsgrube gestatten. Hierfür genügt 1 m, wenn die Lokomotiven nicht mit der Rauchkammer gegeneinanderstehen, so daß also für Arbeiten am Kessel ein Abstand (r) von 4 oder 5 m nötig ist. Die Grubenlänge soll 1,5 bis 2 m länger sein als die Lokomotive, um bequem in die Grube steigen zu können.

Hieraus ergeben sich folgende Standlängen (St in m) für einen einfachen Endstand in Ring- oder Rechteckschuppen:

Grund-länge	t bzw. s	L	r	St
	Bei *Dampflokomotiven*			
$L\,1$	3	14	4	21
$L\,2$	3	17	4	24
$L\,3$	3 (4)	24	5	32 (33)
$L\,4$	3 (4)	28	5	36 (37)
	bei *elektrischen Lokomotiven*			
$L\,1$	3	14	3	20
$L\,2$	3	17	3	23
$L\,3$	3	19	3	25

Die Standlängen der Stände für mehrere Lokomotiven werden aus den vorstehend angegebenen Einzelmaßen für die betreffenden Lokomotivgattungen ermittelt.

Um an umbautem Raum und damit an Baukosten zu sparen, empfiehlt es sich, die Stände größerer Hallen in Gruppen verschiedener Länge zusammenzufassen. So kann es in Frage kommen, in Rechteckhallen mit mehreren Schiebebühnen nur eine 26 m breite Schiebebühne und nur an einer Seite derselben die größte Standlänge vorzusehen. Damit bei Ausfall dieser Schiebebühne nicht sämtliche Stände dieser Länge gesperrt sind, kann diese Lösung allerdings nur dann in Frage kommen, wenn genügend Tore zur unmittelbaren Ausfahrt vorhanden sind.

Auch in Ringhallen können Stände verschiedener Länge vorgesehen werden, wenn verschieden lange Lokomotivgattungen unterzubringen sind. In diesem Falle ist es zweckmäßig, die längeren Stände an den Flügel zu bauen, in dem sich die Achssenke befindet, weil diese auch eine größere Länge benötigt.

Die Stände für Achs- oder Drehgestellsenken müssen so lang sein, daß Achsen oder Drehgestelle gesenkt werden können, ohne die Tore öffnen zu müssen. Können die Lokomotiven, falls erforderlich, vor dem Befahren des Achssenkgleises gedreht werden und sollen alle zu einer Grundlänge gehörenden Lokomotiven mit beliebiger Achsanordnung behandelt werden, so beträgt die Gesamtlänge des Achssenkstandes $Sta = R + \frac{1}{2}R + 2\ddot{u} + 6$. Hierbei bedeuten R den Gesamtachsstand, $\ddot{u}$ den Überhang. Das ist der Abstand vom Puffer bis zur nächsten Achse. Für den Überhang $\ddot{u}$ wird mit einem Durchschnittsmaß von 2 m gerechnet. Der Zuschlag von 6 m entspricht einem Abstand von je 3 m von der

Pufferkante bis Torwand oder Schiebebühnengrube. Das Maß von Mitte Achssenke bis Tor oder Schiebebühnengrube beträgt $A = R + \ddot{u} + 3$.

Hieraus ergeben sich folgende Werte:

Grundlänge	Gesamt-achsstand	Grubenlänge	Achssenk-standlänge	Entfernung Mitte Achssenke bis Torwand oder Schiebebühnengrube
	R	G	Sta	A
$L\,1 = 14$	10	21	25	15
$L\,2 = 17$	13	25,5	29,5	18
$L\,3 = 24$	20	36	40	25
$L\,4 = 28$	24	42	46	29

Liegen außergewöhnliche Verhältnisse vor, so sind die Längen der Achssenkstände zeichnerisch zu ermitteln; insbesondere kommt dies für elektrische Lokomotiven in Betracht. In den Rechteckhallen eignen sich die langen Doppel-

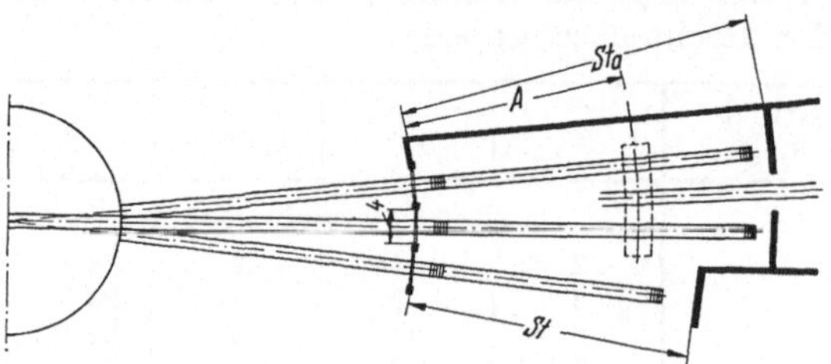

Abb. 182. Achssenke in einer Ringhalle.

stände besonders gut für Achssenkstände. Bei Ringhallen ist es zweckmäßig, die Achssenkstände in die angrenzende Werkstatt hineinzuführen. Wo es die Abstände zwischen den Achssenkständen zulassen, ist möglichst, in Verbindung mit einem Aushebestand, ein Achsengleis anzulegen, das in die Werkstatt führt.

Standbreite und Gleisabstände. Der Abstand zwischen der Hallenlängswand und der Mitte des nächsten Gleises soll 4 m betragen, der zwischen zwei Gleisen in Rechteckhallen 5 m, wenn Dachstützen dazwischenstehen 6 m. In Ringhallen ergibt sich die Standbreite durch den Mittenabstand der Torpfeiler und die Neigung der Strahlengleise. Bei einem Wandabstand von 4 m haben an der Wand Werkbänke, größere Geräte und kleinere Werkzeugmaschinen Platz. Bei Gleisabständen von 5 und 6 m können noch Elektrokarren dazwischen verkehren. In Ausbesserungshallen sollen die Abstände von der Wand mindestens 5 m und die Gleisabstände 6,5 m betragen. Zwischen den Ein- und Ausfahrgleisen der Schiebebühnen und den äußeren Wänden der Hallen ist der Abstand auf mindestens 3 m zu bemessen. Der Abstand der Stirnwände der Schiebebühnenvorbauten von den Ein- und Ausfahrgleisen richtet sich nach den Maßen der Schiebebühnen. Zwischen den äußeren Maßen der Bühne und den Stirnwänden der anderen festen Teile muß im Verkehrsbereich ein Sicherheitsabstand von mindestens 0,4 m verbleiben.

Die lichte Weite der Schiebebühnenfelder soll mindestens 6 m größer sein als die Breite der Schiebebühnengrube, d. h. der Abstand der Dachstützen von der Grubenkante muß mindestens 3 m betragen, ebenso zwischen der Kante der Schiebebühnengrube und den Torwänden in den Schiebebühnenvorbauten.

Die lichte Breite zwischen den geöffneten Torflügeln darf an keiner Stelle 4 m unterschreiten. Die lichte Torhöhe muß für Dampflokomotiven 4,8 m, für elektrische Lokomotiven 6 m betragen.

e) Bauweise.

Bei der Wahl der Baustoffe und der Baugestaltung für Dampflokomotivhallen ist besondere Rücksicht auf die Dämpfe und Rauchgase, vor allem die
sich bildende schweflige Säure zu nehmen, welche in diesen Hallen entstehen,
manche Baustoffe angreifen und zerstören, die Belichtung beeinträchtigen und
nachteilig und lästig für die Bediensteten sind. Die Hallen sind deshalb so zu
gestalten, daß Rauchgase sich nicht stauen und wirksame Rauchabführungs-
und Entlüftungsanlagen eingebaut werden können. In Hallen für elektrische
Lokomotiven entstehen zwar Dämpfe und Rauchgase nicht, doch ist in der Nähe
von regelmäßig benutzten Behandlungsanlagen für Dampflokomotiven gleichfalls bei der Wahl der Baustoffe die schädliche Einwirkung der Rauchgase zu
berücksichtigen.

Von besonderer Bedeutung für die Baugestaltung ist das Dach. Bei Rechteckhallen ergibt sich ohne weiteres eine klare einfache Dachform. Bei Ringhallen
wird die konstruktive Durchbildung dadurch erschwert, daß die einzelnen Stände
von der Torseite nach der Fensterwand breiter werden. Nur bei kleinen Rechteckschuppen ohne Schiebebühne, wo es zur Anpassung an örtliche Bauformen erwünscht sein kann, kommt ein flachgeneigtes Ziegeldach, unter Verwendung
hierfür besonders konstruierter Falzpfannen, mit einer Mindestneigung 1 : 3 in
Betracht. Meist wird jedoch infolge der großen Dachbreiten das doppellagige
Pappdach verwendet werden müssen, dessen Neigung, wenn es auf Holzschalung
verlegt wird, nicht flacher als 1 : 10 und, wenn es auf Leicht- oder Spannbetonplatten verlegt wird, nicht flacher als 1 : 12 sein soll. Betondächer sind an der
Unterseite durch Fluatieren oder Silikatisieren gegen Rauchgase zu schützen.
Pastenähnliche auf der Dachfläche warm oder kalt aufzutragende Dachdeckungs-
stoffe können verwendet werden, wenn sie sich bereits bewährt haben. Holzschalung hat den Vorteil, daß das Dach sehr leicht wird. Vor dem Einbau muß
das Holz gegen Zerstörung durch Feuer, Fäulnis und tierische oder pflanzliche
Schädlinge geschützt werden. Eine doppelte Verschalung unterhalb der Sparren
als Wärmeschutz empfiehlt sich in Lokomotivhallen nicht, weil Niederschlag-
oder Schwitzwasser in die Zwischenräume eindringen und Fäulnis hervorrufen
kann. Auch sind Undichtigkeiten in der Dachhaut nur schwer zu finden.

Weitgespannte, freitragende Dachbinder sind vorzuziehen. Zugunsten wirtschaftlicher Binderformen kann aber bei großen Hallenabmessungen auf Zwischenstützen nicht verzichtet werden. Bei Ringhallen wählt man Pult- oder Satteldächer, bei Rechteckhallen grundsätzlich Satteldächer. Sägedächer sind nicht
anzuwenden, da sie Schneesäcke bilden, schwierig dicht zu halten sind und viele
Stützen benötigen. Für Ringhallen geringerer Tiefe sind nach der Fensterwand
ansteigende Pultdächer zweckmäßig, weil die Fensterwand höher wird, so daß
mehr Licht einströmen kann. Bei großen Standlängen wählt man ein Satteldach mit dem First in der Mitte oder in dem der Fensterwand benachbarten
Drittelpunkt (Abb. 183 bis 187).

Um bei Rechteckhallen einen glatten Wasserablauf zu sichern, ist es am
besten, die Binder quer zu den Gleisen mit dem First in der Mitte anzuordnen.
Das Wasser wird beiderseits nach den Längswänden abgeleitet. Hierbei ergibt
sich allerdings bei breiten Hallen eine große Firsthöhe und eine große zusammen-
gefaßte Wassermenge. Bei zu breiten Hallen kann es deshalb in Frage kommen,
sie mit Bindern quer zu den Gleisen mehrschiffig auszuführen oder die Binder
parallel zu den Gleisen anzuordnen. Beide Lösungen haben den Nachteil, daß
infolge des mehrfachen Wechsels der Dachneigung Schneesäcke nicht zu vermeiden sind und das Regenwasser durch das Innere der Halle abgeführt werden muß.

In Ringhallen ist die Lage der Binder der Strahlenform der Gleise anzupassen.
Die Binderunterkante soll in Dampflokomotivhallen nicht niedriger als 5,10 m
über SO liegen.

In Hallen für elektrische Lokomotiven darf der Untergurt quer zu den Gleisen
liegender Binder nicht niedriger als 6 m über SO liegen. Die gleichen Maße
gelten für die Unterkante von Unterzügen. Hebezeuge brauchen hier und da eine
größere lichte Höhe, was gegebenenfalls durch eine besondere Bauform der
Binder berücksichtigt werden kann, ohne die Dachhöhe zu ändern. Bei Schiebe-
bühnenhallen ist die lichte Höhe so zu bemessen, daß für die Schleifleitung des
Schiebebühnenantriebs überall die vorgeschriebenen Sicherheitsabstände eingehalten werden. Muß der Rauchkanal einer Sammelabführung so angebracht
werden, daß er einen Fachwerkbinder durchdringt, so ist bei der Binderausbil-

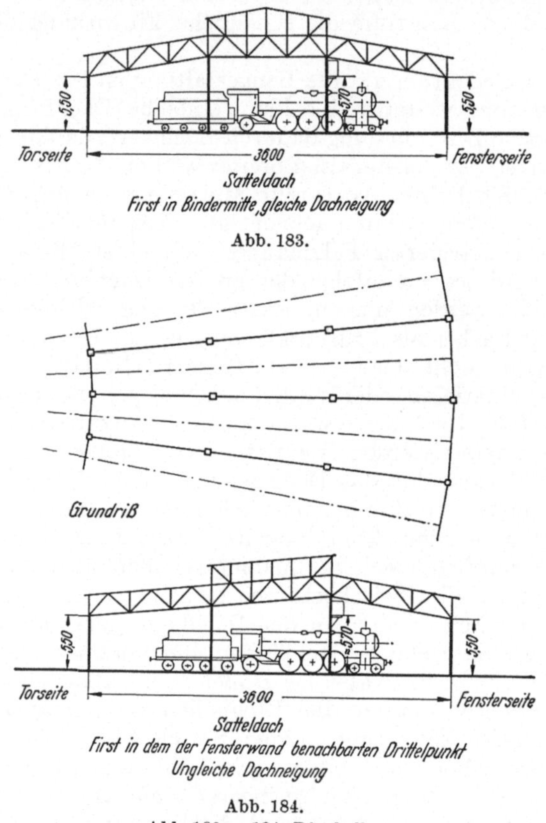

Abb. 183 u. 184. Ringhalle.

dung zu beachten, daß die Unterkante des Rauchkanals in Dampflokomotivhallen mindestens 5,70 m, wenn mit der späteren Einstellung von elektrischen
Lokomotiven zu rechnen ist, mindestens 6 m über SO liegt.

Dachstützen dürfen die Arbeiten in der Halle nicht behindern. Seitlich des
Tenders sind die Dachstützen weniger hinderlich. Neben dem Kessel dürfen sie
nur stehen, wenn der Gleisabstand dort mindestens 6 m beträgt. Ihre Breite
quer zu den Gleisen soll 0,35 m nicht überschreiten.

In Ringhallen werden die Dachstützen bei Standlängen über 28 m am besten
in die Drittelpunkte des Binders gestellt. Sind in Rechteckhallen die Binder quer
zu den Gleisen gelegt, so wird zweckmäßig nach jedem dritten Gleis eine Stütze
vorgesehen und jeder zweite Binder auf Unterzüge gelegt. Der Binderabstand soll
dabei grundsätzlich 7,50 m betragen. Gleichlaufend mit den Gleisen entsteht somit
ein Stützenabstand von 15 m. Laufen in Rechteckhallen die Binder mit den
Gleisen gleich, so werden zweckmäßig jeder zweite und dritte auf Unterzüge

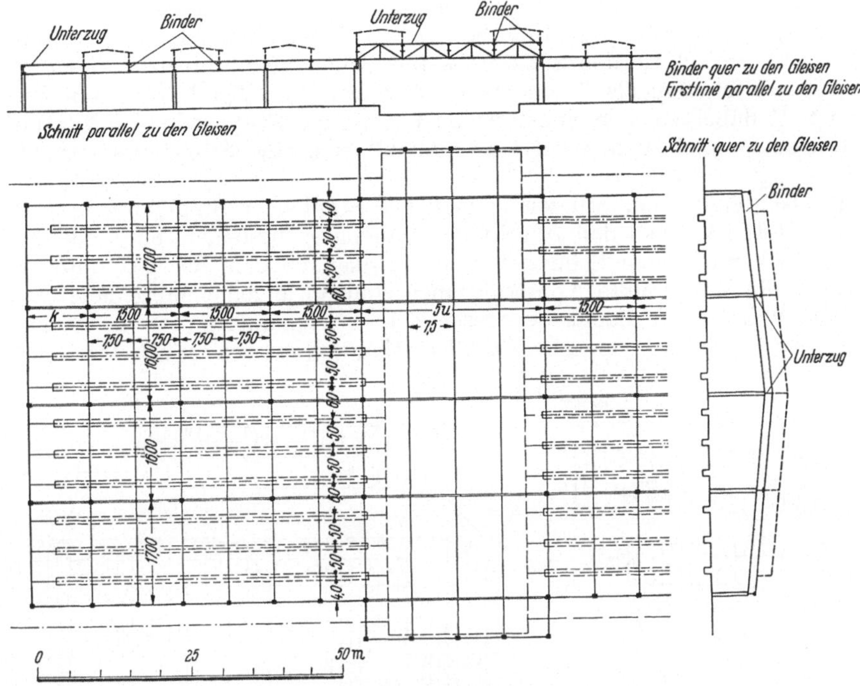

Abb. 185. Rechteckhalle.

Abb. 186. Ringhalle. Grundriß und Querschnitt.

und die dazwischenliegenden auf Stützen gelagert. Der Stützenabstand soll dann gleichlaufend mit den Gleisen 15 m betragen. Bei Rechteckhallen in Fertigbetonbauweise haben sich für den Stützenabstand gleichlaufend mit den Gleisen Maße von 9,50 bis 10,50 m als besonders günstig erwiesen. Bei bestimmten Standlängen tritt dabei vor den Fensterwänden noch die Stützweite von 5 m hinzu. Im rechten Winkel zu den Gleisen empfiehlt sich eine Stützweite von 11 bis 12 m.

Die Dachbinder und Stützen können aus Stahl oder Stahlbeton hergestellt werden. *Stahl* ist gegen den Angriff der Rauchgase besonders empfindlich und muß deshalb mit einem Schutzanstrich versehen werden, der gut unterhalten werden muß. Geschweißte Konstruktionen sind im allgemeinen genieteten vorzuziehen. Vollwandige Bauglieder lassen sich leichter unterhalten als Fachwerk, haben jedoch größeres Gewicht. Stahlleichtbauten aus schwachen Profilen sind

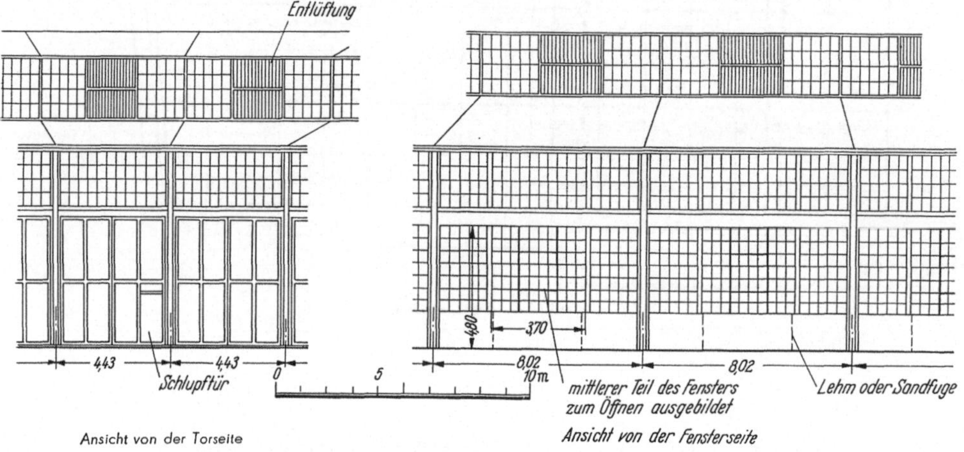

Abb. 187. Ringhalle.

ungeeignet, da hierbei die Querschnittschwächung durch Rauchgase gefährlich ist. Profildicken unter 7 mm sind deshalb zu vermeiden. Bei der Ausbildung der Querschnitte ist darauf zu achten, daß alle Flächen sich gut reinigen und anstreichen lassen. So sind z. B. Fachwerkstäbe aus in geringem Abstand stehenden Winkeln unzulässig. Hierfür sind besser T-Querschnitte zu wählen, deren Anschlüsse geschweißt werden.

Für die Ausführung in *Stahlbeton* kommen zwei Bauweisen in Frage. Die Binder können entweder an Ort und Stelle in Schalung hergestellt oder aus fabrikmäßig hergestellten Einzelteilen errichtet werden. Die Herstellung des Betons in Schalung auf der Baustelle ist bei Rahmentragwerken von besonderem Vorteil. Der Beton muß dicht sein, damit er gegen Rauchgase unempfindlich ist. Die Betonüberdeckung der Bewehrung soll mindestens 4 cm betragen. Stahlbetonfertigteile nach DIN 4225 haben den Vorteil, daß der Beton infolge der besseren Fertigungsbedingungen von gleichbleibender Güte ist. Stahlbeton mit vorgespannter Bewehrung bietet den größten Widerstand gegen Rauchgase, weil bei ihm selbst die kleinsten Haarrisse in der Zugzone des Betons vermieden werden. Im allgemeinen werden Dachbinder und Dachstützen am besten aus Fertigteilen hergestellt, Dachstützen jedoch, die in unmittelbarer konstruktiver Verbindung mit den Umfassungswänden stehen oder einen Teil von ihnen bilden, besser auf der Baustelle. Dachstützen aus Stahlbeton erhalten an allen vier Seiten Vorrichtungen zur Befestigung von Installationen (z. B. Jordahlschienen).

Abgesehen von kleinen Rechteckhallen ohne Schiebebühnen sind Oberlichter unentbehrlich bei allen Lokomotivhallen im Hinblick auf deren große Grundfläche und die Behinderung des Lichteinfalls von den Fenstern in den Seitenwänden durch die Lokomotiven. In der Dachfläche liegende oder schräg gestellte Glasflächen sind jedoch zu vermeiden, weil diese innen und außen durch Staub und Ruß zu sehr verschmutzen und schwer zu reinigen sind. Auch bleibt der Schnee darauf liegen, und im Sommer führen sie zu einer unerträglichen Hitze in den Hallen. In den Dreiecksaufbauten setzen sich die Rauchgase fest und sind durch Lüftungseinrichtungen nur schlecht zu entfernen.

Die Oberlichter werden deshalb grundsätzlich als Laternenaufsätze mit senkrecht stehenden Glasflächen in den Seitenwänden ausgebildet.

Der Lichteinfall ist bei den Laterneneinsätzen um so günstiger, je niedriger sie sitzen, je breiter sie sind und je höher die seitlichen Glasflächen sind. Aus diesem Grunde ist es also erwünscht, daß die Dachoberfläche so niedrig wie möglich liegt, was auch den umbauten Raum und damit die Bau- und Heizkosten der Hallen vermindert.

Als Mindestmaße sollten die Aufsätze eine Breite von 6 m und eine lichte Fensterhöhe von 2 m erhalten. Sie sollen quer über den Gleisen liegen, weil dies eine bessere Lichtverteilung ergibt als die Lage längs über den Gleisen, wobei nur die Oberfläche der Lokomotive gut beleuchtet ist und die Seiten im Schlagschatten liegen. In Ringhallen erhält die Laterne am besten eine Breite von einem Drittel der Standlänge und wird in das mittlere Drittel des Standes gelegt. In Rechteckhallen entspricht die Breite der Laterne dem Binderabstand von 7,50 m bei der Binderlage quer zu den Gleisen, ein Maß, das auch bei der Binderlage in Richtung der Gleise zweckmäßig ist. Die Laternen erhalten innen und außen Laufstege zum Reinigen und für Ausbesserungsarbeiten sowie Wasserleitung mit Zapfhähnen und innen unter den Fensterflächen eine Sammelrinne für Reinigungswasser.

Umfassungswände. Die Wände von Lokomotivhallen sind Beschädigungen durch Stoß und Schlag und den Einwirkungen der Rauchgase besonders ausgesetzt. Sie sollen deshalb aus Baustoffen bestehen, die solchen Beanspruchungen gewachsen sind und keinen Wandputz erfordern. Die Wände werden deshalb massiv aus Ziegelmauerwerk, im Betonbau oder als Stahl- oder Stahlbetonfachwerk hergestellt. Natursteine müssen sorgfältig auf ihre Widerstandsfähigkeit gegen Rauchgase geprüft werden. Leichtbauwände kommen nur für Behelfsbauten in Betracht oder als vorläufige Abschlußwände bei Hallen, deren spätere Erweiterung beabsichtigt ist. Zur Ausfachung oder Verkleidung von Gerippebauten sind alle Baustoffe ohne feste und dichte Oberfläche ungeeignet. Für massive Betonwände ist poröser Leichtbeton nur verwendbar, wenn er zwischen Betonschalsteinen oder Betonplatten mit festem Vorsatzbeton geschüttet wird, welche Bauweise gleichzeitig die Schalung spart. Schlitze und Aussparungen für Rohrleitungen und Kabel sind von vornherein auszusparen, um spätere Stemmarbeiten zu vermeiden. Auch sind Befestigungsteile, wie Torstützen, Ankerhaken, Befestigungsvorrichtungen für Installationen usw., gleich beim Hochmauern oder Betonieren anzubringen. Die Dicke tragender Wände ist statisch zu ermitteln. Als Wandstärke massiver Wände genügen je nach Ausführung 25 bis 40 cm. Zur Aufnahme der Lasten sind nötigenfalls Mauerpfeiler vorzusehen, die jedoch den Verkehr nicht behindern dürfen. Fensterpfeiler sind möglichst schmal zu halten, um große Fensterflächen zu bekommen. Am besten sind zur Vermeidung breiter Mauerpfeiler die Stützen für die Dachbinder aus Stahl oder Stahlbeton herzustellen, wenn nicht die ganze Fensterwand aus Fachwerk mit dem geringsten statischen Querschnitt hergestellt wird. In Rechteckhallen sind die Fensterpfeiler in den Wänden, die senkrecht zur Gleisachse stehen, so anzuordnen, daß die Fenster nötigenfalls durch ein Tor ersetzt werden können. Die zulässige Breite

ler Torpfeiler richtet sich nach dem Gleisabstand. In Ringhallen bestehen die
Torpfeiler aus Stahl oder Stahlbeton, da nur so der zur Wahrung der lichten
Torweite erforderliche geringe Querschnitt erreicht werden kann (Abb. 188).
Die Wände bleiben im Inneren unverputzt, da Wandputz nicht stoßfest genug
ist. Ziegelrohbauwände werden nur gefugt und zur Erzielung größter Helligkeit
mit Kalkmilch gestrichen. Bei Betonwänden ist eine möglichst feste und glatte
Oberfläche anzustreben, die den Rauchgasen genügend Widerstand leistet.

Fußboden. Vom Fußboden in Lokomotivhallen wird verlangt, daß er trittsicher, staubfrei, unempfindlich gegen den Fall schwerer Gegenstände und andere

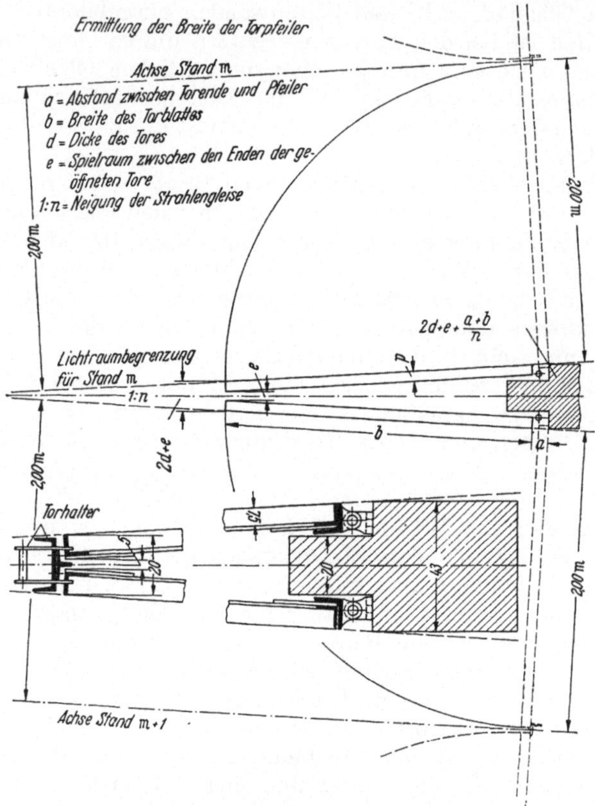

Abb. 188. Torpfeiler einer Ringhalle.

mechanische Beanspruchung sowie gegen Öleinwirkung ist. Er soll leicht zu
reinigen sein und beim Benetzen mit Öl trittsicher bleiben.

Der Unterbeton soll auf 1 m³ Beton 180 bis 200 kg Zement enthalten. Er muß
auf einem festgelagerten Untergrund aufgebracht werden, der nötigenfalls durch
Stampfen oder Einschlämmen herzustellen ist. Als Belag, der den obigen Bedingungen entspricht, kommen in Betracht *Klinker* als Roll- oder Flachschicht,
Kunststeinplatten, Hartbeton und *Holzpflaster. Klinker und Kunststeinplatten*
(Hartstein, Hartbeton oder Basaltin von mindestens 5 cm Stärke) sind in Zementmörtel zu verlegen und zu verfugen. *Hartbetonfußboden* ist ein Zementestrich mit
Oberflächenhärtung durch Siliziumkarbid, Korund u. ä. Er erhält zur Vermeidung
von Rissen Dehnungsfugen in Abständen von 5 bis 6 m, die sich nicht kreuzen,
sondern gegenseitig versetzt sind. Er hat sich gut bewährt im Gegensatz zu
Zementestrich ohne Oberflächenhärtung, der zur Staubbildung neigt und gegen

Stoß oder Schlag wenig widerstandsfähig ist. *Holzpflaster* aus fäulnissicher getränkten Hartholzklötzen von 10 bis 15 cm Stärke eignet sich besonders als Belag zwischen Ausbesserungsständen, vor Werkbänken und in Werkstätten, da es herabfallende Gegenstände schont. Es ist fußwarm und angenehm zu begehen. An Stellen, die häufig mit Wasser und Öl benetzt werden, eignet es sich nicht. Durch auftropfendes Öl verliert es seine Trittsicherheit, weshalb es öfter gereinigt werden muß.

Der Fußboden erhält eine flache Neigung nach den Gleisen hin, neben Auswaschständen von 2 bis 3 vH, an anderen Stellen 1 vH. Die Gesamtstärke des Fußbodens, für Unterbeton und Belag, ist je nach Beschaffenheit des Untergrundes auf 0,20 bis 0,25 m zu bemessen.

Für den Anschluß des Fußbodens an die Fahrschienen ist zwischen einem Abschlußwinkel für den Belag und der Fahrschiene eine 9 cm breite Streichbohle aus fäulnissicher getränktem Hartholz vorzusehen. Sie soll Beschädigungen des Belages durch Lokomotivräder oder Brechstangen verhindern und das Auswechseln der Schienen erleichtern.

Sollen auf bestimmten Ständen Lokomotiven gehoben werden, so sind für das Aufsetzen der Hebevorrichtungen besondere tragfähige Aufsatzstellen zu schaffen. Für die Verwendung von Winden werden die Grubenmauern auf ihrer Außenseite auf etwa 0,40 m, von Schienenmitte ab gerechnet, verbreitert. Für Hebeböcke sind besondere im Fußboden kenntlich zu machende Fundamente erforderlich.

f) Tore und Fenster (Abb. 189 bis 190).

Die Tore erhalten 4 m lichte Weite und 4,80 m lichte Höhe in Hallen, die nur für Dampflokomotiven bestimmt sind. An Strecken mit elektrischem Zugbetrieb und an Strecken, deren Umstellung auf elektrischen Betrieb schon geplant ist, sind die Tore in Hallen, in denen elektrische Lokomotiven untergestellt werden, 6 m hoch auszuführen. An Strecken, die vielleicht später auf elektrischen Betrieb umgestellt werden, ist ein Höhenmaß von 5,30 m anzuwenden. Die Torflügel schlagen in der Regel nach außen auf, weil nach innenschlagende Tore den Verkehr behindern und eine größere bebaute Fläche erfordern. Für große Torhöhen eignen sich auch Falttore.

Die Torflügel bestehen gewöhnlich aus Winkelstahlrahmen mit Verspannung durch Diagonalbänder und Verkleidung aus gespundeten 3 cm starken Brettern, die möglichst so angebracht werden, daß die Stahlkonstruktion dahinterliegt. Wenn es die Belichtungsverhältnisse der Lokomotivhalle erfordern, werden die Torflügel im oberen Teile mit einer Sprossenteilung von etwa 25 zu 35 cm verglast. Sie sind an den Torpfeilern in je drei Stützkloben aufgehängt, für die bei Stahlbetonpfeilern bei deren Herstellung Aussparungen vorzusehen sind. Zur Erzielung eines dichten Abschlusses ordnet man unten einen Anschlag an. Für den Verschluß wird ein Treibriegel mit Winkelhebeln verwendet, der die Tore unten, in der Mitte und oben festhält. Auch in geöffnetem Zustand müssen die Tore in ihrer Stellung festgehalten werden, wobei darauf zu achten ist, daß sie auch an ihren freien Enden die Durchfahrtbreite von 4 m frei lassen. Zu diesem Zwecke werden vor den Torpfeilern in entsprechender Entfernung 1,60 m hohe U-Eisen einbetoniert, an denen oben und unten durch Trethebel bewegliche und miteinander durch Stangenübertragung verbundene Einreiber angebracht sind, die in die Winkeleisenrahmen eingreifen und die Tore so festhalten. Etwa bei jedem siebenten Tor sind Schlupftüren für den Verkehr bei geschlossenen Toren vorzusehen.

Die *Fenster* werden vor allem in der Abschlußwand am Ende der Standgleise möglichst groß angelegt und mit hohem Sturz versehen, um das Licht weit hineinfallen zu lassen. Namentlich bei Ringhallen, wo die vorwiegend zu be-

handelnden Maschinenteile durchweg nahe am Fenster stehen, wurden früher die
Fenster oft tief bis auf 50 cm Brüstungshöhe herabgeführt, um gutes Licht für
Arbeiten an den unteren Maschinenteilen zu gewinnen. Im Hinblick auf häufige

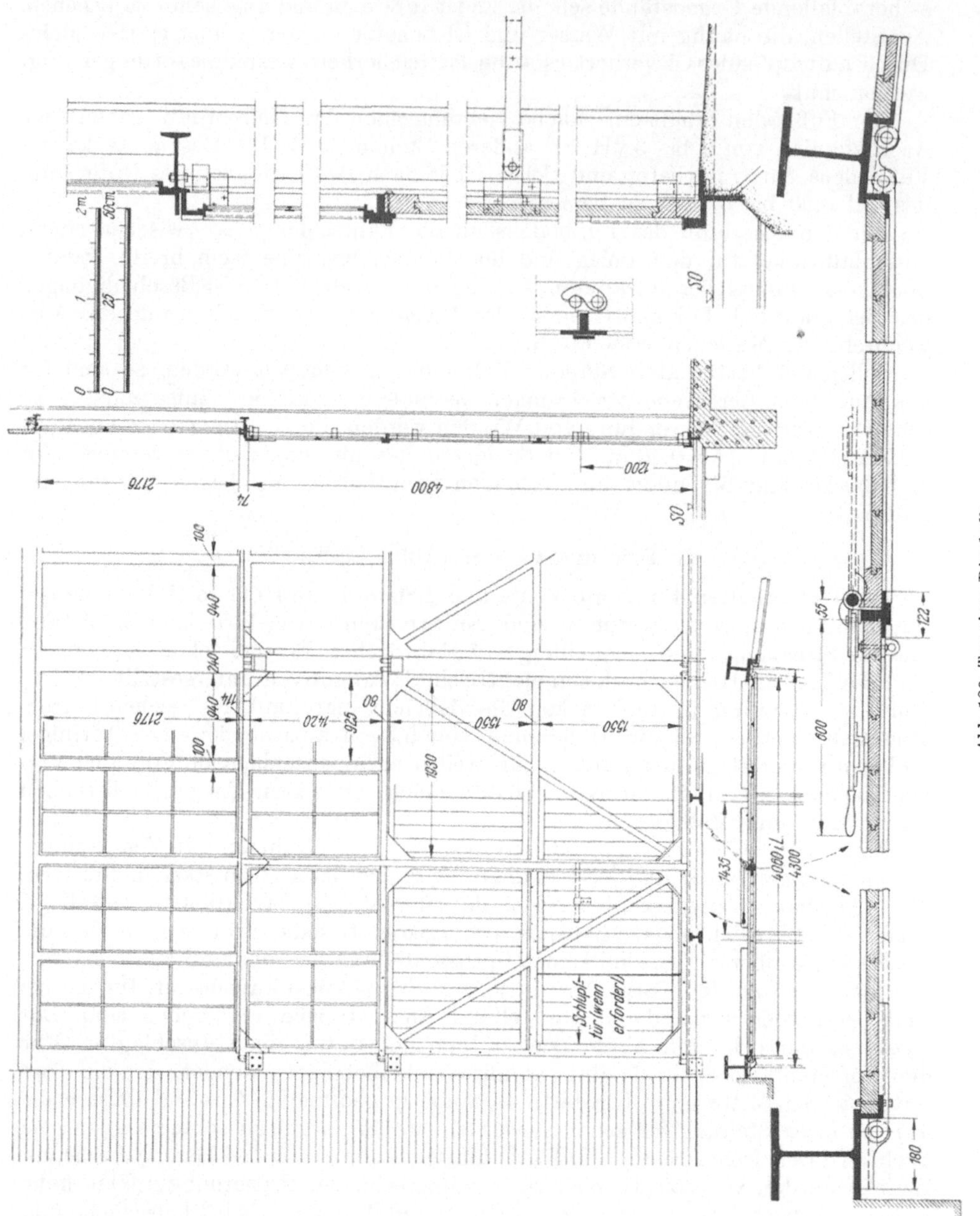

Abb. 189. Tor einer Ringhalle.

Beschädigungen, welche durchrutschende Lokomotiven verursachen, sieht man
jedoch jetzt davon ab und legt die Unterkante der Fenstersohlbank mindestens
auf 1,40 m über SO, damit die Puffer das Fenster selbst nicht beschädigen können.
Außerdem werden die Fensterbank und das darunterliegende Mauerwerk im Bereich der Puffer einer etwa durchrutschenden Maschine durch Baufugen von
dem übrigen Mauerwerk getrennt, um die Schäden auf ein Mindestmaß zu be-

schränken. Die Fenster sollen möglichst die ganze Breite zwischen den Tragpfeilern einnehmen. Um größere Schäden infolge durchrutschender Lokomotiven zu vermeiden, ist es unzulässig, in der Gleisachse Pfeiler vorzusehen oder die Fenster durch Zwischenpfeiler in Streifen zu teilen. Letzteres würde auch den Lichteinfall beeinträchtigen.

Alle Fenster sind möglichst gleichartig auszubilden und mit geradem Sturz abzuschließen. Fenster am Ende von Standgleisen erhalten eine Arbeitsöffnung mindestens in den Maßen des größten Kesseldurchmessers, um Raum für das Ausblasen und Durchstoßen der Rauch- und Siederohre zu gewinnen. Die Öffnungen werden mit nach außen aufgehenden Drehflügeln oder mit seitlich aufgehenden Schiebeflügeln ohne festes Mittelstück geschlossen.

Die Fenster werden aus Gußeisen, Stahl, bei kleinen Hallen auch aus Holz hergestellt. Gußeisen widersteht den Rauchgasen gut, ist aber empfindlich gegen

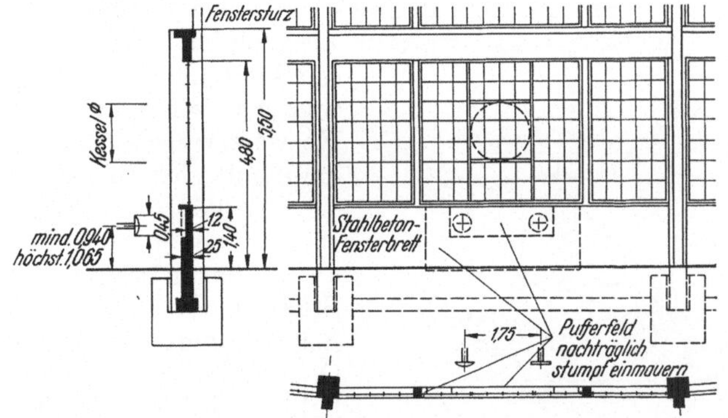

Abb. 190. Fenster einer Ringhalle.

mechanische Beschädigungen und schlecht auszubessern. Stahlfenster sind stoßfester und zäher und deshalb besonders für Torfenster und Arbeitsöffnungen besser geeignet. Zum Schutz gegen Rauchgase sind Stahlfenster am besten in der Fabrik (in Bädern) zu phosphatieren und im Bau mit einem zweimaligen Anstrich von Chlorkautschuklack zu versehen. Es kommt auch Feuerverbleiung mit anschließender galvanischer Verbleiung in Betracht. Stahlbetonfenster können nicht ausgebessert werden und sind deshalb nur an Stellen zu verwenden, wo sie nicht beschädigt werden können. Die Sprossenteilung ist so durchzuführen, daß sich einheitliche genormte Scheiben von möglichst durchweg gleicher Größe ergeben. Lüftungsflügel werden zweckmäßig als Drehflügel ausgebildet. Ihre Zahl hängt von den klimatischen Verhältnissen, der örtlichen Lage und der Größe der Halle ab.

Die Fenster sind im allgemeinen mit klarem $^4/_4$ Fensterglas geringerer Güte zu verglasen. Sollen sie undurchsichtig sein, so ist Roh- oder Mattglas zu wählen. Hinter Werkbänken sind die Scheiben durch Drahtgitter zu schützen. Glasbausteine sind nicht zu empfehlen, weil sie leicht springen, schwierig zu ersetzen und weniger lichtdurchlässig sind.

g) Arbeits- und Untersuchungsgruben.

In allen Standgleisen der Lokomotivhallen werden Arbeitsgruben mit meist gleichbleibendem Querschnitt eingebaut, um an den unter den Maschinen liegenden Teilen zwischen den Rädern arbeiten zu können. Nur an Stellen, an denen bauliche Einrichtungen für Sonderarbeiten — Zylinderarbeiten, Achs- oder Tragfederauswechslung — verlangt werden, ändert sich der Querschnitt. Die

Längen der Arbeitsgruben zwischen den Vorderkanten der obersten Stufen ergibt sich aus Abschnitt d (Abb. 191).

Die Gruben erhalten im oberen Teil eine lichte Breite von 1 m, so daß die Wangenmauern genügend breit sein können, um die Schienen sicher darauf zu befestigen. Die Gesamttiefe beträgt mindestens 1,08 m und nicht mehr als 1,20 m unter SO. Der untere Teil der Grube verengt sich in 0,79 m unter SO auf 0,54 m, so daß beiderseits Absätze von 0,23 m Breite entstehen, auf welchen Bohlen verlegt werden können, von denen aus man höhere Teile der Lokomotiven erreichen kann. Die Grubensohle erhält ein Quergefälle von 1 : 50 mit einer einseitigen Entwässerungsrinne aus Steinzeug und ein Längsgefälle von 1 : 50 bis 1 : 200. Die Längsrinnen münden in Entwässerungsschächte, die in einem Abstand von 18 bis 25 m anzuordnen sind. Sie erhalten Schlammfänge mit stählernen Rosten, werden mit dicht schließenden Deckeln abgedeckt und mit Geruchverschluß an die Entwässerungskanäle angeschlossen. Zentrale Öl- und Fettabscheider werden am besten vor Einführung der Abwässer in den Vorfluter oder das öffentliche Kanalnetz eingebaut, wo sie wirksam ausgebildet werden können und auch

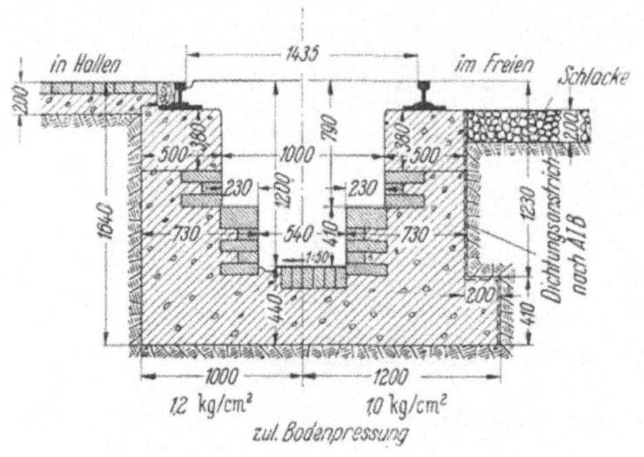

Abb. 191. Arbeitsgrube. Querschnitt.

die Reinigung anderweitiger Schmutzwässer möglich ist. Der Einbau in die Entwässerungsschächte der Gruben empfiehlt sich nicht.

Für die Herstellung der Grubenwände eignet sich Mauerwerk aus guten hartgebrannten Ziegeln oder Stampfbeton. Im oberen Teil der Seitenmauern — also im Bereich der Oberbaubefestigungsmittel — empfiehlt sich Beton B 300 mit einer Mindestzementmenge von 300 kg/m³, auch bei Ausführung der unteren Teile in Mauerwerk. Die Verwendung von Naturstein (Granit) kommt ferner in Betracht. Um einen Wechsel in der Oberbaubefestigung in den Hallen zu vermeiden, ist es angebracht, die Seitenmauern der Gruben bis an die Torwände oder die Begrenzungsmauern der Schiebebühnen durchzuführen. Die Seitenwände der Gruben unterhalb des Bereichs der Oberbaubefestigungsmittel, die Grubensohle und die entsprechenden Flächen der Entwässerungsschächte werden mit säurefesten Hartbrandklinkern in Hochofenzement- oder Erzzementmörtel verblendet. Für die Haltbarkeit der Gruben ist eine einwandfreie Gründung von größter Bedeutung. Wenn die Gruben wegen geringer Tragfähigkeit des Bodens nicht einfach auf den gewachsenen Boden aufgesetzt werden können, kommt je nach der Bodenbeschaffenheit eine Stahlbetongrundplatte, Brunnen- oder Pfahlgründung in Betracht. In aufgeschüttetem Gelände müssen die Grubenwände bis auf den gewachsenen Boden, gegebenenfalls in aufgelöster Bauweise, heruntergeführt werden. Die Treppenstufen können aus Beton (fertig versetzt), Naturstein und bei Gruben mit Ziegelmauerwerk aus Klinkern hergestellt werden. In Abständen von 12 bis 14 m erhalten die Gruben Dehnungsfugen, möglichst im Brechpunkt des Sohlengefälles oder unmittelbar neben einem Entwässerungsschacht.

Die Schienen werden auf den Seitenwänden der Arbeitsgruben auf Rippenplatten in einem Abstand von 0,65 m mit Steinschrauben oder Holzdübeln befestigt. Die Schienenstöße werden auf den Gruben und etwa 1 bis 2 m darüber hinaus geschweißt. Damit ein Spannungsausgleich zwischen Schiene und festem Auflager ohne Überbeanspruchung der Schienenbefestigungsmittel möglich ist, werden die Hakenschrauben nur mäßig angezogen.

h) Lüftung und Rauchabführung.

Die Rauchgase und Dämpfe der in der Halle stehenden Lokomotiven ergeben
eine heiße, von Rauch und Dampf erfüllte Luft, die das Arbeiten erschwert. Sie
verschmutzen das Innere der Hallen und bilden an der inneren Dachfläche Schwitzwasser, das in Form schmutziger Wassertropfen herunterfällt. Es bildet sich
schweflige Säure, und zwar um so eher, je länger die Gase und Dämpfe in der
Halle bleiben. Es besteht zwar die Möglichkeit, die Lokomotiven nach Heraus-
nahme des Feuers mit dem verbleibenden Dampfdruck in die Halle zu fahren,
sie dort also feuerlos aufzustellen, so daß Rauchgase nicht entstehen können.
Sie werden in der Halle durch Anschluß an eine ortsfeste Kesselanlage unter Druck
gehalten. Vor Dienstleistungen müssen die Lokomotiven dann in besonderen
Anheizhallen erst wieder angeheizt werden (Abb. 192 u. 193). Da die hierzu
nötigen Anlagen aber sehr teuer sind, können sie einstweilen nicht allgemein eingeführt werden. Um so nötiger ist es aber, für schnelle und möglichst gründliche
Abführung der Rauchgase und Dämpfe zu sorgen. Diesem Zweck dienen die
Rauchabführungsanlagen, an die der Lokomotivschornstein unmittelbar angeschlossen wird. Da trotzdem Rauchgase und Dämpfe nebenbei entweichen und
die kleinen Lüftungsflügel in den Fenstern zu ihrem Abzug nicht ausreichen,
sind weitere besondere Entlüftungsanlagen zum Abzug der Rauchgase erforderlich.

Die Rauchgase der Lokomotiven in der Halle werden also mit Einzelrauch-
abzügen (Rauchrohren) oder Sammelrauchabführungen ins Freie geleitet. Die
Rauchrohre erhalten unten Rauchfangtrichter. Bei Sammelrauchabführungen
werden die Rauchgase mehrerer Lokomotiven vom Rauchtrichter über Stichkanäle in einen Sammelkanal und von diesem durch einen etwa 35 bis 40 m hohen,
oben 1,35 m weiten Schornstein ins Freie geführt. Sammelrauchabführungen
sind nötig, wenn die Rauchgase in engen Tälern, in Einschnitten oder in der Nähe
von Wohngebieten zur Vermeidung von Rauchbelästigungen in größere Höhen
abgeleitet werden müssen. In einen Schornstein können die Rauchgase von
14 bis 16 Ständen gemeinsam abgeführt werden. Bei der Anlage der Kanäle
müssen folgende lichte Höhenmaße eingehalten werden:

a) Bei Ständen, auf denen nach der Begrenzung I'_1 für Fahrzeuge (Anlage E der BO) gebaute Lokomotiven abgestellt werden:

Unterkante Rauchkanal . . . . mindestens 5,70 m über SO
Wenn der Rauchkanal über Ständen für elektrische Lokomo-
   tiven liegt . . . . „   6,00 m „ SO
Unterkante der festen Teile der Rauchabzüge . . . . „   4,80 m „ SO
Tiefste Stellung der absenkbaren Rauchgastrichter . . . . . höchstens 4,10 m „ SO
Tiefste Stellung anderer beweglicher Teile . . . . mindestens 4,35 m „ SO

    b) bei Ständen, auf denen auch nach der Begrenzung II für Fahrzeuge (Anlage F der
BO) gebaute Lokomotiven abgestellt werden:

        Bei Nichtgebrauch muß der Regellichtraum freibleiben. Hierbei sind deshalb
    absenkbare Rauchgastrichter erforderlich, die bis auf 4,10 m über SO abgesenkt
    werden können.

Die Baustoffe müssen feuerhemmend, säurebeständig, glattflächig und leicht
sein, ausreichende Festigkeit und bei Sammelrauchabführungen geringe Wärme-
leitfähigkeit haben, damit die Zugwirkung der Schornsteine nicht durch zu
schnelle Abkühlung der Rauchgase beeinträchtigt wird. Es kommen in Betracht:
Holz, Hohltonziegel, Asbestzement und für gewisse Einzelteile auch Aluminium
und Stahl. Für Rauchfänge und Rauchrohre der Einzelrauchabführungen eignet
sich voll ausgewachsenes, gut ausgetrocknetes und durch Tränken mit Feuer-
schutzmitteln schwer entflammbar gemachtes Weichholz. Hölzerne Rauchrohre
erhalten einen runden Querschnitt und werden aus schmalen gehobelten Brettern
mit Nut und Feder hergestellt und durch stählerne Spannbänder zusammen-

gehalten. Hohltonziegel in Dicken von 3 bis 4 cm haben sich für Rauchrohre der
Einzelrauchabführungen und als Wände der Sammelrauchabführungskanäle
bewährt. Derartige Rauchrohre erhalten rechteckigen Querschnitt und werden
in Winkelstahlrahmen hergestellt. Asbestzement kann für Einzelrauchabführungen und für bestimmte Einzelteile der Sammelrauchabführungen verwendet werden. Rauchrohre aus Asbestzement erhalten runden Querschnitt.
Sie dürfen in Betondächer nicht fest einbetoniert werden und können durch
Bitumenanstrich, Fluatieren oder Silikatisieren dauerhafter gemacht werden.
Reinaluminium eignet sich für Bauteile unter Dach, wo Feuchtigkeit infolge
der durch die Nähe des Lokomotivschornsteins erzeugten Wärme schnell ab-
trocknet. Stahl darf nicht in die Nähe von Rauchgasen kommen. Für Rauch-

Abb. 192. Ansicht.

abzüge kommt Stahl deshalb nicht in Betracht, jedoch für Tragkonstruktionen
und für die beweglichen Schürzen an Rauchfängen. Er muß durch einen guten
Rostschutzanstrich, am besten mit Anstrichmitteln auf Bitumen- oder Teerpech-
grundlage geschützt werden.

Die Rauchrohre der Einzelrauchabführungen müssen so weit über Dach
geführt werden, daß der Rauch nicht gegen Oberlichtfenster und die Entlüftungsöffnungen im Oberlichtaufbau gedrückt werden kann. Sie werden am Tragwerk
des Daches aufgehängt und durch Spannvorrichtungen über dem Dach in ihrer
Stellung festgehalten und müssen in geeigneter Weise an die Dachhaut dicht
angeschlossen werden. Die Rauchrohre werden zum Schutz gegen den Regen
mit einer Haube abgedeckt, die zum besseren Abziehen der Rauchgase unterhalb
mit Abweiskegeln aus korrosionsbeständigen Baustoffen versehen werden. In die
Rauchabzüge werden Drosselklappen eingebaut, um bei Nichtbenutzung eine
zu große Abkühlung zu verhindern.

Da die Höhe der Lokomotivschornsteine verschieden und die Einstellung
der Lokomotiven genau unter dem Abzugsrohr schwierig ist, müssen Vorrichtungen getroffen werden, welche ein möglichst gutes und vollständiges Auffangen
der Rauchgase sicherstellen. Hierzu werden am unteren Ende der Rauchabzugs-

rohre Rauchfangtrichter angebracht, die mit senkrechten Schürzen versehen sind. Die 1 bis 2 m breiten Seitenschürzen in der Richtung des Gleises können fest oder beweglich sein, während die 1,40 m breiten Seitenschürzen quer zu den Gleisen aus mehreren waagerechten Klappen bestehen, die beweglich miteinander

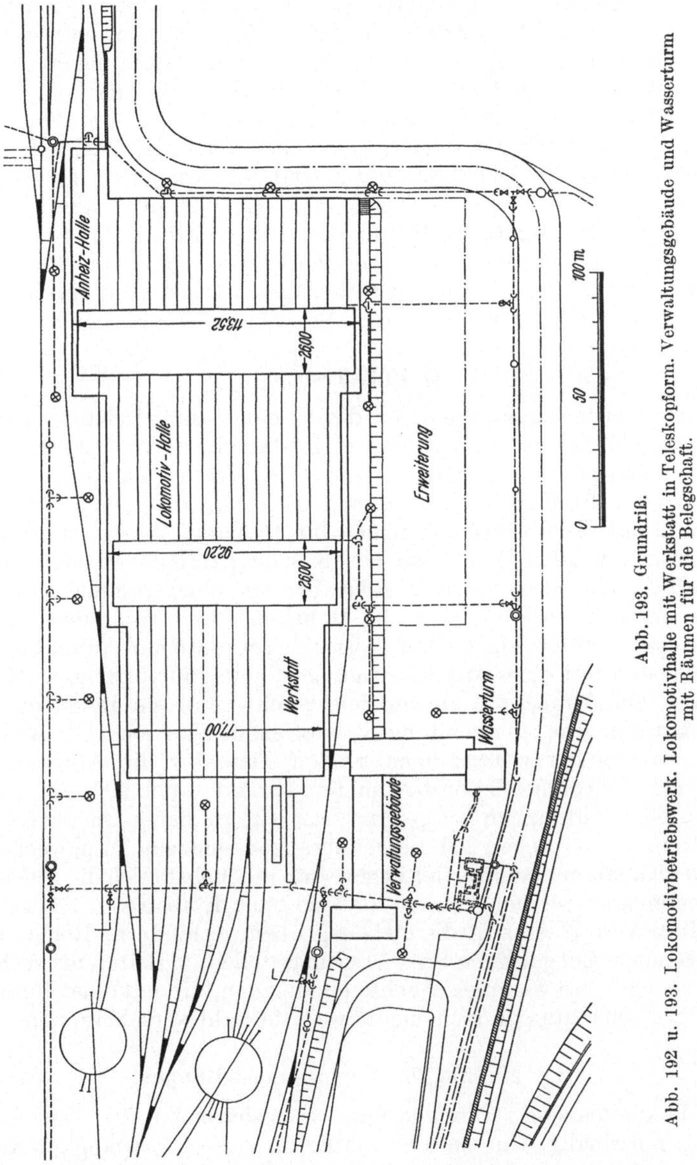

Abb. 192 u. 193. Lokomotivbetriebswerk. Lokomotivhalle mit Werkstatt in Teleskopform. Verwaltungsgebäude und Wasserturm mit Räumen für die Belegschaft.

verbunden sind. Sie werden bei der Einfahrt der Lokomotive durch den Schornstein angehoben und fallen nachher wieder zurück. Um einen dichten Anschluß des Lokomotivschornsteins zu erreichen, werden zuweilen auch absenkbare Rauchgastrichter verwendet, die in der Gleisrichtung beweglich sind. Bei ihnen besteht der untere Teil aus zwei in der Gleisrichtung drehbaren Hälften, die den Schornsteinkopf fest umfassen. Die Lokomotive muß hierbei möglichst genau unter dem Rauchrohr stehen, da bei mehr als etwa 20 cm abweichender Stellung der Anschluß nicht mehr dicht genug ist.

Die außerhalb der Rauchgastrichter entweichenden nach oben strömenden Rauchgas- und Dampfschwaden entweichen nur vollständig und schnell, wenn sie auf möglichst kurzem Wege durch reichlich bemessene Öffnungen im obersten Teil der Halle abgeleitet werden. Hierzu kann in den Oberlichtaufbauten über den Fenstern ein etwa 50 cm breites Entlüftungsband angeordnet werden oder es wird etwa ein Drittel der Fenster durch Entlüftungsöffnungen ersetzt. Diese liegen am besten über den Ständen, weil hier die Rauchansammlung am stärksten ist und Fenster am leichtesten entbehrt werden können. Die Verwendung besonderer Lüftungshauben ist zwar möglich, hat aber den Nachteil, daß weitere Durchbrüche durch die Dachhaut nötig sind, die wiederum gedichtet werden müssen. Besser ist es, einen durchgehenden Aufbau über dem Dachfirst der Laternen mit beiderseitigem Entlüftungsband anzuordnen, das aber nicht höher als 0,50 m sein soll. Damit diese Einrichtungen nicht von Rauchgasen angegriffen werden, müssen sie aus korrosionsfesten Baustoffen bestehen. Die Entlüftungsflügel werden am besten durch Schneckengetriebe bewegt.

i) Entwässerung.

Die Entwässerungskanäle nehmen das in den Sammelschächten der Gruben aufkommende Wasser auf und führen es in das allgemeine Entwässerungsnetz. Die geringste Länge der Rohrleitungen und die kleinste Zahl von Eckschächten ergibt sich, wenn die Kanäle quer unter den Arbeitsgruben liegen. Bei ihrer Anordnung muß auf die übrigen Leitungen für Heizung, Wasser, Luft usw. Rücksicht genommen werden. Die Lage der Kanäle parallel zwischen den Arbeitsgruben mit Stichleitungen von je zwei Gruben und einer Sammelleitung am Ende der Grube erfordert wesentlich mehr Rohrlänge und zahlreiche Eckschächte. Für die Kanäle werden am besten glasierte Tonrohre mit mindestens 200 mm Durchmesser und mit einer Mindestneigung von 1 : 150 verwendet. Zementrohre werden von den Abwässern angegriffen, auch wenn sie innen einen Schutzanstrich erhalten. Die Verwendung von offenen Kanälen mit Abdeckplatten eignet sich wegen der notwendigen großen Tiefe für die Abwässerabführung nicht. Für die Tonrohre müssen in den Fundamenten der Arbeitsgruben an den Kreuzungsstellen Öffnungen ausgespart werden, in denen sie lose liegen, weil fest einbetonierte Leitungen bei Beschädigungen schlecht ausgewechselt werden können. Die Kanäle müssen so tief liegen, daß möglichst auch die tiefsten Wasseranfallstellen entleert werden können, daß sie ohne Einbau von Rückstauklappen den Rückfluß von Wasser in die Arbeitsgruben verhindern. Reicht die Tiefenlage für besonders tief gelegene Entwässerungsstellen, z. B. in Achswechselgruben, nicht aus, so sind dort Sammelschächte einzubauen, die mit einer Pumpe entleert werden. Sickerschächte genügen nicht, weil sie bald verschlammen.

k) Kanäle für Versorgungsleitungen.

In den Lokhallen sind zahlreiche Versorgungsleitungen für Wasser, Druckluft, Dampf usw. notwendig. Um sie übersichtlich und leicht zugänglich anordnen zu können, werden sie am besten in gemauerten oder betonierten Kanälen mit rechteckigem Querschnitt zusammengefaßt. Die freie Verlegung im Boden hat den Nachteil, daß bei Änderungen und Instandsetzungen der Fußboden aufgebrochen werden muß.

In Ringhallen und Rechteckhallen ohne Schiebebühne wird zwischen den Enden der Arbeitsgruben und der Außenwand quer zu den Gleisen ein Hauptkanal angeordnet, von dem aus Stichkanäle parallel zu den Gleisen in jedes zweite Feld zwischen den Arbeitsgruben führen. Bei Rechteckhallen liegt der

Hauptkanal zwischen den Enden der Arbeitsgruben und der Schiebebühnenabschlußwand. Sind zahlreiche und starke Versorgungsleitungen nötig, wird der Hauptkanal am besten begehbar mit fester Decke ausgeführt. Die Stichkanäle und bei kleinen Anlagen auch der Hauptkanal werden offen hergestellt und mit einer Abdeckung aus Riffelblech, Tezettrosten oder Bohlen versehen. Die Verwendung von Betonplatten empfiehlt sich nicht, weil sie schwer zu heben sind und leicht zerbrechen. Die Leitungen werden an den Seitenwänden übersichtlich übereinander auf eingemauerten oder einbetonierten Stützen verlegt. Die Verwendung von Fertigbauteilen für die Kanäle empfiehlt sich deshalb nicht, weil sie beim Einbetonieren der Stützen leicht Schaden leiden.

Der Boden der Kanäle erhält zur Abführung des eindringenden Wassers ein Längsgefälle von 1:200 und ein Quergefälle von 1:50 sowie an der tiefsten Stelle einen Anschluß an die Entwässerungsleitung. Ein besonderer offener seitlich vorzusehender Abflußkanal ist nur da im Fußboden nötig, wo größerer Wasserzufluß zu erwarten ist.

Das Rohrsystem mit allen Kanälen ist sorgfältig beim Entwurf durch Eintragung in die Zeichnungen zu berücksichtigen. Dabei ist zu beachten, daß für Absperrventile, Ausdehnungsbögen, Entnahme- und Zapfstellen seitliche schachtähnliche Erweiterungen nötig sind. Es ist zweckmäßig, diese für alle Leitungen möglichst an einer Stelle zu vereinigen.

l) Heizung.

Im allgemeinen genügt es, die Einstellhallen frostfrei zu halten, um Frostschäden an den Lokomotiven durch Einfrieren von Leitungen usw. zu vermeiden. In den Hallenteilen, in denen ständig gearbeitet wird, ist eine Temperatur von $+15°$ C erforderlich. Als Heizung genügen in Gegenden, in denen nur mit kurz anhaltender und nicht zu strenger Kälte zu rechnen ist, Großraumöfen oder eine Hochdruckdampfheizung, die von untergestellten Lokomotiven gespeist wird. In kälteren Gegenden kommt für kleine Hallen Niederdruckdampfheizung, für größere Niederdruckdampfheizung, Heißwasserheizung oder Warmluftheizung mit zentraler Warmlufterzeugung und Fortleitung der Warmluft in Kanälen in Betracht. Die letztere Heizungsart ist zwar hinsichtlich der Anlagekosten teurer als andere Heizungsarten, jedoch sind die Unterhaltungskosten erheblich geringer, weil keine Korrosion an Leitungen und keine Undichtigkeiten an Ventilen eintreten. Die Warmluft wird an den Tiefpunkten, also in den Arbeitsgruben, in die Halle geleitet, wobei sie gleichzeitig zur Beheizung von Auftauständen dient. In Hallenteilen, wo ständig gearbeitet wird, empfiehlt sich bei Sammelheizung anderer Bauart der zusätzliche Einbau von Einzellufterhitzern. Diese sind ebenfalls zum Beheizen von Auftauständen zweckmäßig. Die Warmluft tritt durch die Seitenwände der Arbeitsgruben ein, wobei Absperrschieber zum Regeln der Warmluftzufuhr notwendig sind.

m) Elektrische Anlagen.

Wegen der säurehaltigen Rauchgase sind als Leitung nur kabelähnliche Leitung oder Mantelleitung mit Kunststoffmantel und geeignetes Zubehör zu verwenden. Im Handbereich, bis zu 2,5 m Höhe, müssen die Leitungen zusätzlich durch Rohre geschützt werden. Elektrische Zu- und Verteilungsleitungen dürfen in Kanälen nicht mit Dampf- und Warmwasserleitungen zusammen verlegt werden. Wenn zugleich Kaltwasserleitungen mit verlegt werden, so müssen die elektrischen Leitungen auf Konsolen oder Rosten liegen, um der Gefahr dauernder Überflutung vorzubeugen. Schalter werden 1,6 m hoch und mindestens an den Förderwegen vertieft verlegt. Steckdosen für Lichtstrom sind in den Arbeitsgruben und zwischen den Ständen, für Kraftstrom zwischen den Ständen erforderlich. Falls Dachstützen hierzu nicht die Möglichkeit bieten, so können sie an allseitig beweglichen, jedoch nicht drehbaren Pendeln angebracht werden. Die Öffnung der Steckdose muß um 45° oder weniger gegen die Senkrechte nach unten geneigt sein. An Wänden sollen Steckdosen in einer Nische eingebaut werden. Für die Beleuchtung empfiehlt es sich, in Dampflokomotivhallen nur geschlossene Leuchten zu verwenden, weil sie weniger verschmutzen und leichter gereinigt werden können.

Für die elektrischen Anlagen in Lokhallen für den elektrischen Lokomotivbetrieb gelten besondere Bestimmungen, die in den Fahrleitungsrichtlinien enthalten sind.

n) Werkstätten.

Die Größe der Werkstatträume richtet sich nach dem für die Maschinen und die sonstigen Einrichtungen erforderlichen Platz. Je nach der Größe der Betriebswerke werden für die einzelnen Werkstätten etwa folgende Grundflächen beansprucht:

Dreherei	120 bis 300 m²
Werkzeugmacherei mit Ausgabe und Lager	30 „ 70 m²
Werkstätte für Betriebsschlosser und maschinelle Anlagen	40 „ 80 m²
Schmiede	40 „ 50 m²
Elektroschweißerei	20 „ 30 m²
Gasschmelzschweißerei und Kupferschmiede	35 „ 40 m²
Lagergießerei und Lagerbearbeitung	50 „ 70 m²
Elektrowerkstatt und Prüfraum	40 „ 50 m²
Schreinerei	40 „ 60 m²
Maler- und Glaserwerkstatt	30 „ 40 m²
Sattlerei	10 m²
Klempnerei	30 „ 40 m²
Pumpenwerkstätte	40 „ 60 m²
Kompressorraum	30 „ 50 m²

Die Werkstätten werden mit den Lokhallen verbunden und dienen für die laufenden kleineren Instandsetzungsarbeiten. Die bauliche Anordnung richtet sich nach den örtlichen Verhältnissen. So können die erforderlichen Räume in einem Anbau, bei Ringhallen in einer Verlängerung mehrerer Stände, oft in der Nähe der Achssenke, bei Rechteckhallen in einem Seitenschiff, bei zusammenliegenden Ringhallen in einem Verbindungsbau zwischen denselben geschaffen werden. Zum Heben der Lokomotiven und Wagen genügen elektrisch betriebene Hebeböcke. Zum Abheben einzelner Teile, Verladen von Achsen usw. wird oft ein handbetriebener Laufkran von 4 bis 5 t Tragkraft vorgesehen. Um die Lokomotiven und Wagen im Betrieb wirtschaftlich ausnutzen zu können, sollen die Betriebswerkstätten so ausgerüstet und betrieben werden, daß die Fahrzeuge nur zur Hauptausbesserung und bahnamtlichen Untersuchung den Ausbesserungswerken zugeführt werden müssen.

2. Wagenhallen.

a) Allgemeines über Wagenbehandlungsanlagen.

Die Wagenbehandlungsanlagen dienen der Instandsetzung und Pflege der Wagen außerhalb der Ausbesserungswerke. Verwaltet werden sie entweder von eigenen Dienststellen, den Betriebswagenwerken oder als besondere Gruppen der Betriebswerke. Zwischen den Behandlungsanlagen für Reisezugwagen und Güterwagen bestehen Unterschiede, die betrieblich dadurch bedingt sind, daß Personenwagen möglichst im geschlossenen Zugverband bleiben müssen, während Güterwagen freizügig sind und bei Beschädigungen beliebig ausgesetzt und der nächstgelegenen Ausbesserungsstelle zugeführt werden können.

Als Hochbauten kommen in Betracht die Wagenhallen, mit denen Räume für die Verwaltung, Werkstätten, Lagerräume und Wohlfahrtsräume für die

Belegschaft in Verbindung stehen. Außerdem können Kesselhäuser, Umformer- und Schalthäuser für die Stromversorgung und Gebäude für die Entseuchungsanstalten notwendig werden. Triebwagen und Triebwagenzüge sind wie Reisezugwagen zu behandeln. Sie erfordern aber für die Pflege und Unterhaltung ihrer Motoren zusätzliche Anlagen.

Während Wagenbehandlungsanlagen für Personenwagen vorwiegend in den Personenbahnhöfen und den angeschlossenen Abstellbahnhöfen ihren Platz finden, werden Güterwagenausbesserungsstellen dort angelegt, wo Schadwagen regelmäßig in größerer Zahl auflaufen, also vor allem in größeren Verschiebebahnhöfen. Außerdem können Güterwagenausbesserungshallen auch in der Nähe von Privatanschlüssen mit großem Wagenumschlag (Zechen, Hütten, Häfen usw.), an betrieblich günstig gelegenen Schwerpunkten größerer Gebiete mit genügendem Schadwagenanfall und an Grenzübergangsbahnhöfen mit starkem Güterwagenaustausch in Betracht kommen.

Die Wagenbehandlungsanlagen sollen möglichst in Durchgangsform mit zweiseitig angeschlossenen Gleisen gebaut werden. Beim Umbau vorhandener Anlagen oder bei beschränkten Platzverhältnissen kann jedoch für Betriebswagenwerke auch die Kopfform zweckentsprechend sein. In den Wagenhallen für *Personenwagen* sollen die Wagen und Wagenzüge in den Betriebspausen aufgestellt, mit Wasser, Gas oder elektrischer Energie versorgt, gereinigt, vorgeheizt und instand gesetzt werden. *Güterwagen* werden dagegen nur zum Zwecke der Ausbesserung den Betriebswagenwerken zugeführt.

Die im Betriebe befindlichen Eisenbahnwagen stehen gewöhnlich im Freien. Wagenhallen, die lediglich zum Unterstellen von Wagen dienen, werden deshalb nur in Ausnahmefällen, für selten gebrauchte und besonders wertvoll ausgestattete Wagen (Krankenwagen, Sonderzüge für hohe Persönlichkeiten usw.) errichtet. Hierfür genügen meist Überdachungen, die nur nach der Wetterseite geschlossen sind. Dagegen sind von großem Wert in betrieblicher und wirtschaftlicher Beziehung geschlossene Hallen für die Vornahme von Reinigungsarbeiten an einzelnen Personenwagen, Zugteilen und ganzen Wagenzügen. Die Leistungen sind besser, wenn die Bediensteten in geschlossenen Räumen arbeiten können, geschützt gegen Witterungsunbilden und Gefahren des Eisenbahnbetriebes. Bei nassem Wetter wird kein Schmutz durch die Bediensteten in die Wagen getreten und die Belästigung durch Staub und Ruß fällt weg. Bei Frost kann das Äußere der Wagen mit warmem Wasser gereinigt werden. Dampf- und Wasserleitungen sind nicht der Gefahr des Einfrierens ausgesetzt. Das Auftauen von Eis und Schnee an den Wagenuntergestellen wird erleichtert, ebenso das Vorheizen der Züge. Von großem Vorteil sind geschlossene Hallen für Untersuchungen und Ausbesserungen der im Betriebe beschädigten Personen- und Güterwagen, soweit diese nicht den Ausbesserungswerken zugeführt werden müssen.

b) Grundform und Abmessungen der Wagenhallen (Abb. 194 bis 198).

Als Grundform eignet sich am besten das langgestreckte Rechteck.

Hallen für Reisezugwagen werden in Durchgangsform mit einer der größten Zuglänge entsprechenden Gleislänge gebaut. Die Zahl der Hallengleise ergibt sich aus der Anzahl der zu behandelnden Züge, wobei mit einer durchschnittlichen Behandlungszeit von 2,5 bis 3 Stunden zu rechnen ist. Außerdem ist die Forderung zu berücksichtigen, daß die Züge aus der Halle möglichst unmittelbar in den Personenbahnhof ausfahren sollen. Ferner müssen auch Gleise für Bremsuntersuchungen vorgesehen werden. Die Abstände der Gleismitten betragen 6 m, um die Wege zwischen den Gleisen mit Elektrokarren und Gerüsten für die Außenreinigung der Wagen befahren zu können. Dieses Maß ist auf 6,50 m zu vergrößern, wenn Stützpfeiler oder Treppenaufgänge im Wege sind. In allen Gleisen sind Arbeitsgruben anzulegen, die für die Beleuchtung Anschlüsse für

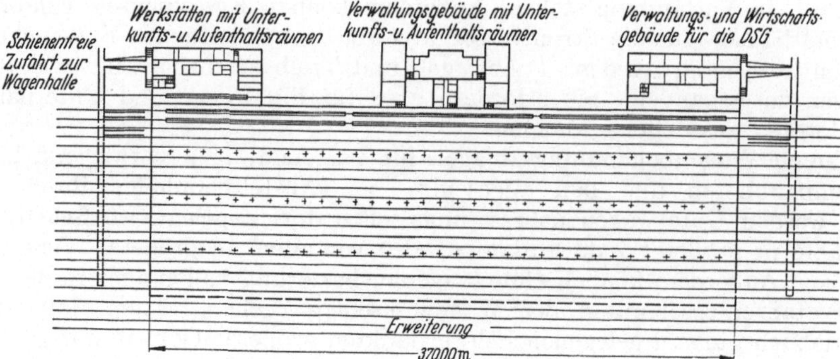

Abb. 194. Reisezughalle.

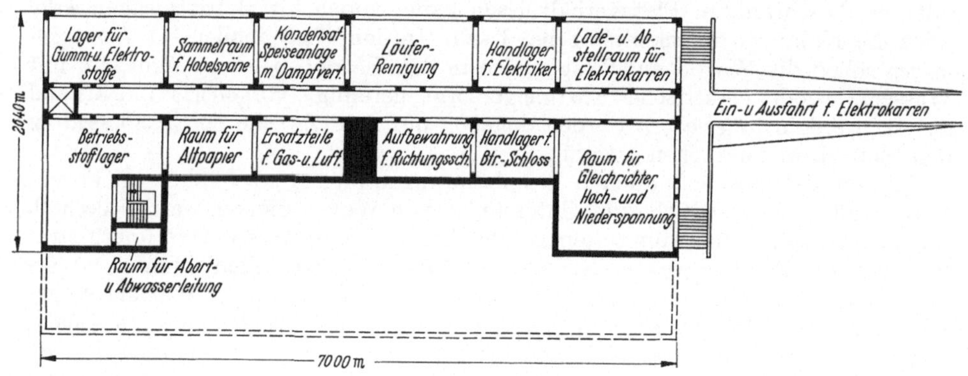

Abb. 195. Kellergeschoß.

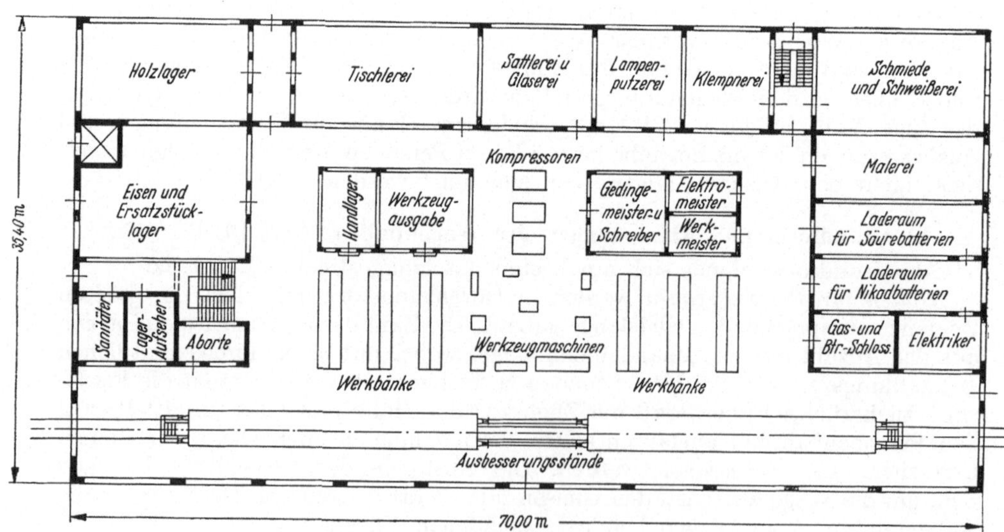

Abb. 196. Erdgeschoß.

Abb. 195 u. 196. Werkstätten- und Lagergebäude.

Handlampen erhalten. In jedem zweiten Gleiszwischenfeld werden Anschlüsse für Dampf, Warmwasser und Druckluft etwa alle 25 m, Zapfstellen für Trinkwasser und elektrische Anschlüsse etwa alle 12 m vorgesehen. Anschlüsse für Dampf, Luft und Wasser liegen unter Flur, für Strom an Dachstützen oder an

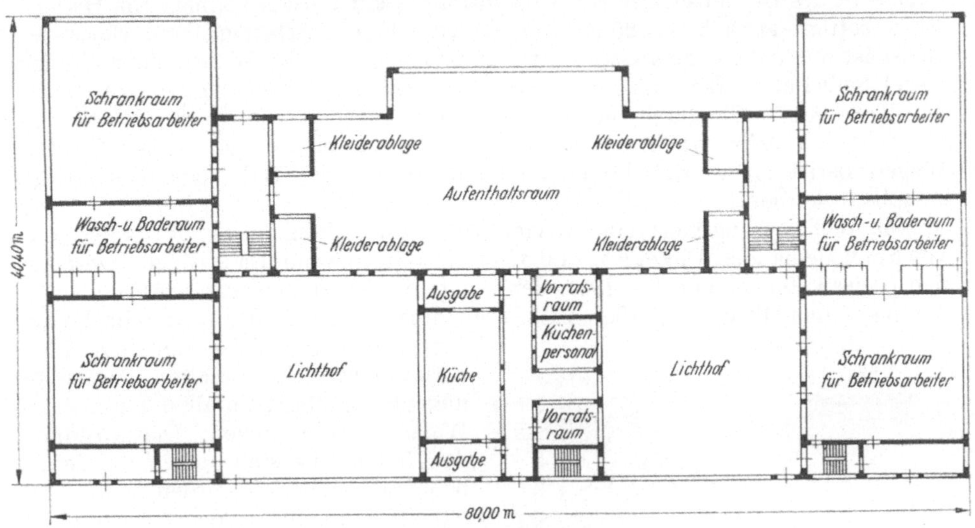

Abb. 197. Erdgeschoß.
Verwaltungs- und Aufenthaltsgebäude.

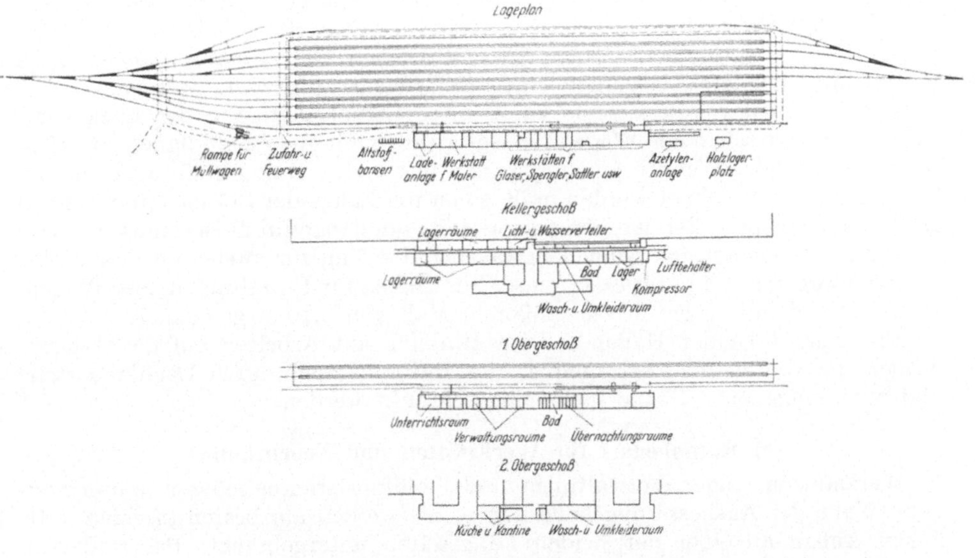

Abb. 198. München, Reisezugbehandlungsanlage.

Pendeln, die an Drähten aufgehängt sind. Die Vorheizanlage erhält etwa alle 75 m einen Anschluß. Um Unfällen beim Betreten der Gleise vorzubeugen, sind in breiten Hallen Überführungen oder Tunnels mit Treppen nach jedem zweiten Gleis und in Abständen von etwa 100 m erwünscht.

Zu Ausbesserungen, die nicht im Zugverband vorgenommen werden können, dienen Werkstattgleise, die bei großen Anlagen in einer eigenen Halle liegen und mit Hebeböcken ausgerüstet werden. Dreherei, Werkstätten, Räume für Lager,

Pflege und Laden der Batterien der Zugbeleuchtung und Elektrokarren, Umspann- und Schaltanlage sind anzuschließen, soweit nicht Anlagen benachbarter Bahnbetriebswerke mit benutzt werden können.

Güterwagenhallen (Abb. 200 bis 204) sind so zu bemessen, daß 50 vH des Tagessolls des Betriebswagenwerks darin aufgestellt werden können. Die Hallenlänge beträgt etwa 60 bis 85 m. Alle Gleise erhalten Arbeitsgruben. Eines der Gleise ist mit Achssenke auszurüsten. Zum Verschieben der Wagen dienen in der Regel Seilwinden. Bei Anlagen in Kopfform ist eine Schiebebühne vorteilhaft. Ein Kran mit 2 t Tragfähigkeit ist zweckmäßig, ist jedoch nicht über sämtlichen Hallengleisen erforderlich. Damit die Gewichtanschriften der ausgebesserten Wagen berichtigt werden können, muß außerhalb der Halle eine Gleiswaage eingebaut werden.

Die Ausbesserungsgleise sind waagerecht und geradlinig anzulegen, im Abstand von 6 m voneinander. Dieser ist auf 6,5 m zu erweitern, wenn Dachstützen zwischen den Gleisen stehen. Von Längswänden innerhalb der Hallen ist ein Abstand von 5 m bis zu den Mitten der äußeren Gleise einzuhalten. An Außenwänden im Freien

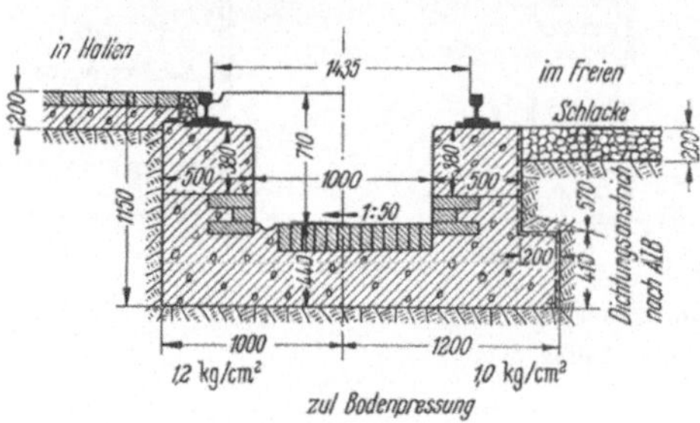

Abb. 199. Arbeitsgrube.

vorbeiführende Gleise müssen einen Abstand von 8 m einhalten, damit genügend Tageslicht einfallen kann, wenn Wagen darauf stehen. Die Abstände der Hallengleise sind notwendig, damit bequem gearbeitet werden kann und Arbeitsgeräte, Schweißgeräte usw. nicht die Durchfahrt von Elektrokarren behindern. Außerdem bietet sich die Möglichkeit, häufig gebrauchte Tausch- und Ersatzstoffe griffbereit zu lagern. Bei 6,5 m Gleisabstand können auch Werkbänke, kleinere Maschinen und dergleichen aufgestellt werden.

Für die Ausbesserungsstände kann unter Berücksichtigung der Lücken als Arbeitsraum zwischen den Wagen für Güterwagen mit einer Standlänge von 12 m gerechnet werden. Wenn erfahrungsgemäß mit vielen Drehgestellwagen im Zuführungsgebiet gerechnet werden muß, so ist die Länge der Stände entsprechend größer anzunehmen. Bei der Bemessung der Standlänge für Reisezugwagen wird gerechnet für vierachsige Schnellzugwagen mit 4,5 m, für zwei- und dreiachsige Personenwagen mit 4 m für eine Achse. Für Hallen für Einzelwagen oder Wagengruppen wird mit einem etwas größerem Maß von 5,10 m gerechnet.

Die freie Höhe der Hallen soll im Hinblick auf Arbeiten auf den Wagendächern mindestens 6 m betragen. Dieses Maß darf auch durch Dachbinderteile und etwa eingebaute Kräne nicht eingeschränkt werden.

c) Raumbedarf für Werkstätten und Nebenräume.

Werkstätten, Lager, Verwaltungs- und Wohlfahrtsräume müssen in unmittelbarer Nähe der Ausbesserungshalle liegen. Sie werden am besten in einem seitlichen Anbau an einer der beiden Längsseiten untergebracht. Bei Hallen in Kopfform können solche Räume auch an der nicht mit Toren versehenen Kopfseite liegen, so daß beide Längsseiten für die Belichtung mit Fenstern versehen werden können. Als Zugang bzw. Zufahrt ist für die Belegschaft der Betriebswagenwerke und für Straßenfahrzeuge, die Stoffe und Geräte bringen, ein schienenfreier Anschluß an das öffentliche Straßennetz vorzusehen.

Der Flächenbedarf für die einzelnen Räume ist in der nachstehenden Zusammenstellung aufgeführt, wobei die niedrigen Werte für kleine, die hohen für große Dienststellen gelten. Die in Klammern genannten Räume sind nur für große Dienststellen nötig.

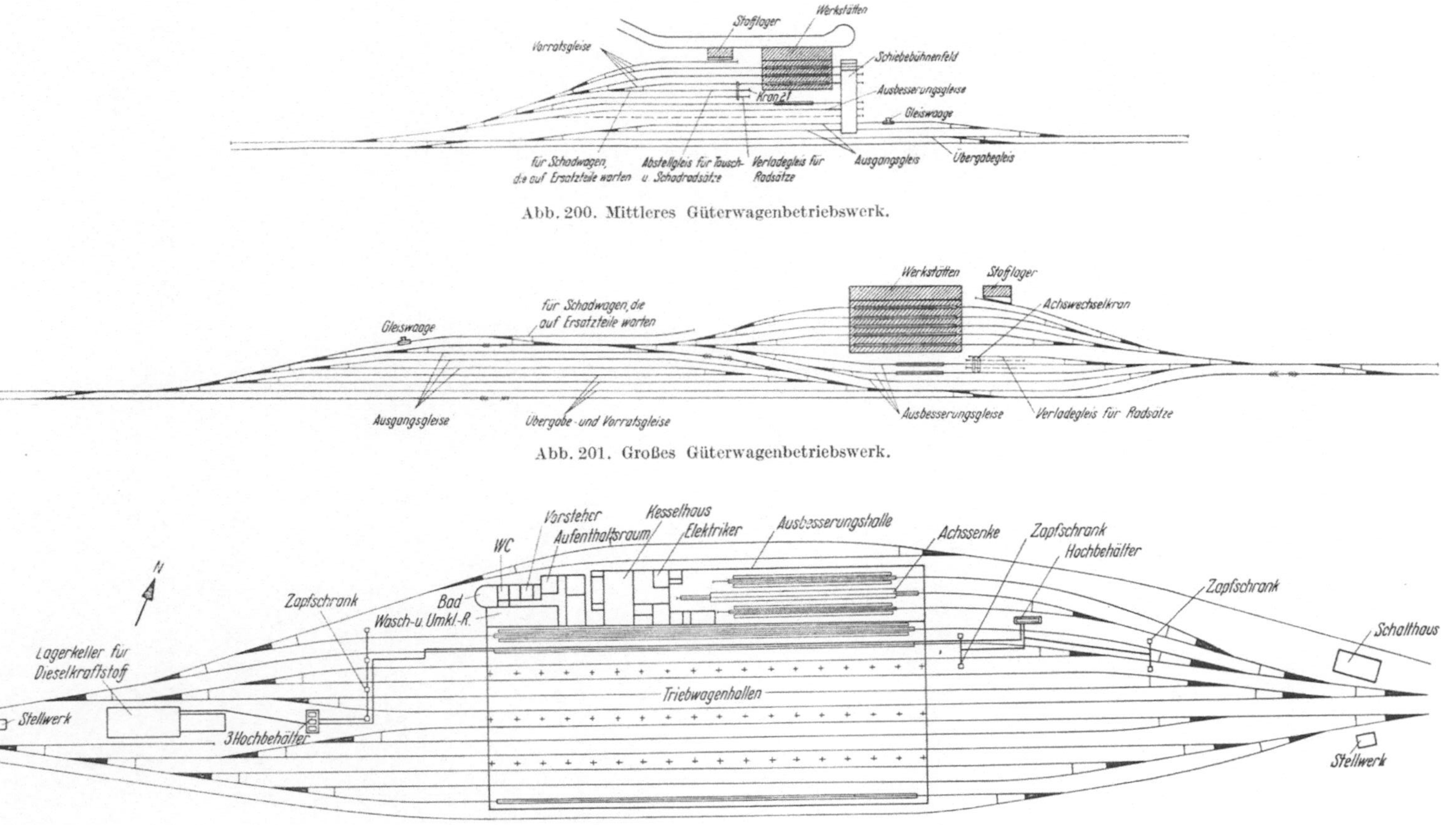

Abb. 200. Mittleres Güterwagenbetriebswerk.

Abb. 201. Großes Güterwagenbetriebswerk.

Abb. 202. Dortmund, Triebwagenhalle.

A. Verwaltungsräume
Dienstzimmer für

1. Dienststellenleiter oder Gruppenleiter . . . . 12— 16 m²
2. (Vertreter . . . . 12 m²)
3. (Gruppenleiter . . . . 12 m²)
4. Werkmeister, Werkführer und Gedingeschreiber . . . . 14— 20 m²
5. Lohnrechner und Schreibhilfen . . . . 16— 30 m²
6. (Betriebsvertretung . . . . 16 m²)
7. Unterrichtsraum je Kopf . . . . 1,7 m²
8. Kleiderablage je Kopf . . . . 0,6 m²

B. Wohlfahrtsräume

1. Schrankraum je Kopf 2 Schränke, je für Arbeits- und Straßenkleidung mit 1,8 m²
2. Waschraum je 2 Köpfe 1 Waschstelle mit . . . . 1,5 m²
3. Baderaum (einschließlich Kleiderablage und Zugang) für je 15 Köpfe
   1 Badestelle mit . . . . 5,0 m²
4. Aufenthaltsraum (mit Kleiderablage) je Kopf . . . . 1,5 m²
5. Kochraum mit Speisewärmer und Heißwasserspender . . . . 9— 16 m²
6. Trockenraum für Kleidungsstücke . . . . 10— 20 m²
7. Aborte (einschließlich Vorraum) für je 20 Köpfe 1 Abortsitz und 1 Pißstand je . . . . 3 m²
8. Fahrradraum, überdacht . . . . 20— 40 m²

C. Werkstatt, Lager und sonstige Betriebsräume, Behandlungsanlagen für Reise-
züge

1. Schlosserei . . . . 50—100 m²
2. Werkzeugausgabe . . . . 20— 40 m²
3. Handlager . . . . 30— 40 m²
4. Raum für Luftverdichter . . . . 20— 30 m²
5. Räume für Werkmeister, Werkführer und Schreiber . . . . 30— 50 m²
6. Schmiede und Schweißerei . . . . 30— 50 m²
7. Klempnerwerkstatt . . . . 30— 50 m²
8. Tischlerwerkstatt . . . . 50—100 m²
9. Glaserwerkstatt . . . . 25— 35 m²
10. Sattlerwerkstatt . . . . 30— 50 m²
11. Malerwerkstatt . . . . 30— 50 m²
12. Betriebsschlosserwerkstatt . . . . 30— 50 m²
13. Elektrikerwerkstatt . . . . 30— 50 m²
14. Arbeitsraum für Lampenputzer . . . . 30— 50 m²
15. Laderaum für Zugbatterien (NiCd-Batterien) . . . . 40— 70 m²
16. Laderaum für Zugbatterien (Pb-Batterien) . . . . 40— 70 m²
17. Eisen- und Ersatzstücklager . . . . 80—150 m²
18. Holzlager . . . . 60—100 m²
19. Verbandraum . . . . 12— 15 m²
20. Zimmer für Lagermeister . . . . 12— 18 m²
*21. Lagerraum für Betriebsstoffe . . . . 60—100 m²
*22. Lagerraum für Gummi und Elektrostoffe . . . . 50— 80 m²
*23. Sammelraum für Altpapier . . . . 40— 70 m²
*24. Sammelraum für Holzspäne unter der Tischlerei . . . . 20— 30 m²
*25. Raum für Kondensatrückspeiseanlage und für Dampfverteiler . . . . 30— 50 m²
*26. Raum für Ventilstücke für Gas- und Preßluftleitungsnetze . . . . 20— 30 m²
*27. Raum für Läuferklopfmaschine mit Nebenraum für Läuferlagerung . 30— 50 m²
*28. Aufbewahrungsraum für Richtungsschilder . . . . 20— 30 m²
*29. Handlager für Betriebsschlosser . . . . 20— 30 m²
*30. Handlager für Elektriker . . . . 20— 30 m²
*31. Lade- und Abstellraum für Elektrokarren . . . . 60—100 m²
*32. Raum für Gleichrichter, Hoch- und Niederspannungsanlagen . . . . 80—130 m²

Anmerkung: Die mit einem * gekennzeichneten Räume können in die Keller der Ausbesserungshalle gelegt werden.

Güterwagenausbesserungsstellen

1. Mechanische Werkstatt . . . . 40— 60 m²
   (Wenn Achsschenkeldrehbank aufgestellt wird . . . . 80—100 m²)
2. Schmiede . . . . 30— 60 m²

3. Schweißerei mit außenliegender Reinigungsanlage für Entwickler (Karbidkalkschlammgrube) . . . . 20 m²
4. Schreinerei . . . . 60—100 m²
   (Bei größeren Dienststellen sind die Holzbearbeitungsmaschinen in besonderem Raum aufzustellen)
5. Arbeitsraum für Maler und Glaser . . . . 25— 30 m²
6. Werkzeugausgabe . . . . 20 m²
7. Bremskolbenwerkstatt mit Handlager für Kolben und andere Bremsersatzteile (nur für Ausbesserungsstellen mit Zwischenbremsuntersuchung) . . . . 20— 30 m²
8. Klempnerei (wenn Zugschlußsignale instand gesetzt werden müssen) . 20 m²
9. Holzlager (bei der Schreinerei) mit luftdurchlässigen Wänden und gegebenenfalls mit Altholzaufbereitung . . . . 40—100 m²
10. Ersatzstücklager in der Nähe der Werkzeugausgabe . . . . 50— 80 m²
11. Betriebsstofflager (z. T. im Keller) . . . . 30— 60 m²
12. Gerätelager . . . . 30— 40 m²
13. Verbandraum . . . . 15 m²
14. Abstell- und Laderaum für Elektrokarren . . . . 40— 60 m²
15. Trafo- und Schaltraum . . . . 20 m²
16. Kompressorraum . . . . 20 m²
17. Raum für Heizanlagen einschließlich Kokslager (im Keller), falls nicht besonderes Kesselhaus vorhanden ist . . . . 50— 80 m²
18. Raum für Dampfverteiler, Absperrventile, Dampf- und Wassermesser usw. (gegebenenfalls im Keller) . . . . 10 m²

Die Verwaltungs- und Wohlfahrtsräume können im Obergeschoß liegen mit Ausnahme des Fahrradraumes, der im Erd- oder Kellergeschoß oder im Freien untergebracht werden kann. Für die Aborte empfiehlt sich eine Lage, die von den Arbeitsplätzen und Werkstatträumen schnell zu erreichen ist, also eine Verteilung auf das Erd-, ggf. Keller- und Obergeschoß. Die Werkstatt- und Lagerräume müssen überwiegend in gleicher Fußbodenhöhe mit der Halle liegen.

d) Bauliche Durchbildung und Ausstattung.

Für die Ausführung der Wände wird in der Regel Mauerwerk, Stahl- oder Stahlbetonfachwerk mit Ausmauerung in Frage kommen, während Holzfachwerk aus Gründen des Holzmangels zu vermeiden sein wird. Die Dachtragewerke können jedoch in sparsamer Holzbauweise ausgeführt werden. Im übrigen kommen Stahl- oder Stahlbetondachkonstruktionen in Betracht. Zwischenstützen sind nach Möglichkeit nicht aufzustellen; sie werden erst bei mehr als zwei Gleisen aufgestellt werden müssen. Auf reichliche Belichtung durch große und hohe Fenster in den Seitenwänden, möglichst auf die ganze Raumhöhe, ist Wert zu legen. Wenn die Hallen sehr tief sind und auf der einen Längsseite Werkstätten und sonstige Räume angebaut werden, muß für das fehlende Seitenlicht durch Laternenaufbauten mit senkrechten Glasflächen für Oberlicht gesorgt werden. Für die Ausbildung der Laternen gilt das bei den Lokhallen Gesagte, jedoch ist eine reichlichere Bemessung der Lichtflächen erwünscht. Wände und Dachuntersichten werden weiß gestrichen, um die Helligkeit zu verstärken. Mit den Oberlichtaufbauten werden insbesondere bei großen Hallen, wie in den Lokhallen, Lüftungseinrichtungen verbunden, um die Wasserdämpfe, die sich vor allem im Winter beim Auftauen und Abspülen ergeben, abzuführen. Arbeitsgruben werden ähnlich wie bei den Lokhallen ausgebildet, jedoch mit geringerer Tiefe (Abb. 199). Die Fußbodenoberkante liegt an der Arbeitsgrube in gleicher Höhe wie SO. Zum Zwecke leichterer Auswechslung und zum Schutz der Fußbodenkante liegt neben der Schiene, deren Stoß geschweißt wird, eine Streichbohle aus Hartholz oder eine Streichschiene aus Stahlprofilen. Der Fußboden kann aus den gleichen Baustoffen wie bei den Lokhallen bestehen. Wie bei diesen erhält der Fußboden zwischen den Gleisen beiderseitiges Gefälle nach den Arbeitsgruben hin. Ein zu den Werkstätten günstig gelegenes Hallengleis ist für das Auswechseln von Achsen einzurichten. Die Gruben für die Achssenken sind je nach deren Bauart verschieden. Die Einfahrtstore müssen 4,4 m im Lichten weit und 4,8 m hoch sein. Die Türflügel werden wie bei den Lokhallen ausgebildet. Längs der Hallenstirnseiten muß auch außen ein 3 m breiter, gut befestigter Fahrweg für den Förderverkehr freigehalten werden.

Für die *Beheizung* der Räume kann Dampf- oder Heißwasser als Wärmeträger verwendet werden. Die Dienst-, Lager- und Nebenräume werden unter Zwischenschaltung von Wärmeaustauschern durch Warmwasserheizung, die Werkstatträume und die Halle durch Warmluft aus Einzellufterhitzern erwärmt. Bei zentraler Lufterwärmung soll ein Teil der Wärmeaustrittsöffnungen in die Arbeitsgruben gelegt werden. Für Heizanlagen mit einem Druck von über 0,5 atü ist ein eigenes Kesselhaus erforderlich, wenn nicht der Dampf oder das Heißwasser von einer außerhalb der Wagenbehandlungsanlage gelegenen Erzeugungsstelle zugeführt wird. Mit 0,5 atü oder weniger betriebene Heizungsanlagen können im Keller untergebracht werden.

Eine *Lüftung* durch Ventilatoren ist für alle Räume erforderlich, in denen sich Staub und Gase entwickeln, wie Schmiede, Schweißerei, Anstreicherei und Werkhalle. Dabei ist darauf zu achten, daß Zugluft vermieden wird. Wichtig ist die Entstaubung der Tischlerei und das Absaugen der Späne.

Für die Energie- und Wasserversorgungsanlagen sowie für die Entwässerungsleitungen in den Wagenhallen gilt sinngemäß das für die Lokhallen Gesagte.

e) Entseuchungsanlagen für Personen- und Güterwagen.

Um alles Ungeziefer und Krankheitsstoffe abzutöten, ist häufig eine Entseuchung, insbesondere der gepolsterten Personen- und der Schlafwagen, notwendig. Hierfür bestehen zweckdienliche Vorrichtungen. Diese zählen jedoch zu den maschinentechnischen Anlagen, so daß sie hier nicht beschrieben werden.

Güterwagen. Die Güterwagen werden auf andere Art entseucht, insbesondere die zur Viehbeförderung benutzten. Die Eisenbahnen sind gesetzlich verpflichtet, Wagen und Geräte zu entseuchen, die für die Beförderung von lebenden Tieren oder von bestimmten fäulnisfähigen, übelriechenden oder ekelerregenden Stoffen verwendet worden sind. Hierfür sind zwei Waschgleise mit seitlichen Laufstegen und dazwischen ein Dunggleis von etwa 60 m Länge erforderlich. Die Anlage liegt am besten an durchgehenden Gleisen, damit die Wagen von der einen Seite zugestellt und von der anderen Seite abgefahren werden können. Der Boden zwischen den Gleisen (Waschplatte) wird wasserdicht hergestellt. Das mittlere Dunggleis dient dazu, Dungwagen aufzustellen, so daß der Dung unmittelbar verladen werden kann, ohne erst gelagert zu werden.

Zu dieser Anlage gehört ein Gebäude mit einem Kesselraum zur Herstellung heißen Wassers für die Reinigung und zur Bereitung der Entseuchungsflüssigkeit, wie Soda- oder Kresollösung, mit den nötigen Vorratsräumen. Außerdem sind ein Büroraum, Aufenthaltsräume, Wasch- und Umkleideräume sowie Aborte für die mit der Reinigung betrauten Arbeiter erforderlich. Das Kesselhaus wird mitten vor einer Langseite der Waschplatte errichtet. Kohlen- und Aschebansen müssen vom Haus aus bequem zu erreichen sein. Für die Brennstoffanfuhr ist ein Kohlengleis zu legen.

Unter Umständen kann auch die Untersuchung aus dem Auslande eingeführter Tiere in Frage kommen. In diesem Falle müssen Stallungen mit den notwendigen Untersuchungsräumen, Schlachträumen, Ställen usw. vorgesehen werden.

Entseuchungsanlagen werden möglichst an den Rand eines Bahnhofs gelegt, damit Fuhrwerke zur Düngerabfuhr heranfahren können. Derartige Anlagen sollen erweiterungsfähig bleiben. Von Wohnungen und den Anlagen des Personenbahnhofs sollen sie möglichst entfernt liegen. Die Lage der Entseuchungsanlagen im Eisenbahnnetz und ihre Größe wird im wesentlichen dadurch bestimmt, daß die Entseuchung 48 Stunden nach der Entladung beendet sein muß.

3. Lagerhäuser (Abb. 205 bis 210).

Das Bedürfnis nach Lagerräumen besteht bei den Eisenbahnen für die verschiedensten Zwecke. Vielerorts werden sie in Betriebs- und Verkehrsbauten mit untergebracht, z. B. in Kellern und auf Dachböden, soweit es sich nicht um die Lagerung feuergefährlicher Stoffe handelt, die besonders geregelt ist. Bei gewissen Vorräten kommt auch eine Lagerung im Freien in Betracht, wie bei Brennstoffen, Schienen, Schwellen und einer Anzahl von Baustoffen. Für manche Stoffe genügen auch Überdachungen auf Stützen ohne Seitenwände. Zur Lagerung von Werkstatt-, Betriebs-, Oberbau-, Bau- und sonstigen Vorräten und Geräten werden besondere Gebäude dann erforderlich, wenn aus wirtschaftlichen Gründen größere Sammelstellen einzurichten sind, von denen aus die Verteilung an die Verbrauchsstellen geschieht. Lagergebäude für die verschiedenen Bedürfnisse haben vieles Gemeinsame, weshalb die hier für die Anlagen des Maschinendienstes folgenden Ausführungen auch für andere Lagergebäude sinngemäß gelten können. Je nach der Größe der Lokomotiv-Betriebswerke sind in diesen in der Regel Lagerräume mit folgenden Grundflächen erforderlich:

Ölabgabe mit Zapfschrank und Betriebsstoffausgabe	40— 50 m²
Vorratsbehälter für Ölausgabe und Faßlager zweckmäßig im Keller unter der Ölabgabe	40— 50 m²
Lager für Betriebsstoffe	60—120 m²
Lager für Werkstoffe, Ersatzstücke und Geräte	60—180 m²
Lager für Lokomotivgeräte	30— 50 m²
Lager für Schutzkleider	40— 80 m²

Diese Werte gelten nur für den Bedarf eines Betriebswerkes allein. Wenn das Betriebsstofflager noch als Nebenlager einen größeren Bezirk zu versorgen hat, sind entsprechend größere Lagerräume notwendig. Auch für Wagenbehandlungsanlagen sind besondere Lagerräume notwendig, deren Abmessungen unter Abschnitt III B 2 c bereits angegeben sind.

Zu den Lagern und Nebenlagern gehören — zumeist mehrgeschossige — Betriebsstoff- und Gerätehauptlager, die meist am Sitze der Eisenbahndirektion liegen.

Die Lagerflächen werden ermittelt aus dem $1\frac{1}{2}$fachen Monatsbedarf dessen, was dauernd auf Lager vorgehalten werden soll, um Schwankungen in der Anlieferung auszugleichen. Dieser so ermittelten Menge sind 20 vH für die einstweilige Unterbringung angelieferter Sachen bis zu deren Abnahme oder deren Rückgabe zuzuschlagen, letztere soweit die Sachen nicht vorschriftsmäßig sind. Außerdem ist ein jährlicher Zuwachs von 3 vH für zehn Jahre, also 30 vH zu berücksichtigen, so daß insgesamt mit einem Raumbedürfnis für das $2\frac{1}{4}$fache des Monatsbedarfs zu rechnen ist.

Je nach dem Raumbedarf und den zu lagernden Teilen werden die Gebäude ein- oder mehrgeschossig ausgeführt. Außer den Lagerräumen sind gegebenenfalls Ausgabe,- Verwaltungs- und Aufenthaltsräume für die Lagerarbeiter vorzusehen, die in einem besonderen Anbau liegen können. Bei mehrgeschossigen Gebäuden wird der Erdgeschoßfußboden in 1,10 m Höhe über SO angeordnet. Die Gebäude erhalten Gleisanschluß und breite, überdachte Verladerampen, auf denen auch Vorräte nach dem Entladen vorläufig abgestellt werden können. Für die Anfuhr mit Lastkraftwagen wird gegebenenfalls auch an der gleisabgewandten Seite eine Laderampe vorgesehen. In der Nähe der Verladetore wird eine in den Fußboden eingelassene und mit der Wiegeplatte mit dessen Oberkante in gleicher Höhe liegende Waage eingebaut. In mehrgeschossigen Lagergebäuden werden Aufzüge mit 1500 bis 3000 kg Tragkraft erforderlich. Zur Erleichterung des Verladens kann von den Laderampen eine Förderbahn (Schwebebahn) an der Waage vorbeigeführt werden. Nach Bedarf sind Rampen und Wege für Elektrokarren, Handwagen und fahrbare Schneidbrenner vorzusehen. In diesen größeren Lager-

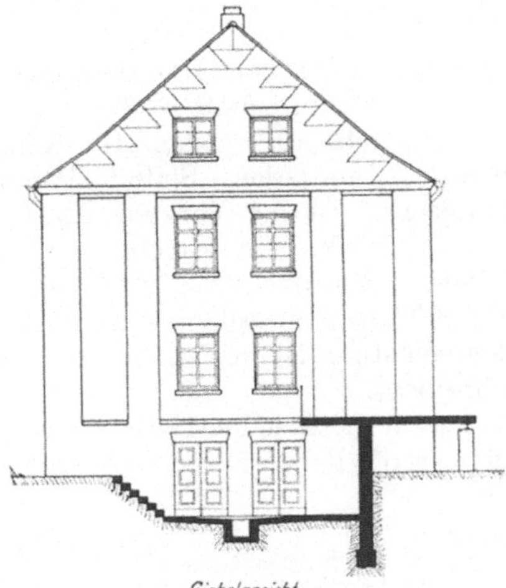

Abb. 205. Ansicht.

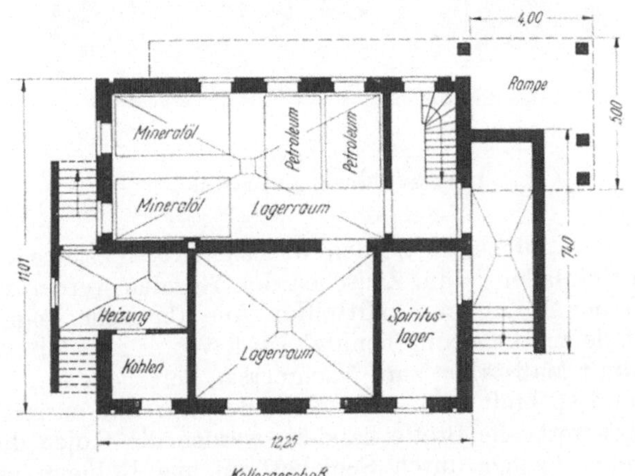

Abb. 206.
Kellergeschoß.

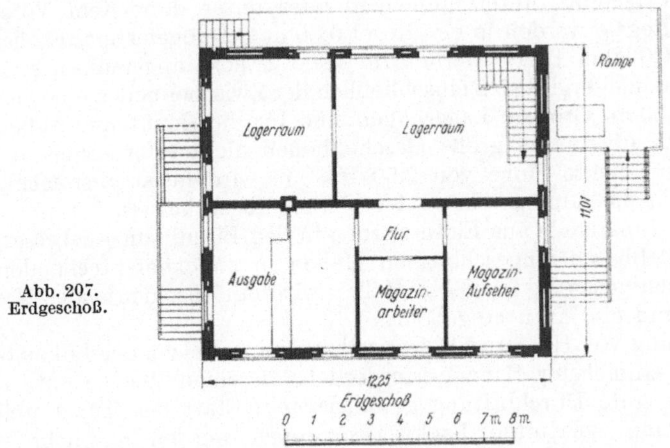

Abb. 207.
Erdgeschoß.

Abb. 205 bis 207. Betriebsstoffnebenlager Rheine.

Spröggel, Hochbauten der Eisenbahn.

11

häusern werden die Vorräte so verteilt, daß im Erdgeschoß schwere Teile (Kupfer-
stangen, Rotgußteile, Drähte, Schrauben, Niete, Werkzeugstahl), in den Obergeschossen leichtere (I. Obergeschoß Feilen, Hämmer, Nägel, Schlösser, Schlüssel,
Splinte, Stiele, Schwämme, II. Obergeschoß Roßhaare, Kokosmatten, Zylinder,
Bindfaden, leere Kisten usw.) gelagert werden. Im Kellergeschoß werden Öle,
Farben, Kohlestifte, Drähte, Bindfäden, Seifen, Kreiden, Putzwolle u. dgl.
untergebracht. Dementsprechend ist die Verkehrslast bei der Berechnung der
Deckenkonstruktionen zu ermitteln. Im allgemeinen werden 3000 kg/m² für
die Decken zwischen Keller- und Erdgeschoß, 2000 kg/m² zwischen Erdgeschoß
und I. Obergeschoß und 1000 kg/m² zwischen I. und II. Obergeschoß angenommen. Die zulässige Deckenbelastung ist in den einzelnen Geschossen an deutlich
sichtbarer Stelle anzuschreiben.

Die Lagergeschosse erhalten meist keine festen Zwischenwände. Ihre Gliederung ergibt sich durch die erforderlichen Deckenstützen, zwischen denen doppel-

Abb. 208. Ansicht.
Betriebsstoffhauptlager Augsburg.

seitige Regalreihen so aufgestellt werden, daß sich Kojen ergeben, in welche das
Licht ungehemmt einfallen kann. Zwischen den Regalen werden häufig als teil-
weiser Abschluß der Kojen zum Mittelflur Ausgabetische angeordnet, deren
Unterbau gleichfalls zur Lagerung benutzt wird. Wo es zweckmäßig ist, werden
die Tischplatten mit Maßstäben zum Nachmessen versehen. Der Mittelflur muß
gut zugänglich und so breit sein, daß er für den Verkehr ausreicht. Soweit es
sich um besonders wertvolle Stoffe handelt, werden die Kojen durch Drahtgeflecht oder einzelne Fächer durch Schiebetüren aus Rahmen mit doppeltem
Drahtgeflecht abgeschlossen, so daß die Übersichtlichkeit gewahrt bleibt. Hierbei
ist die Lagerordnung zu beachten, die je nach Art und dem Wert der Stoffe
Lagerung ohne Verschluß, unter einfachem oder unter doppeltem Verschluß
vorschreibt. Die Regale werden in der Regel 0,80 m tief angefertigt. Fächer von
0,50 m Höhe und 0,60 m Breite werden für viele Zwecke angemessen sein. Bei
4 Fächern übereinander ergibt sich einschließlich der Zwischenböden eine Gesamthöhe von etwa 2,50 m. Größere Lagerhöhen sind für die Benutzung unbequem.
Deshalb sind auch übermäßig große Geschoßhöhen nicht erforderlich und unwirtschaftlich. Eine lichte Höhe von 2,50 bis 3 m wird meist ausreichen. Die
Treppe wird gegen die Lagergeschosse feuersicher abgeschlossen.

Stabeisen und Ersatzteile aus Eisen werden in den Eisenbahn-Ausbesserungs-
werken in abschließbaren eingeschossigen Hallen in zweckentsprechenden Gestellen übersichtlich gelagert. In diesen Hallen wird ein durchlaufendes Normal-
spurgleis gelegt und ein Kran eingebaut.

Für die Lagerung von Holz und Reiserwellen zum Anheizen der Lokomotiven
sind Lagerhäuser einfachster Bauart erforderlich, die einen Regenschutz bieten
und dennoch eine gute Durchlüftung gewährleisten. Statt der früher üblichen
offenen, seitlich nur gelatteten Fachwerkschuppen werden nunmehr solche
massiv errichtet, wobei die Wände zwischen den tragenden Pfeilern aus halbstein-

starken auf Lücke gesetzten Mauersteinen bestehen. Diese Bauten werden ebenso
wie die Lagerhäuser für Nutzholz wegen der Feuersgefahr möglichst frei aufgestellt. Die Längsseite soll senkrecht zur vorherrschenden Windrichtung liegen.

Für die Lagerung *feuergefährlicher Stoffe* gilt bei der Deutschen Bundesbahn
die DV 936 für die Aufbewahrung und Lagerung feuergefährlicher, spreng-
gefährlicher und zum Zerknall neigender Stoffe und den Verkehr mit diesen
Stoffen. Hiernach werden Flüssigkeiten verschiedener Gefahrenklassen und außerdem Stoffe, die in Berührung mit einem brennenden oder glühenden Körper
leicht Feuer fangen, Stoffe, die in freier Luft sich unter Umständen selbst ent-

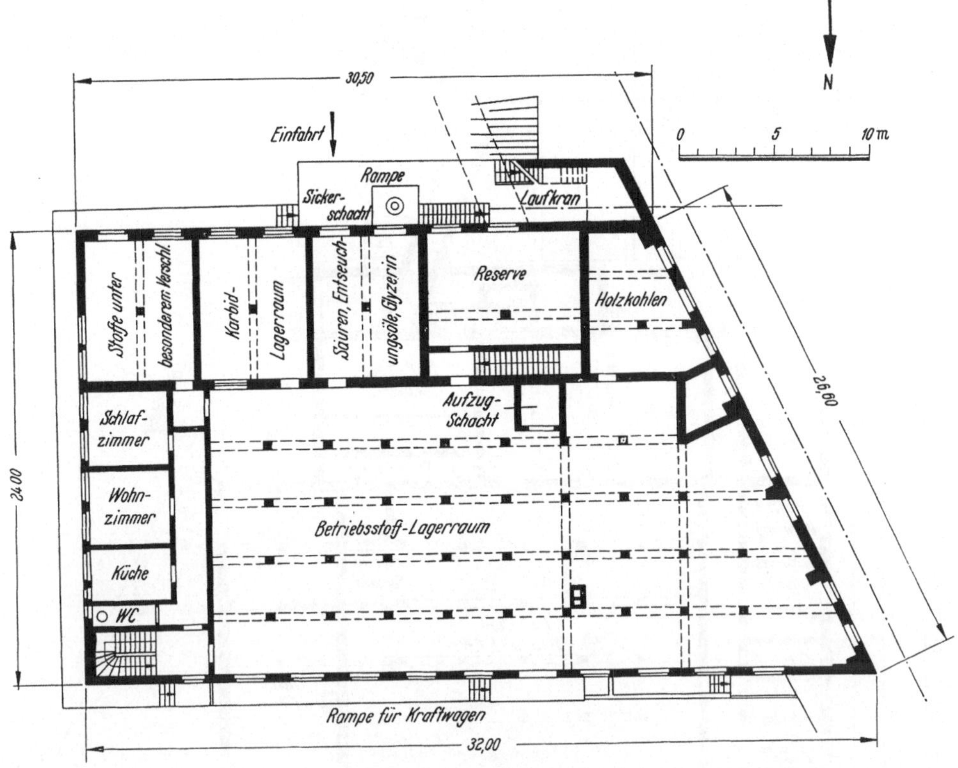

Abb. 209. Erdgeschoß.
Betriebsstoffhauptlager Augsburg.

zünden, brennbare oder die Verbrennung fördernde Gase und Kalziumkarbid,
unterschieden. Die Lagerung feuergefährlicher Flüssigkeiten ist je nach Gefahrenklasse in Verkehrsräumen (Fluren, Treppenhäusern usw.) verboten, in Wohn-
und Aufenthaltsräumen sowie in Arbeitsräumen auf geringe Mengen beschränkt.
In Räumen, die ausschließlich zur Lagerung feuergefährlicher Flüssigkeiten
bestimmt sind und nicht unter Verkehrs- und Wohnräumen liegen, sind größere
Mengen zulässig. Da bei Zusammenlagerung von Flüssigkeiten verschiedener
Gefahrenklassen für die zulässige Menge im allgemeinen die höchste Gefahrenklasse entscheidend ist, empfiehlt es sich, die Lagerräume nach Gefahrenklasse
feuersicher zu trennen.

Unter Beachtung dieser Bestimmungen kommt die Lagerung solcher Flüssigkeiten und Stoffe in den Kellern der Lagergebäude oder in besonderen Öllager-
gebäuden in den zulässigen Mengen in Betracht. Große Mengen, insbesondere
der höheren Gefahrenklasse, werden in Tanks auf besonderen Lagerhöfen ge-

lagert, was hier nicht zu erörtern ist. Die Flüssigkeiten werden z. T. in eisernen Fässern gelagert, in denen sie geliefert werden. Für je 10 Faß wird mit 6 qm Lagerfläche gerechnet. Die Fässer können, abgesehen von denen, die bald wieder weiterversandt werden (etwa $^1/_5$), in drei, meist jedoch nur in zwei Lagen übereinander gestapelt werden, so daß also auf 6 qm Lagerfläche die dreifache oder

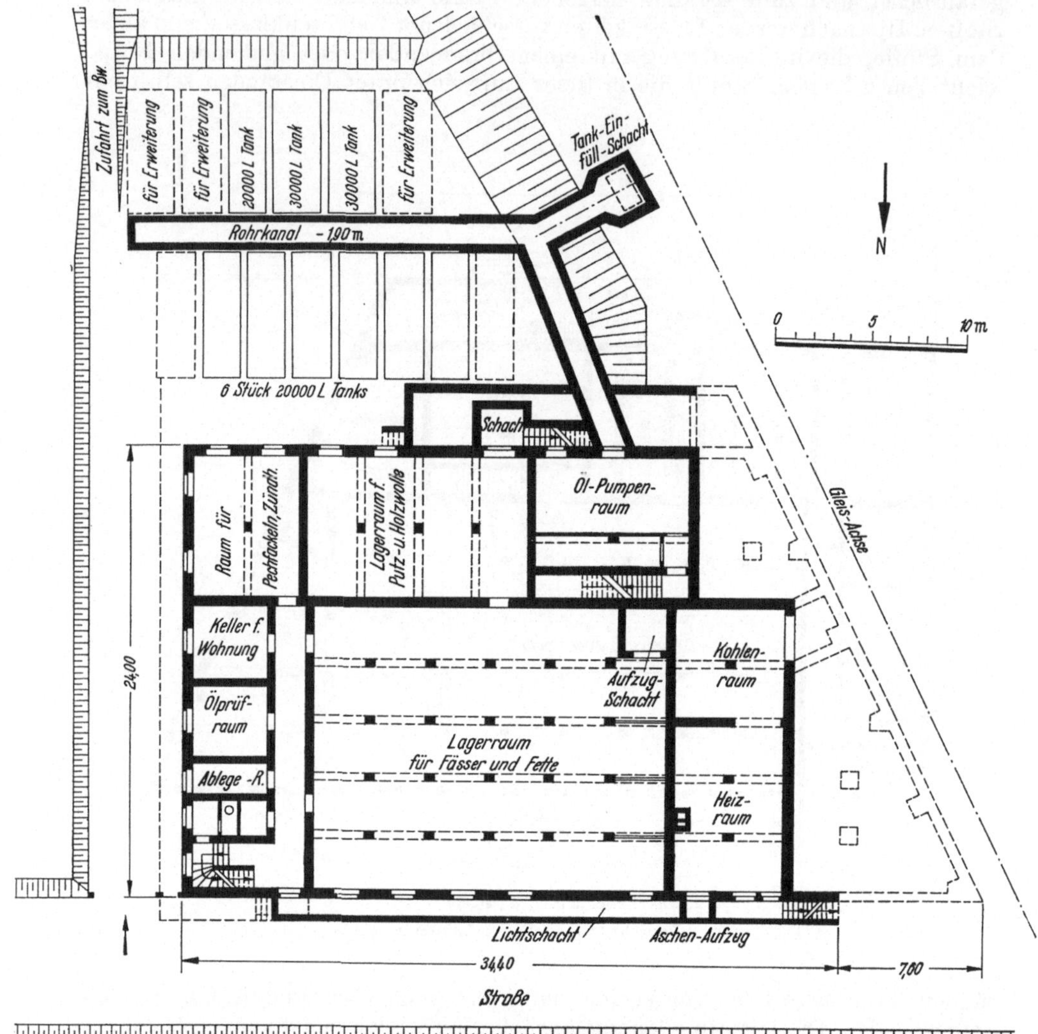

Abb. 210. Kellergeschoß.
Betriebsstoffhauptlager Augsburg

doppelte Menge untergebracht wird. Hiernach läßt sich die erforderliche Gesamtlagerfläche ermitteln. Flüssigkeiten, die im Kesselwagen geliefert werden, werden in der Regel in Tanks umgefüllt. Diese werden unmittelbar vom Kesselwagen durch anschließbare Rohrleitungen gefüllt. Die Flüssigkeiten werden aus den Tanks durch Pumpen oder soweit zulässig auch durch Preßluft zur Ausgabestelle befördert. Lagerräume müssen gut durchlüftet und erhellt sein. Kellerräume bedürfen einer besonders kräftigen Lüftung unter Absaugung der Luft vom Fußboden aus. Die Lagerräume müssen von anstoßenden Räumen durch Wände und Decken aus feuerhemmenden Baustoffen getrennt sein und dürfen keine Abflüsse nach außen haben. Zur Beheizung dürfen nur Warmwasserheizungen verwendet werden. Die Fußböden müssen undurchlässig sein und so gelegt werden, daß beim Ausfließen von Behältern keine brennbaren Flüssigkeiten ins Freie gelangen können. Zu diesem Zwecke wird der Fußboden gegenüber dem Eingang entsprechend tiefer gelegt. Der Höhenunterschied wird durch Rampen mit 1 : 7 Gefälle ausgeglichen. Der Fußboden erhält Gefälle nach einer oder mehreren Sammelgruben von 50 bis 300 Liter Inhalt, in denen die aus lecken Fässern abtropfende Flüssigkeit sich sammelt und leicht ausgeschöpft werden kann. Elektrische Innenbeleuchtung muß schlagwettersicher nach den Vorschriften des Verbandes Deutscher Elektrotechniker und mit Schaltern und Sicherungen außerhalb der Lagerräume ausgeführt werden. Die Türen müssen feuerbeständig, verschließbar, rauchdicht, selbstschließend sein und nach außen aufschlagen. Die Fenster werden als Stahlfenster mit Drahtglas und eisernen Schlagläden ausgebildet, die außen angebracht in gemauerte Falze schlagen.

4. Wassersammelbehälter.

Nach den technischen Vereinbarungen (Tv) § 41 sollen Anlagen zum Versorgen von Lokomotiven mit Speisewasser nach den Bedürfnissen des Betriebes in solchen Abständen errichtet und so leistungsfähig gemacht werden, daß der größte Wasserbedarf gedeckt werden kann. Es soll darauf geachtet werden, daß der Härtegrad des Speisewassers gering ist. Außer zum Speisen der Lokomotive und Tender wird auf den Bahnhöfen Wasser zum Auswaschen der Kessel, zu Trink-, Koch- und Waschzwecken, zur Reinigung der Gebäude, Wagen und Bahnsteige, zur Versorgung der Werkstätten, Aborte und Bäder sowie zu Feuerlöschzwecken benötigt.

Das Wasser wird aus Quellen, Wasserläufen und Seen oder mittels Brunnen dem Grundwasser entnommen, wenn es nicht aus einem bahnfremden Wasserleitungsnetz bezogen wird. Wenn das zur Verfügung stehende Wasser in erheblichem Grade zur Kesselsteinbildung führende Stoffe gelöst enthält und danach zur Lokomotivspeisung nicht geeignet ist, so muß es in Wasserreinigungsanlagen behandelt werden. Die Kesselsteinbildner werden hierbei durch wirksame chemische Stoffe in einem Behälter ausgeschieden, außerdem wird das Wasser in der Regel durch Filter mechanisch gereinigt. Die für die Wasserenthärtungsanlage benötigten Gebäude müssen im Benehmen mit dem Maschinendienst unter Anpassung an die örtlichen Verhältnisse und technischen Bedingungen entworfen werden.

Da der Wasserzulauf mit der Witterung und den Jahreszeiten wechselt, andererseits der Wasserverbrauch zu bestimmten Zeiten den Zulauf übersteigt, werden für das gebrauchsfähige Wasser hochgelegene Sammelbehälter angeordnet, um die Schwankungen im Wasserzulauf und Wasserverbrauch auszugleichen. Außerdem muß an den Wasserentnahmestellen ein stets gleichbleibender Druck und damit gleiche Ausflußgeschwindigkeit vorhanden sein, wodurch wiederum die Anordnung von Wassersammelbecken in bestimmter Höhe nötig wird.

Der Behälterinhalt soll so bemessen werden, daß er den Ausgleich zwischen Wasserförderung und Wasserverbrauch schafft und außerdem bei Ausfall der Förderpumpen für eine dreistündige Höchstleistung bei Bw-Wasserwerken und eine zweistündige Höchstleistung bei den übrigen Wasserwerken ausreicht. In der Regel wird der Inhalt auf 25, 50, 75, 100, 150, 200, 300, 500, 750, 1000 usw. cbm bemessen, je nach den Erfordernissen. Wasserbehälter können mit Unterbau als Wassertürme oder ohne Unterbau unterirdisch oder freistehend auf einer Bodenerhebung hergestellt werden. Die Höhenlage ist nach den Entfernungen

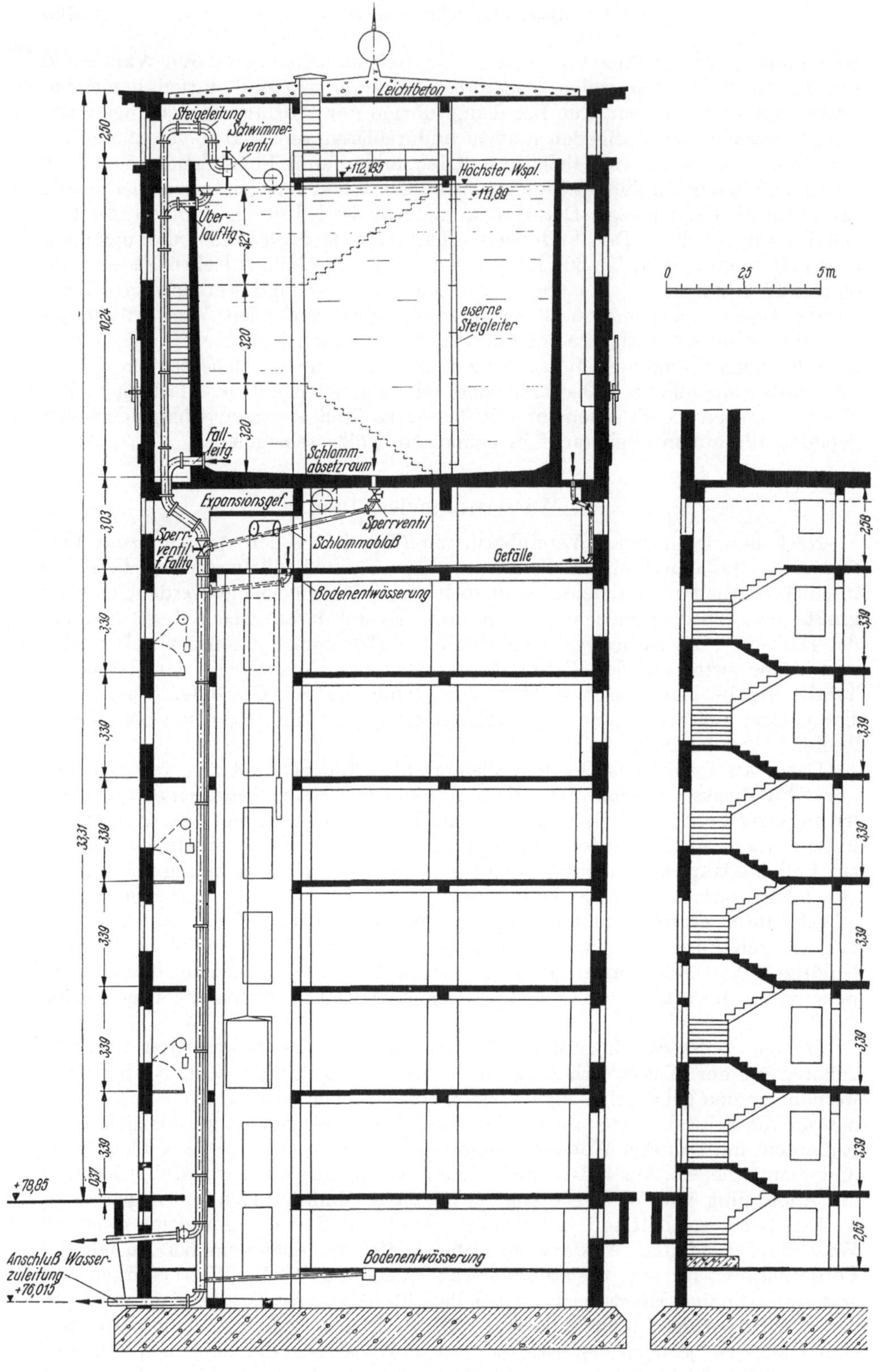

Abb. 211. Wasserturm mit 1000 m³ Inhalt (Ansicht Abb. 192). Behälter kreisrund aus Stahlbeton. Die Zwischengeschosse des quadratischen Turms sind für Übernachtungsräume vorgesehen.

und Leistungen der Wasserkräne sowie nach Lage und Anzahl der ggf. anzuordnenden Hilfsbehälter zu berechnen. Die Fallhöhe soll bei Wasserwerken für Bw und solchen von besonderer Bedeutung 10 m, bei den übrigen 7 m nicht unterschreiten. Wenn Betriebs- und Trinkwasser getrennt gespeichert werden sollen, ist ein Doppelbehälter zu verwenden, wobei das Übertreten von Betriebswasser in den Trinkwasserbehälter ausgeschlossen sein muß. Die Wasserbehälter werden

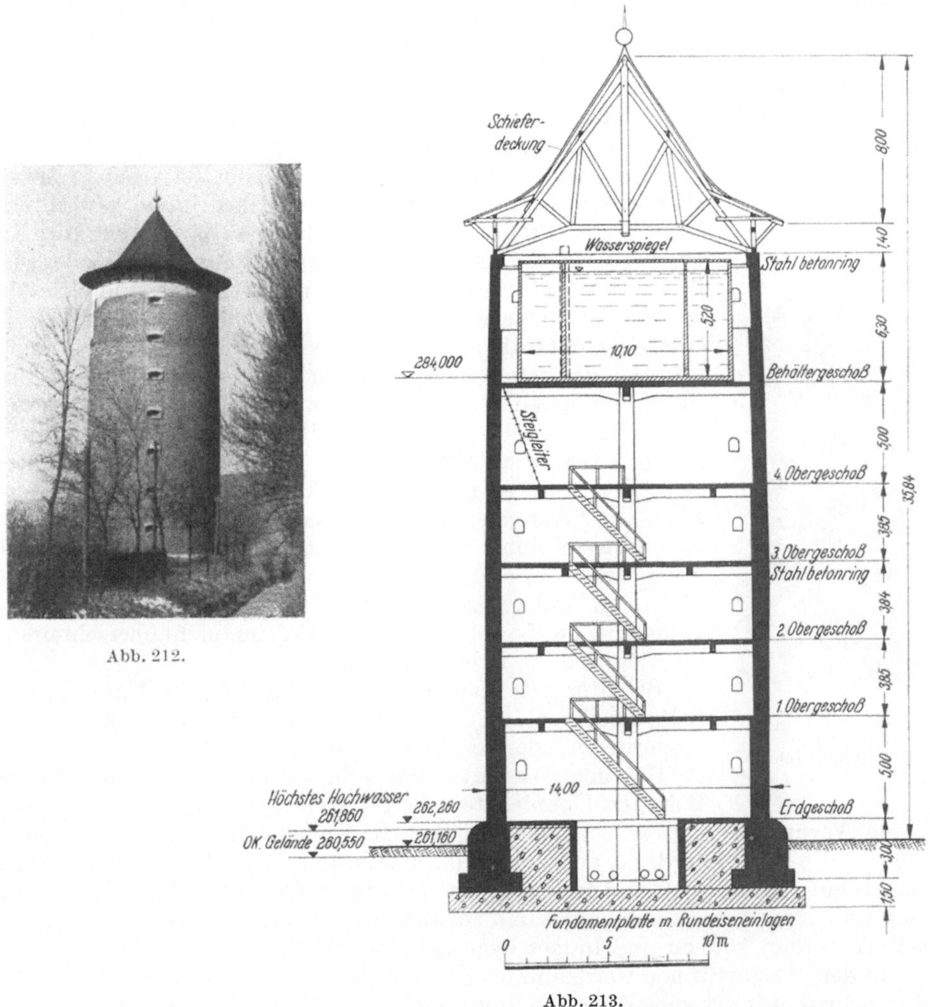

Abb. 212.

Abb. 213.

Abb. 212 und 213. Wasserturm in Lichtenfels (Behälter aus Stahlbeton mit 400 m³ Inhalt).

überdacht und je nach der Höhenlage und den klimatischen Verhältnissen so weit beheizt, daß Schieber, Leitungen usw. nicht einfrieren.

Die Falleitung muß etwas über den Behälterboden geführt werden, damit abgesetzter Schlamm nicht in die Leitung gelangen kann. Zur Reinigung des Behälterbodens von den Ablagerungen ist an der tiefsten Stelle eine Entleerungsleitung anzuschließen. Außerdem ist eine Überlaufleitung erforderlich, welche den höchsten Wasserstand bestimmt und die größtmöglichste Zuflußmenge abführen kann. An die Überlaufleitungen ist die Entleerungsleitung mit Absperrschieber anzuschließen. Selbsttätige Absperreinrichtungen müssen eingebaut werden, sobald Wasser aus fremden Werken oder höhergelegenen Stau- oder

Sammelbecken zugeführt wird. Der Stand des Wassers im Behälter muß außen am Wasserturm abgelesen werden können. An der Außenseite ist deshalb ein selbsttätiger Wasserstandanzeiger gut sichtbar anzubringen, der gewöhnlich aus einer durch Marken geteilten senkrechten Leiste mit auf- und abgleitendem Zeiger besteht. Der Zeiger steht mittels eines Drahtseils über Rollen mit einem Schwimmer auf der Wasseroberfläche in Verbindung. Elektrische Fernmeldung kommt in Betracht, wenn ein Anzeiger nicht unmittelbar beobachtet werden kann.

In Wassertürmen bestehen die Behälter aus Stahl oder Stahlbeton. Für Stahlbehälter wird der Rostgefahr wegen eine Blechstärke von mindestens 6 mm gewählt, wobei die Verwendung schwer rostender Bleche (mit geringem Kupferzusatz) vorteilhaft ist. Die Behälter sind durch mehrmaligen, gut deckenden Anstrich gegen Rost zu schützen. Kleine Behälter erhalten meist zylindrische Form mit ebenem oder nach unten gewölbtem Boden. Für große Behälter wendet man besondere Formen an, z. B. die von INTZE, BARKHAUSEN, entwickelten oder die Kugel- oder Eiform. Der Unterbau besteht aus Stahl, Stahlbeton oder Mauerwerk. Die Wasserbehälter aus Stahlbeton erhalten rechteckigen, kreisförmigen oder ringförmigen Grundriß. Bei der selten angewendeten Rechteckform müssen die Ecken biegesteif bewehrt werden. Besteht der Behälter aus zwei Kammern, so umschließt die äußere die innere ringförmig. Die Stahlbetonbehälter erhalten der einfacheren Herstellung wegen meist flache Böden, die ggf. durch Unterzüge verstärkt werden, mit geringem Gefälle nach der Reinigungsöffnung hin. Der Beton muß möglichst dicht und wasserundurchlässig sein. Die Innenseite der Behälter wird außerdem mit wasserdichtem Putz versehen. Die Beanspruchung der Bewehrung soll 1200 kg/cm^2 nicht überschreiten, um Zugrisse im Beton zu vermeiden.

Abb. 214. Wasserturm in Werne (Behälter aus Stahl mit 50 m³ Inhalt).

Behälter aus Mauerwerk oder Beton ohne Unterbau erhalten rechteckige Grundrißform, bei der die Ecken innen ausgerundet oder abgeschrägt werden.

Bei den Wassertürmen gibt es offene und überdeckte Behälter. Überdeckte Behälter werden gewählt, um das Wasser gegen Verunreinigung zu schützen. In den Boden eingebaute Behälter ohne Unterbau werden überdeckt ausgeführt und mindestens 80 cm hoch überschüttet, zum Schutz gegen Frost und Hitze. Große Behälter werden in mehrere Kammern eingeteilt, damit bei Reinigungs- und Ausbesserungsarbeiten einzelne Kammern geleert werden können und immer noch gefüllte zur Verfügung stehen.

In den Wassertürmen werden unter den Behältern Tropfböden zum Sammeln des Schwitzwassers eingebaut und mit Gefälle und Bodenentwässerung versehen. Die Entwässerung wird an das Überlaufrohr angeschlossen, das auch zur Aufnahme des Dachwassers benutzt werden kann.

Wassertürme werden zweckmäßig möglichst im Mittelpunkt des Verbrauchs gebaut, weil große Entfernungen zu den Verbrauchsstellen eine größere Höhe bedingen. Bei größeren Entfernungen als 800 m wird im allgemeinen mit 1 m Mehrhöhe für je 200 m weitere Entfernung gerechnet.

Die Behälter in Wassertürmen werden in der Regel ummantelt, insbesondere in rauhen Gegenden und dort, wo das Wasser nicht dauernd in Bewegung ist. Zwischen der Ummantelung und dem Behälter ist ein Mindestabstand von 80 cm nötig. Der Zwischenraum und der Behälter müssen gut entlüftet werden.

Insbesondere bei großen und hohen Wassertürmen ergibt sich die Möglichkeit, im Unterbau Zwischengeschosse einzubauen und sie für verschiedene Zwecke

(Dienst-, Aufenthalts- und Übernachtungsräume, Wohnungen) auszunutzen. Hierzu eignet sich am besten die rechteckige Grundrißform, die vor allem bei Stahlbetonbehältern auch möglich ist, wenn die Behälter rund sind. Auf ein geschickt eingebautes Treppenhaus muß dann Wert gelegt werden. Um den Raum über dem Behälter und das Dach zugängig zu machen, wird der Einbau

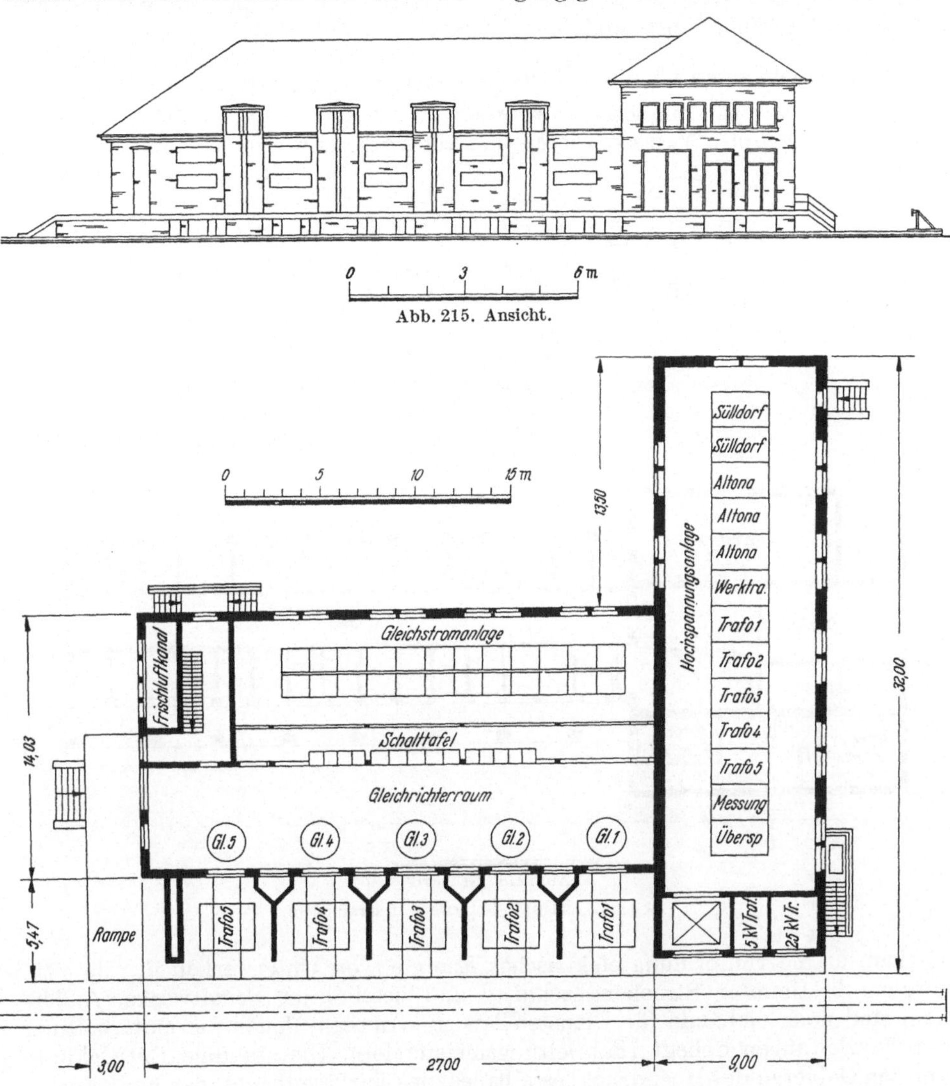

Abb. 215. Ansicht.

Abb. 216. Grundriß.

Abb. 215 und 216. Gleichrichterunterwerk Klein Flottbek.

einer Wendeltreppe in einem Zwickel zwischen dem runden Behälter und der rechteckigen Ummantelung zweckmäßig sein.

Für die äußere Gestaltung ergeben sich je nach der Bauweise ohne besonderen Aufwand vielerlei Möglichkeiten. Bei der Bedeutung eines Turmes für seine Umgebung sollten auch durch günstige Stellung, ggf. Anschluß an eine Gebäudegruppe (Empfangsgebäude oder andere Bauten des Betriebs- oder Maschinendienstes), die sich hieraus ergebenden Gestaltungsmöglichkeiten ausgenutzt werden.

5. Hochbauten für elektrische Anlagen.

Mit der fortschreitenden Einführung der elektrischen Zugförderung wächst die Bedeutung der elektrischen Anlagen für die Eisenbahnen. Aber auch da, wo der Dampfbetrieb noch allein besteht, ist die Versorgung mit elektrischem Strom in steigendem Maße für die Beleuchtung der Bahnanlagen und für Kraftzwecke sowie für die Sicherungs- und Fernmeldeanlagen notwendig.

a) Hochbauten für die elektrische Zugförderung (Abb. 215 bis 223).

Der elektrische Zugbetrieb erfordert Hochbauten für Krafterzeugungsanlagen — Dampf-, Wasser-, Diesel- und andere Kraftwerke —, von Umformer-

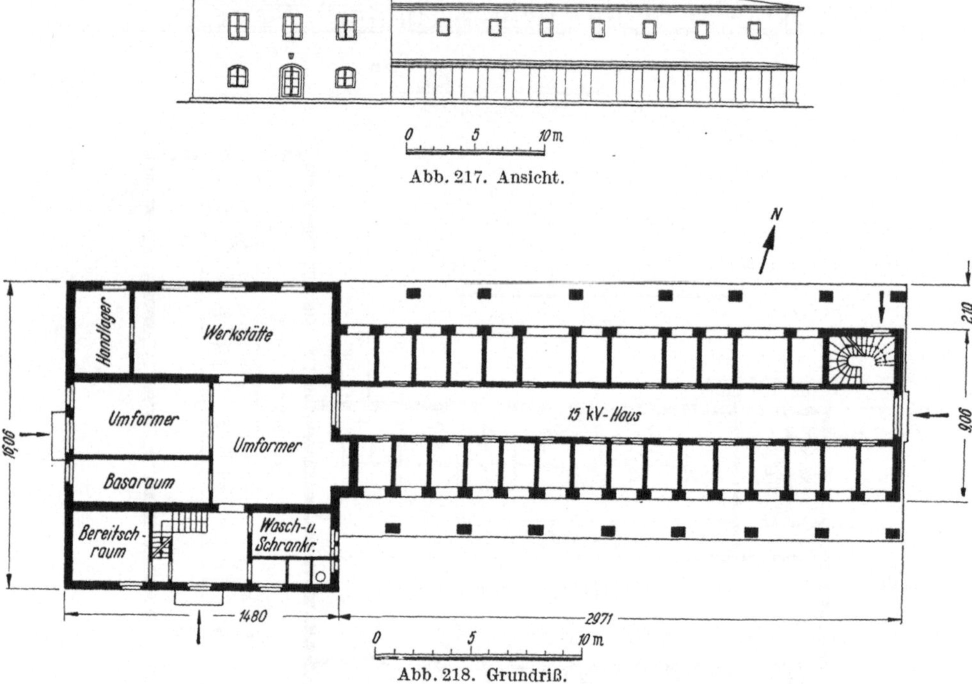

Abb. 217. Ansicht.

Abb. 218. Grundriß.

Abb. 217 und 218. Unterwerk in Traunstein.

werken für die Umformung elektrischer Energie, von Unterwerken für die Versorgung bestimmter Streckenabschnitte und bestimmter Schaltwerke. Außerdem sind noch Gebäude für Dienststellen zu errichten, denen die Unterhaltung der Fahrleitungen obliegt (Fahrleitungsmeistereien). Die ständige Entwicklung auf den Gebieten des Hochdruckkesselbaues, des Turbinenbaues, der Kraftwerke, elektrischer Maschinen und Schaltapparate bringt es mit sich, daß der Hochbau ständig neuen Aufgaben der baulichen Gestaltung zur Unterbringung der genannten Anlagenteile gegenübersteht. Zum Teil sogar zielen die Bestrebungen der Maschinen- und Elektrotechnik darauf hin, durch den Bau von sogenannten Freiluftanlagen, Höchstleistungskessel, Schaltanlagen u. ä. die hohen Kosten für besondere Kesselhäuser, Schaltanlagen u. dgl. einzusparen und gleichzeitig dabei die Gesamtübersichtlichkeit der Anlagenteile zu erhöhen. Klima und sonstige örtliche Bedingungen sind bei solchen Überlegungen von ausschlaggebender Bedeutung.

Der Architekt ist bei den genannten Bauten darauf angewiesen, mit den Maschineningenieuren und Elektrotechnikern auf das engste zusammenzuarbei-

Abb. 219.
Ansicht.

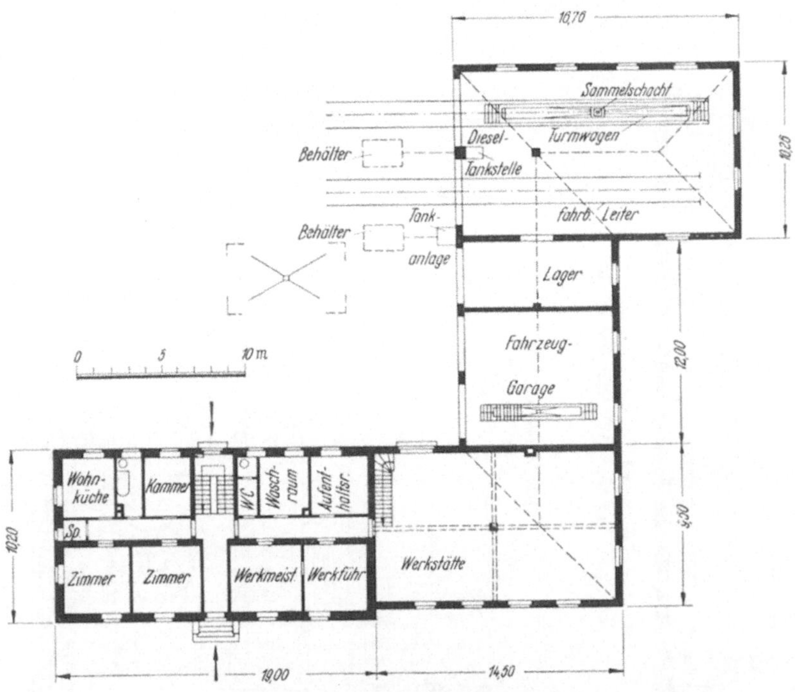

Abb. 220. Grundriß.
Abb. 219 und 220. Fahrleitungsmeisterei in Bamberg.

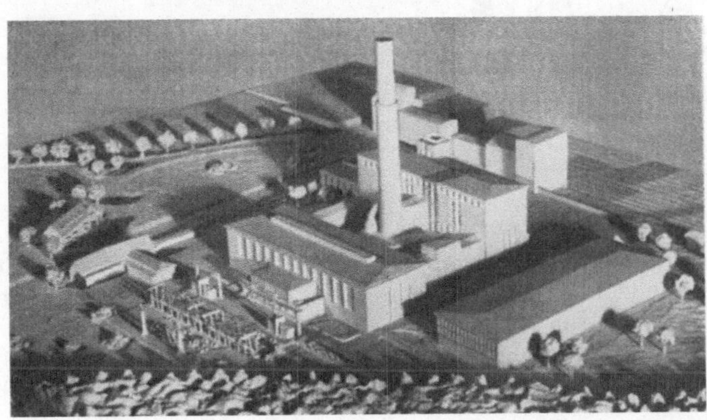

Abb. 221. Modellansicht.
Kraftwerk Penzberg

ten, um den Betriebsplan des jeweiligen Werkes zu verwirklichen. Die großen
Aggregate der Umformer und Transformatoren sowie die Schalter sind so aufzustellen, daß bei bester Gesamtübersichtlichkeit der Anlage oder der Anlagenteile Aufbau und auch Abbau bei der Unterhaltung und Erneuerung ohne große

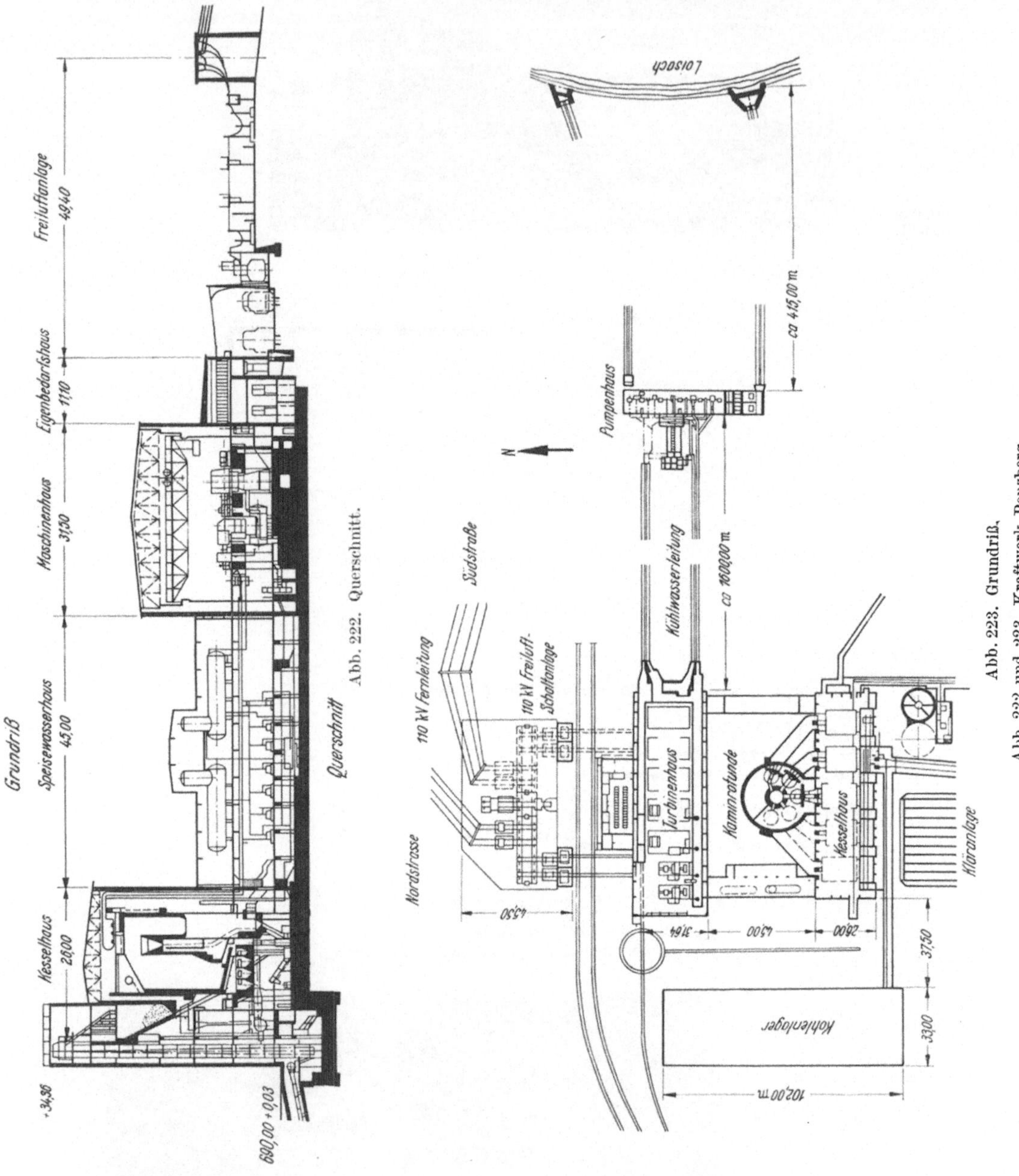

Abb. 222. Querschnitt.

Abb. 223. Grundriß.

Abb. 222 und 223. Kraftwerk Penzberg.

Schwierigkeiten durchgeführt werden können. Auch die leichte Zugänglichkeit
aller Teile und die Notwendigkeit, sie während des Betriebes beobachten zu
können, müssen sorgfältig bedacht werden.

Weiter sind die Fragen der Heizung, der Kühlung, der Belüftung, der Beleuchtung bei Tag und Nacht, der Be- und Entwässerung, des Feuer- und Blitz-

schutzes, sowie das große Gebiet des fachlichen Unfallschutzes für die Bediensteten eingehend mit den Maschinen- und Elektroingenieuren zu prüfen.

Auf den Bau größerer Kraftwerke, Umformerwerke und Großschaltstationen kann hier nicht ausführlicher eingegangen werden, da dies im Rahmen dieses Buches zu weit führen würde. Für den Bau dieser umfangreichen Anlagen muß auf die entsprechende Fachliteratur verwiesen werden.

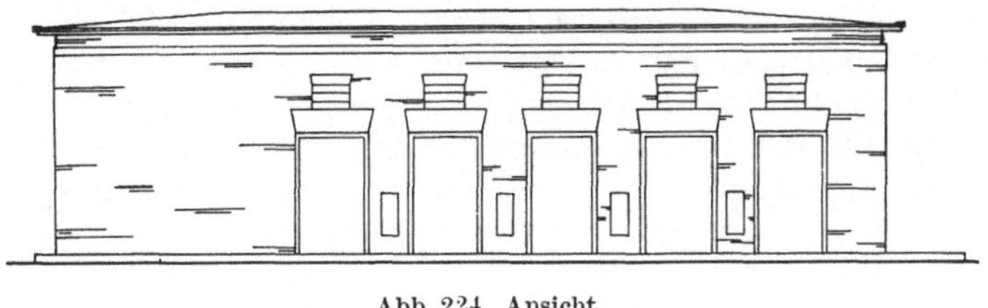

Abb. 224. Ansicht.

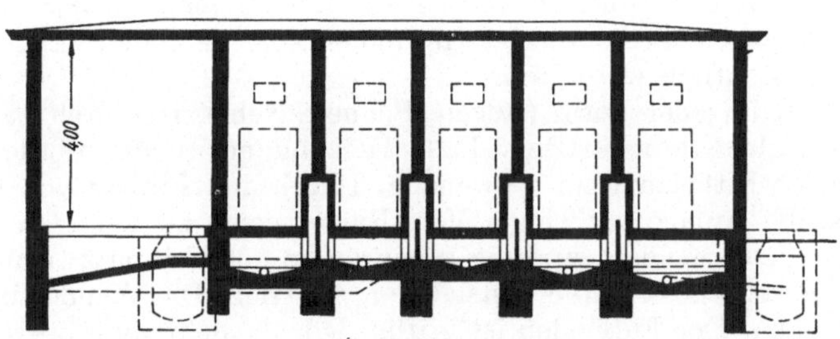

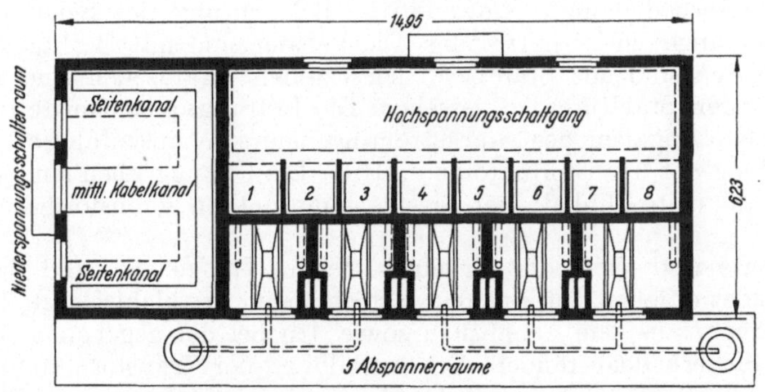

Abb. 225. Querschnitt.

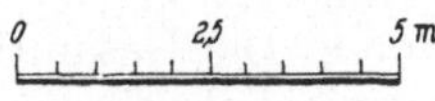

Abb. 226. Grundriß.

Abb. 224 bis 226. Abspannwerk Vbf. Braunschweig.

b) Hochbauten für die Stromversorgung der stationären Licht- und Kraftanlagen (Abb. 224 bis 226).

Aufgaben solcherart treten des öfteren an den Architekten heran. Vom Elektroingenieur ist zunächst die Frage des Anschlusses an das allgemeine Netz zu klären, ob Freileitungs- oder Kabeleinspeisung mit Hochspannung oder Niederspannung erfolgen soll. Ein Hochspannungsanschluß ist in der Anlage teurer, im Betrieb jedoch durch billigeren Tarif wirtschaftlicher. Meist entscheidet die Höhe des Stromverbrauchs, der Tarif und die Möglichkeit des örtlichen Anschlusses.

Die Stromübergabestelle wird beim Niederspannungsanschluß stets in einem günstig gelegenen Teil eines mit Strom zu versorgenden Gebäudes eingerichtet. Wenn möglich, ist die Hauptverteilungsstelle in einem abgeschlossenen Raum im trockenen Keller oder im Erdgeschoß vorzusehen. Der Hochspannungsanschluß wird aus Sicherheitsgründen am besten in ein besonderes Schalthaus gelegt. Wird er in einen Gebäudeteil gelegt, so sind dieselben Grundsätze zu beachten wie bei Hochspannungsschalthäusern.

Bei diesen sind vor allem größte Übersichtlichkeit und Klarheit notwendig. Der elektrische Schaltplan der Anlage, der Aufbau der Schaltzellen sowie die elektrischen Sicherheitsvorschriften bestimmen in erster Linie den bautechnischen Teil der Anlage. Ob die Hochspannung führenden Räume und Einheiten von dem Niederspannungsraum zu trennen sind, bestimmt der Starkstromingenieur im Hinblick auf die gegebenen Sicherheitsvorschriften und die Art und Weise der künftigen Bedienung der Anlage.

Winkel und nicht zur Anlage gehörige Einbauten, Treppen oder Stufen in den Schaltgängen usw. sind zu vermeiden. Bei langem Schaltraum sind zwei Ausgänge vorzusehen. Bedienungsgänge sind entsprechend den VDE-Vorschriften breit und übersichtlich zu halten.

Feuchtigkeit in jeder Form (Regen, Schnee, Nebel) ist durch bauliche Maßnahmen der Anlage fernzuhalten. Falls Heizung notwendig werden sollte, ist Warmluft- oder Eltheizung zu verwenden. Durch den Einbau von Gittern und Jalousien ist die Anlage vor Ungeziefer (Ratten usw.) zu schützen. Um Staubablagerungen zu vermeiden, sind die Innenräume mit Feinputz (kein Rauhputz) zu versehen. Eisenteile erhalten rostsicheren Anstrich. Die Wände sind wischfest weiß zu streichen. Der Fußboden ist griffig, jedoch nicht rauh auszubilden. Die Beleuchtung soll blendungsfrei und möglichst nicht an der Decke angebracht sein (keine Leiterbedienung). Einwandfreie Beleuchtung der Schaltstellungen und Instrumentangaben ist notwendig. Die Fenster sind mit Drahtglas zu verglasen. Die Türen sind aus Stahlblech herzustellen. Trafozellen sind mit nach außen schlagenden Stahltüren zu versehen. Die Lüftungsquerschnitte für Trafozellen sind nach Angaben des Starkstromingenieurs so auszuführen, daß eine richtige Kühlung der Transformatoren eintritt. Die Ölfanggruben sind so zu bemessen, daß sie dem Ölinhalt der jeweils aufgestellten Transformatoren entsprechen.

Höhe, Breite und Tiefe der einzelnen Zellen, Gänge usw. und damit des ganzen Gebäudes ergeben sich aus den Abmessungen der elektrischen Teile und ihrer Verwendung, aus dem Schaltplan sowie den bei der gegebenen Spannung notwendigen Sicherheitsabständen. Vor Ausbildung der Transformatoren ist die Frage zu klären, ob sie zu ebener Erde oder in Rampenhöhe aufgestellt werden sollen. Rampen sind meist vorteilhafter wegen der Zu- und Abtransporte besonders der großen Transformatoren. Die Gesamthöhe des Gebäudes wird meist durch die notwendige Bauhöhe der Schaltzellen bestimmt. Nur bei Transformatoren über 1000 kVA kommt gegebenenfalls ein höherer Traforaum in Betracht.

C. Eisenbahnausbesserungswerke.

Allgemeines (Abb. 227 bis 231).

Die Eisenbahnausbesserungswerke sind bei der seit dem Jahre 1923 durchgeführten Neuordnung des Werkstättenwesens aus den früheren Hauptwerkstätten entstanden. Im Gegensatz zu den Betriebswerken dienen sie dazu, an den aus dem Betrieb gezogenen Fahrzeugen die vorgeschriebenen regelmäßigen Untersuchungen und die notwendigen größeren Ausbesserungen vorzunehmen. Das Ziel der Neuordnung war, bei den Arbeiten eine größere Wirtschaftlichkeit

zu erreichen. Während bei den Hauptwerkstätten nur zwischen Werkstätten für
Lokomotiven und solchen für Wagen unterschieden wurde, wurden jetzt die
Aufgaben der einzelnen Werke weiter unterteilt, so daß also in den Lokomotiv-
werken zwischen solchen für die verschiedenen Lokomotivgattungen und ebenso
bei den Wagenwerken zwischen den verschiedenen Personen- und Güterwagen-
arten unterschieden wird. Vorhandenen Werken wurden also solche Aufgaben
zugeteilt, für die sie nach ihren Einrichtungen besonders geeignet waren, gegebenenfalls wurden diese geändert oder ergänzt. Neue Werke wurden für bestimmte Aufgaben eigens zu dem Zweck gebaut. Dies trifft insbesondere für
Fahrzeuge neuerer Bauart, wie elektrische Lokomotiven und Motorfahrzeuge, zu.

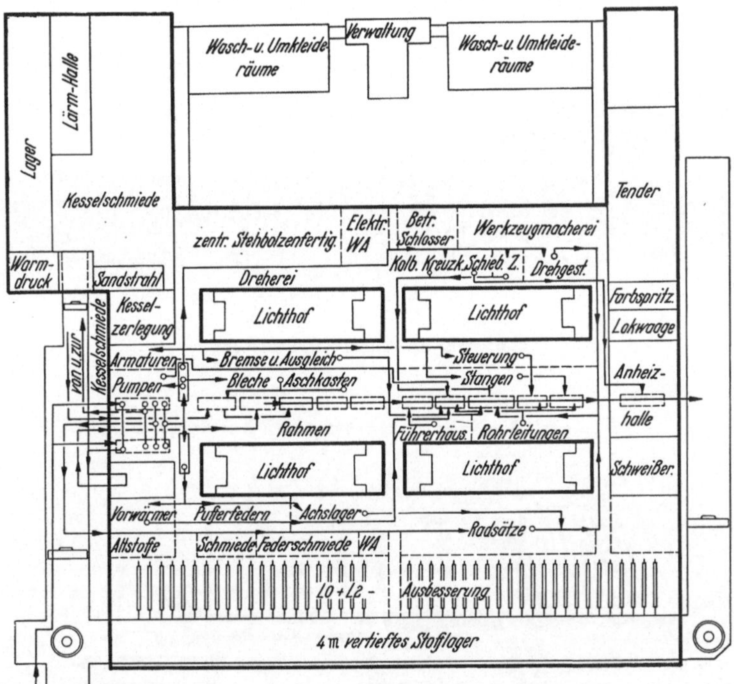

Abb. 227. Musterentwurf eines Dampflokomotivwerks.

Da es nun nicht mehr möglich war, daß Werke für alle Fahrzeugarten im
Bezirk *einer* Eisenbahndirektion vorhanden waren, wurden hierfür größere
Verwaltungsbezirke geschaffen, die je einer geschäftsführenden Direktion für das
Werkstättenwesen unterstellt sind (GDW). Jede GDW betreut also die Werke
mehrerer Eisenbahndirektionen.

Die Ausbesserungswerke unterstehen einem Werkdirektor, dem mehrere Abteilungsleiter beigegeben sind. Die Werke sind mit diebessicheren Einfriedigungen
auch gegen die übrigen Eisenbahnanlagen abgeschlossen. Die Zuführungsgleise
führen durch Tore in das Werkgelände. Von der Straßenseite gelangt man an
einem Pförtnergebäude vorbei durch den Haupteingang in das Werk. Das Verwaltungsgebäude liegt gewöhnlich neben dem Haupteingang, so daß es außerhalb
der Einfriedigung auch von bahnfremden Besuchern betreten werden kann, ohne
daß diese in die übrigen Werkanlagen gelangen können. Das Pförtnergebäude
oder die Räume für den Pförtner können deshalb auch mit dem Verwaltungsgebäude je nach der Örtlichkeit verbunden werden. Die übrige Einrichtung des
Verwaltungsgebäudes wird unter Abschnitt IV behandelt.

Auf dem Werkhofe sind die Werkstättengebäude mit den Lagerhäusern, sonstigen Nebengebäuden, den Verbindungs- und Aufstellgleisen, Schiebebühnen, Achsenpark usw. vereinigt.

Die Arbeiten an den Lokomotiven bestehen aus Bedarfsausbesserungen großen Umfangs, Zwischenausbesserungen, Zwischen- und Hauptuntersuchungen, die Arbeiten an den Wagen aus der gründlichen Ausbesserung der im laufenden Betriebe schadhaft gewordenen Teile sowie der bahnamtlichen Untersuchung und der Erneuerung des Anstrichs.

Zu diesem Zwecke müssen die Fahrzeuge äußerlich gereinigt, von ihren Achsen gehoben und auch sonst zerlegt werden. Die noch schmutzigen Einzelteile, auch ganze Drehgestelle, werden in der Abkocherei gereinigt, den einzelnen

Abb. 228. Ansicht des Hallenblocks.

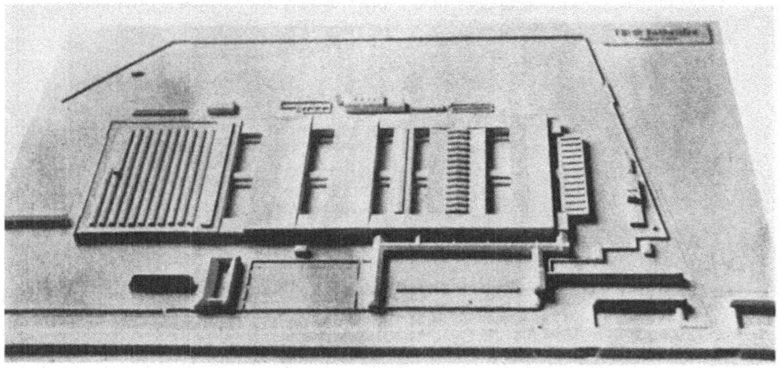

Abb. 229. Modellaufnahme.
Abb. 228 und 229. Ausbesserungswerk Falkensee.

Bearbeitungswerkstätten zugeführt, ausgebessert oder, falls unbrauchbar, durch neue Teile ersetzt. Nach Beseitigung aller Mängel und Wiedereinbringung der Teile, dem Neuanstrich und den notwendigen Prüfungen und Probefahrten werden die Fahrzeuge dem Betriebe wieder zugeführt. Um unnötige Förderwege zu vermeiden, ist es notwendig, die einzelnen Werkstätten so anzuordnen, daß die Gegenstände sie in einem Fluß durchlaufen.

Aus diesen Aufgaben der Ausbesserungswerke ergibt sich eine große Anzahl von einzelnen Betrieben und Räumen, die nachstehend aufgeführt sind.

A. Lokomotiv- und Tenderwerkstatt.

Richt- (Montage-) Halle, Kesselschmiede, Heizrohrwerkstatt, Kesselreinigungsanlage, Kupferschmiede, Stangenschlosserei, Kolben-, Schieber-, Pumpen-, Armatur- usw. Werkstatt, Bremswerkstatt mit Prüfeinrichtung, Blechbeklei-

dungswerkstatt, Werkzeugausgabe, Handmagazin, Wägevorrichtung, Anheiz-
halle, Diensträume für Aufsichtsbeamte.

B. Wagenwerkstatt.

Richthalle, Holzbearbeitungswerkstatt, Holztrockenanlage, Sattlerei, Pol-
sterei, Tapeziererei, Glaserei, Lackiererei, Bremsprüfraum, Werkzeugausgabe,
Handmagazine, Diensträume.

C. Gemeinsame Betriebe und Sozialräume.

Schmiede und Federschmiede, Dreherei, Räderwerkstatt und Werkzeug-
macherei, Weiß-, Gelb- und Eisengießerei, Modellschuppen, Klempnerei, Abkoch-
anlage, Preßluftanlage, elektrische Werkstatt, Magazin mit Hauptlager, Öl-
kellern, Eisenlager, Lager für wertvolle Altstoffe, Kohlenbansen, Altstoffver-
wertungsanlage, Werkstätten zur Wiederherstellung von Kupplungen und
Puffern, Materialprüfungsanlage, Kraftwerk, Verbandraum, Lehrlingswerkstatt,
Azetylenanlage, Pförtner- und Verwaltungsgebäude, Spritzenhaus, Badeanstalt,
Arbeiterwasch- und Umkleideräume, Speisehaus, Wasserstation, Dienst- und
Arbeiterwohnungen.

Von diesen Gebäuden und Anlagen haben die *Richthallen für Lokomotiven
und Wagen* räumlich weitaus den größten Umfang. Ihre Durchbildung und Lage
bestimmt deshalb die Gesamtanordnung des Werkes. Diese hat sich geschichtlich
so entwickelt, daß bei älteren Werken einzelne Gebäude freistehend nebeneinander gestellt wurden, also Lokomotiv- und Wagenrichthalle, Schmiede, Kesselschmiede, Dreherei, Holzbearbeitung usw. je für sich. Dies hat den Vorteil leichter
Erweiterungsfähigkeit, guter Tagesbeleuchtung und möglichst großer Feuersicherheit. Hierauf mußte bei der damaligen Bauweise, bei der die Dachstühle oder
wenigstens die Schalung, in manchen Bauten auch die Decken aus Holz bestanden, besonderer Wert gelegt werden. Nachteilig waren hohe Baukosten, hohe
Beförderungskosten zwischen den Gebäuden, Unübersichtlichkeit und große Abkühlungsflächen, deshalb teure Heizung. Man ist deshalb zu einer geschlosseneren
Anordnung übergegangen. So besteht die Möglichkeit, die ganze Anlage als
einen einzigen Bau mit mehreren Lichthöfen rahmenförmig herzustellen, bei dem
zwischen einer Lokomotiv- und Wagenwerkstätte als Verbindungsbauten die
Dreherei, die Schmiede und andere Nebenbetriebe liegen. Die Innenhöfe können
zum Aufstellen von Achsen usw. verwendet werden. Hierbei ergeben sich kurze
Wege, gute Übersichtlichkeit und gute Tagesbeleuchtung. Nachteilig sind die
beschränkte Erweiterungsfähigkeit und die erschwerte Zugänglichkeit der Innenhöfe bei Feuer, wenngleich bei neuzeitlicher Bauweise (Stahlbeton) die Feuersgefahr nicht mehr so groß ist. Die Unzugänglichkeit der Lichthöfe vermeidet
eine zwar zusammengebaute, aber mit einseitig offenen Lichthöfen versehene
Anlage in U-Form, wobei in zwei Seitenflügeln je eine Lokomotiv- und Wagenwerkstätte und im Verbindungsbau dazwischen die Dreherei untergebracht sind,
während die Schmiede und andere Nebenbetriebe im offenen Hof liegen. Hierbei
ergeben sich außer der guten Zugänglichkeit bei Feuer gutes Tageslicht und gute
Übersichtlichkeit. Die Anlage hat den Nachteil schlechter Erweiterungsfähigkeit
der Nebenbetriebe und verhältnismäßig großer Abkühlungsflächen. Beide Formen
eignen sich vor allem für kleinere Verhältnisse. Bevorzugt wurde deshalb für
große Anlagen die nicht durch Lichthöfe gegliederte geschlossene Bauweise. Sie
besteht aus einem einzigen oder je einem großen Bau für die Lokomotiv- und
Wagenabteilung, in dem alle Werkstätten untergebracht sind. Diese Anlage hat
den Vorteil kurzer Verbindungswege, guter Übersichtlichkeit und geringer Abkühlungsflächen. Durch entsprechende Gestaltung und geeignete Querschnittbildung muß für guten Lichteinfall in alle Räume gesorgt werden. Da dies ohne
Verwendung von Oberlichtern zuweilen Schwierigkeiten bereitet, ist man bei

neuesten Entwürfen wieder dazu übergegangen, in die geschlossene Anlage Lichthöfe einzuschalten. Diese werden nun aber nicht für betriebliche Zwecke verwendet, sondern mit Grünanlagen versehen, so daß sie nicht nur der Lichtzuführung, sondern auch als Erholungsflächen für die Belegschaft dienen. Sie bringen nicht nur gutes Licht, sondern auch frische Luft in die ausgedehnten Werkhallen und tragen außerdem mit dem Blick ins Grüne zur Gesunderhaltung und zum Wohlbefinden der Werktätigen bei.

Um eine wirtschaftliche Fließarbeit zu erzielen, durchlaufen die Fahrzeuge die Ausbesserungswerke im geradlinigen oder im U-förmigen Fluß. Beim geradlinigen Fluß geschieht die Zerlegung und der Zusammenbau auf demselben Gleis in einer Richtung, während seitlich die Nebenwerkstätten so angeordnet sind,

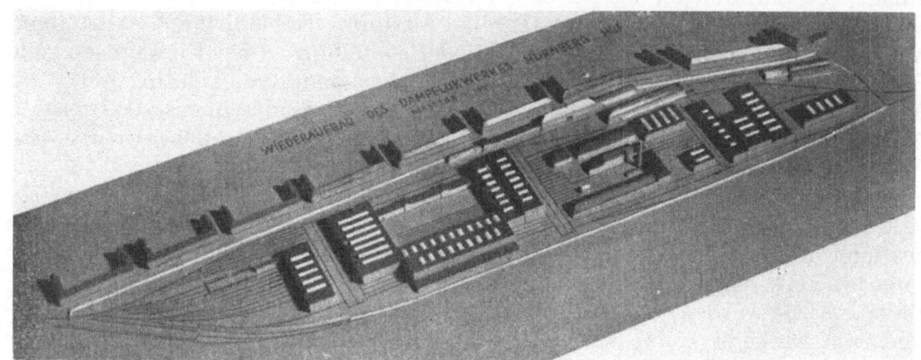

Abb. 230a. Modellaufnahme.

Abb. 230b. Gebäudegruppe für Lokomotiv- und Zubringerwerkstätten. (Modellaufnahme.)

Abb. 230a und 230b. Wiederaufbau des Dampflokomotivwerkes Nürnberg Hbf.

daß möglichst kurze Wege ohne Rückläufe entstehen. Beim U-förmigen Fluß geschieht die Zerlegung in der einen Richtung und der Zusammenbau auf einem parallelen Gleis in der entgegengesetzten Richtung. Die Nebenwerkstätten liegen dazwischen.

Richthallen. Bei älteren Lokomotivausbesserungswerken ähneln die Richthallen den Rechteckhallen für Lokomotiven der Betriebswerke. Zur Beförderung der Lokomotiven auf die einzelnen kurzen, nur zur Aufstellung je einer Lokomotive bestimmten Arbeitsstände sind Schiebebühnen vorhanden. Die Entwicklung der Fördertechnik, vor allem des Kranbaus, hat dazu geführt, daß elektrisch betriebene Schwerlastkräne verwendet werden. Die Fahrzeuge werden dabei übereinander weggehoben, was die Höhenlage der Kranbahn beeinflußt, die etwas mehr als das Doppelte der Fahrzeughöhe betragen muß. Bei der in den Lokomotivhallen des Betriebes üblichen Aufstellung der Maschinen auf Querständen muß bei Bemessung der Standlänge und der Länge des Krans auf die Lokomotiven der größten Bauart Rücksicht genommen werden, so daß diese Längen nicht immer ausgenutzt werden. Die Entwicklung bringt es andererseits auch mit sich, daß die verfügbare Standlänge zuweilen für neuere Bauarten nicht mehr ausreicht. Bei neueren Werken wird deshalb statt der bisherigen Aufstellung auf Querständen die Aufstellung auf Längsständen angewandt. Hierbei sind lange Gleise vorhanden, von denen gewöhnlich je drei in der Längsrichtung von Kranen bestrichen werden, welche die Lokomotiven übereinander wegheben. Die Arbeitsstandlänge kann hierbei der jeweiligen Fahrzeuglänge angepaßt werden. Unter den Kranen zum Anheben ganzer Lokomotiven werden leichtere zum Heben einzelner Teile eingebaut. Die Förderung mit Kranen bringt es mit sich, daß auf überbaute Schiebebühnen verzichtet werden kann, so daß also an umbautem Raum und damit an Bau- und Heizkosten erheblich gespart werden kann.

Bei Quergleiswerkstätten richtet sich die Standlänge nach der Länge der größten Lokomotiven. Die Stände werden mit Arbeitsgruben versehen. Zwischen Arbeitsgrube und Schiebebühnengrube ist ein größerer Abstand von etwa 5 bis 8 m erwünscht, um dort Achsen und Drehgestelle aufstellen zu können.

Die Höhe der Halle muß so bemessen werden, daß Führerhäuser und Kessel abgehoben und über die Lokomotiven hinweg befördert werden können.

Der Abstand der Arbeitsstände beträgt in neueren Werken 6 m. Ihr Abstand von den Wänden soll neben der ungehinderten Arbeit an Werkbänken und der Lagerung von Werkteilen die Durchführung eines Schmalspurgleises oder einer Hängebahn zulassen.

Bei Längsgleiswerkstätten brauchen bestimmte Abmessungen für die Länge der Arbeitsplätze nicht festgelegt zu werden. Die Lokomotiven werden so aufgestellt, daß zwischen ihren Stirnseiten ein Abstand von mindestens 2,50 m bleibt. In Abständen von etwa 50 bis 60 m sind 5 m breite Querwege mit Normalspur für den Verkehr mit den Nebenbetrieben nötig.

Für die Richthallen der Wagenausbesserungswerke besteht ebenfalls die Möglichkeit der Quer- oder Längsaufstellung. Alle Arbeitsstände für Personenwagen und die Hälfte der Stände für Güterwagen erhalten Arbeitsgruben. Auch hier beträgt die Mittenentfernung der Arbeitsstände 6 m. Bei Quergleiswerkstätten werden auf den einzelnen Standgleisen zwei bis drei Personenwagen, drei bis vier Güterwagen und höchstens zwei Drehgestellwagen hintereinander aufgestellt, wobei mit einer mittleren Standlänge für jeden Personenwagen von 15 m, für jeden Güterwagen von 10 m und für jeden Drehgestellwagen von 22 m zu rechnen ist. Die Bauhöhe unterhalb der Dachbinder ergibt sich daraus, daß die Wagenkästen gehoben werden müssen, damit die Achsen unter den Querträgern der Heberböcke hinweggerollt werden können und daß auf den Wagendächern gearbeitet werden muß.

Für die Längswerkstätten für Wagen ergeben sich ähnliche Vorteile wie bei denen der Lokomotiven. Auch hier wird das überdachte Schiebebühnenfeld eingespart. Ferner hat die Förderung der Wagenteile mit Kranen erhebliche Vorteile vor ortsfesten Hebevorrichtungen, die dem fortschreitenden Arbeitsgang hinderlich sind.

Auf die Durchbildung der übrigen Hochbauten in den Ausbesserungswerkes im einzelnen einzugehen, verbietet der vorgesehene Umfang dieses Buches. Bei allen Werkstätten muß verlangt werden, daß sie hell, möglichst staubfrei, ausreichend heizbar und gut lüftbar sind. Über die Ausbildung von Lagerhäusern wird unter Abschnitt 3 Näheres ausgeführt.

Während die Einzelwerkstätten in guter Verbindung und zweckmäßiger Lage zu den Richthallen stehen müssen, ist dies bei der Lehrlingswerkstatt nicht nötig, da die Lehrlinge während der ersten zwei Jahre ausschließlich in derselben beschäftigt werden. Hohe, gut belichtete Räume in guter und gesunder Lage sind zur Gesunderhaltung der heranwachsenden Jugend hier besonders erforderlich. Außer den Werkstatträumen sind auch Unterrichtsräume mit den erforderlichen Nebenräumen für den Werkunterricht notwendig. Mancherorts werden auch Turnhallen für die Lehrlinge, Sportanlagen und Schwimmbecken, die auch von erwachsenen Arbeitern benutzt werden können, vorgesehen.

Die übrigen Wohlfahrtseinrichtungen für die Arbeiter (Aufenthalts-, Schrank-, Waschräume, Bäder und Aborte) unterscheiden sich grundsätzlich nicht von den in Abschnitt V behandelten. Mit Rücksicht auf die weiten Wege in den Werken werden sie meist nicht in einem besonderen Gebäude zusammengefaßt, sondern auf die einzelnen Arbeitsstellen in der Nähe derselben verteilt, aber von ihnen getrennt angeordnet, damit die Arbeiter, ohne weite Wege zu machen, zum Genuß ihrer Ruhezeit kommen. Ein Speisehaus mit Badeanstalt liegen gewöhnlich am Werkeingang und sind außerhalb des Werkes zugänglich. Überdachte Fahrradstände sind in genügender Zahl am Haupteingang innerhalb des Werkes vorzusehen.

Abb. 231. Ausbesserungswerk Dessau. Verwaltungsgebäude, Haupteingang, Werkschule und Speisesaal.

Die Heizung der Werkstättengebäude ist mit Ausnahme der Schmiede, Gießerei und Lagerräume notwendig. Die Richthallen müssen bei tiefster Außentemperatur auf 12°, Dreherei, Sattlerei, Malerwerkstatt, Tischlerei auf 15°, Lackiererei auf 20° erwärmt werden können. Meist ist hierfür ein besonderes Heizwerk mit Brennstofflager vorhanden, in dem hochgespannter Dampf erzeugt und den einzelnen Verbrauchsstellen zugeführt wird. Die Beheizung der einzelnen Hallen und Werkstätten geschieht wie bei den Lokomotivhallen und Werkstätten des Betriebes.

Bauliche Durchbildung. Wenn die Bauten der Ausbesserungswerke auch den entsprechenden der Betriebswerke in vielen Einzelheiten ähneln, so besteht doch ein grundsätzlicher Unterschied in der allgemeinen Anlage, der durch die stärkere Verwendung von Kranen als Fördermittel bedingt ist. Vor allem die Richthallen und die Kesselschmiede werden dadurch in ihrer Gestaltung stark beeinflußt und weichen darin von den Lokomotiv- und Wagenhallen des Betriebes erheblich ab. Während bei den Hallen des Betriebes mit einer Traufenhöhe von etwa 6 bis 7 m im allgemeinen auszukommen ist, erhalten die Hauptschiffe der Hallen in den Ausbesserungswerken wegen der darin eingebauten, übereinanderliegenden Schwerlast- und leichteren Krane eine Traufenhöhe von 12 bis 14 m. Diese große Höhe ergibt die Möglichkeit, durch zusammenhängende große Glasflächen in den Seitenwänden eine reichliche Tagesbeleuchtung zu erzielen, ohne Oberlichte aufstellen zu müssen. Dieses Seitenlicht reicht aus, selbst wenn an die Richthallen niedrige Seitenhallen zur Unterbringung von Nebenbetrieben angebaut sind. Es ergibt eine wirkungsvolle basilikale Beleuchtung, zumal meist außer den beiden Längsseiten auch die Kopfseiten für Glasflächen zur Verfügung stehen. Die Verwendung von Oberlicht beruht zum Teil auf der Ansicht, daß es eine gleichmäßigere Beleuchtung ermöglicht als Seitenlicht. Es wird deshalb mancherorts z. B. in Gemäldegalerien verwendet, wobei dann allerdings unter den Oberlichten verglaste Staubdecken angeordnet werden, die den grellen Lichteinfall des Sonnenlichtes weiter mildern und zerstreuen. Bei großen Industrie- und Werkstattbauten ergibt sich die Notwendigkeit, sich zur Tageslichtzuführung auf Oberlicht zu verlassen, jedoch oft nur aus einer hinsichtlich der Lichtzuführung nicht gut überlegten Grundriß- und Querschnittbildung. Um Tageslicht ausreichend zuzuführen, ist Oberlicht nur notwendig, wenn es sich um ausgedehnte, gleichmäßig hohe und im Verhältnis zur Grundfläche niedrige Hallen handelt. Dies ist z. B. bei Lokomotivhallen des Betriebes, insbesondere den großen Rechteckhallen mit Schiebebühnen, der Fall. Ähnliche Verhältnisse liegen bei großen Spinnereien und Webereien vor, deren ausgedehnte, niedrige Hallen oft mit Sheddächern mit nach Norden gerichteten Glasflächen versehen sind, um eine gleichmäßige Arbeitsplatzbeleuchtung zu erzielen. In diesen Werkräumen wird allerdings auf die gesundheitlichen Vorteile des Sonnenlichts verzichtet. Die üblichen Oberlichter mit dreieckigem Querschnitt und einer Neigung der Glasflächen von etwa $45°$ haben den Nachteil, daß ihre Metallteile dem zerstörenden Einfluß von Wasser, Schnee und Eis besonders stark ausgesetzt sind, weshalb sie hohe Unterhaltungskosten erfordern. Die Glasflächen verschmutzen innerhalb der Eisenbahnanlagen stark und sind nur mit Mühe sauberzuhalten. Da und dort kann man beobachten, daß sie im Sommer unterhalb mit einem Schutzanstrich versehen werden müssen, um eine zu große Erwärmung der Hallen zu vermeiden. Dies und die Beseitigung der Farbe im Winter erfordert viel Arbeitsaufwand. Bei Lokomotiv- und Wagenhallen des Betriebes sind deshalb in zunehmendem Maße Oberlichtaufbauten mit senkrechten Glasflächen angewandt worden, deren Lichtwirkung etwa dem hoch angeordneten Seitenlicht entspricht. Da bei den Richthallen der Ausbesserungswerke die gleiche Lichtwirkung durch hohes Seitenlicht erzielt werden kann, sollte man hier Wert darauf legen, daß durch zweckmäßige Gestaltung und Einschaltung von Lichthöfen auf Oberlichter möglichst ganz verzichtet werden kann. Manche Industriebauten und große Messe- und Ausstellungshallen sind dafür gute Vorbilder.

Als Dachform werden in der Regel Satteldächer, für die Anbauten Pultdächer verwendet. Für die Spannweite ist in Richthallen mit Querständen und Kranen die größte Fahrzeuglänge maßgebend, in Längsstandhallen die Zahl der in einem Felde vorhandenen Arbeitsgleise. Querstandhallen haben deshalb Spannweiten bis zu 18 m, Längsstandhallen bei drei Gleisen 20 bis 22 m, Schiebebühnenfelder für Drehgestellwagen bis 25 m und in Lokomotivwerkstätten bis 24 m. Haben die Querstände einen Abstand von 6 m, so werden die Säulen in 12 m Entfernung vorgesehen. Die Dachstützen dienen zugleich auch zur Aufnahme der Kranbahnträger.

Als Fußbodenbelag werden Asphalt- und Basaltinplatten bevorzugt. Vor allem ergeben Asphaltplatten einen fußwarmen Boden. In Schmieden ist Klein- oder Schlackensteinpflaster den Platten vorzuziehen, weil diese unter glühenden Eisenteilen leicht zerspringen.

Da für Oberlichter stets großformatige Drahtglasscheiben meist in kittloser Verglasung verwendet werden, ist nicht einzusehen, warum dies nicht auch bei Seitenlichtflächen geschehen soll, zumal wenn sie hoch liegen und Beschädigungen nicht zu befürchten sind. In den meisten Fällen wird für senkrechte Flächen auch starkes Rohglas genügen. Die für Lokomotivhallen des Betriebes übliche klein-

Tabelle 1. *Maße der Ausbesserungswerke*

Umbaute Werkstätten	Dampf-lokomotiven	Elektrische Lokomotiven	Personen-wagen	Güterwagen	Triebwagen
Flächenbed. für die Einheit	700 m² Lokomotive	500 m² Lokomotive	500 m² Drehgestell-wagen	200 m² zweiachsige Güterwagen	2300 m² Triebwagen-halbzug (je zwei Trieb-wagen und Beiwagen)
Davon entfallen auf Richthallen	25%	35%	50%	60%	35%
Kesselschmiede	12%	—	—	—	—
Zubringerwerk-stätten	45%	50%	35%	30%	45%
Lager	12%	10%	15%	10%	11%
Nachausbesserungs-stände	—	5%	—	—	—
Lackiererei	—	—	—	—	9%
Tenderwerkstatt	6%	—	—	—	—
Höhe der Richt-hallen	12—14 m mit unterem schweren und oberem leichten Kran	12—14 m	6,5 m bei Verwen-dung von Hebeböcken 12 m bei Verwendung von Kranen	6 m 10,5 m	
Kesselschmiede	12 m mit Lauf- und Konsol-kranen				
Zubringerwerk-stätten ohne Kran	5 m	5 m	Drehgestell-werkstatt		
mit Kran	7 m	8 m	7 m		

formatige Aufteilung durch Sprossen hat zwar den Vorteil, daß der Bruch einzelner Scheiben geringere Instandsetzungskosten verursacht. Andererseits nehmen die eng gestellten Sprossen einen erheblichen Teil der Lichtfläche in Anspruch und ihre Unterhaltung durch Anstrich erfordert erheblichen Aufwand.

Für die Durchbildung der Dächer, Wände, Tore, Arbeitsgruben und sonstiger Einzelheiten kann im übrigen auf die Ausführungen über die Lokomotivhallen Bezug genommen werden.

Außer den Eisenbahnausbesserungswerken für Fahrzeuge gibt es auch zentrale Werkstätten zur Ausbesserung von Teilen des Oberbaues und der Signal- und Fernmeldeanlagen sowie von Geräten.

Die Weichenwerke bearbeiten ihre Ausbesserungsgegenstände nach gleichen Grundsätzen wie die Fahrzeugerhaltungsbetriebe. Die Werkhallen ähneln deshalb einander, sind jedoch den jeweiligen Bedürfnissen angepaßt.

In jedem Werkstättenbezirk sind ferner ein oder mehrere AW mit der Geräteausbesserung betraut. In Betracht kommen:

1. Einfache Geräte (Hemmschuhe, Winden, Gleishebewinden, Bahnmeisterroll-wagen, Draisinen, Ketten, Seile).
2. Meßgeräte.

3. elektrisch angetriebene Geräte (Elektrokarren, elektrische Handbohrmaschinen).
4. Geräte mit Verbrennungsmotoren.
5. Kraftwagen.
6. Büromaschinen.

Je nach der Art der Geräte kommen für die Werkstätten Hallenbauten, Flachbauten oder Geschoßbauten in Betracht.

Dasselbe ist der Fall für die meist den Eisenbahndirektionen unmittelbar unterstellten Signal- und Fernmeldewerkstätten.

IV. Bauten für die Verwaltung.

A. Allgemeines.

Die Verwaltung der Eisenbahnen obliegt unter der Oberleitung durch die Hauptverwaltung den Eisenbahndirektionen. Diesen sind Betriebs-, Verkehrs- und Maschinenämter unterstellt, denen zur Durchführung ihrer Aufgaben Dienststellen, wie Bahnhöfe, Bahnmeistereien, Betriebswerke usw., untergeordnet sind. Bestimmte Aufgaben der Verwaltung und Ausführung sind eigenen Stellen übertragen. Es bestehen Zentralämter, Generalbetriebsleitungen, Eisenbahnausbesserungswerke, Neubauämter, Abnahmeämter, Verkehrskontrollen, Fernmelde- und Signalmeistereien usw.

Die Eisenbahnen benötigen deshalb für ihre Verwaltung Geschäftsgebäude verschiedener Art und Größe. Große Verwaltungsgebäude sind für die Hauptverwaltung und die Eisenbahndirektionen erforderlich, Gebäude mittleren Umfangs für die Ämter und kleinere für Bahnmeistereien und andere Dienststellen gleichen Ranges. Aus Zweckmäßigkeitsgründen werden oft mehrere Ämter und Dienststellen in einem gemeinsamen Gebäude, oft auch noch mit Wohlfahrtseinrichtungen, Verkehrskontrollen, Kleidermagazinen, Drucksachenlagern u. dgl. zusammen untergebracht, wobei auch diese Gebäude einen erheblichen Umfang annehmen können.

Die Geschäftsgebäude der Eisenbahn unterscheiden sich von denen anderer Verwaltungen entsprechenden Umfanges nur in Einzelheiten. Die Mehrzahl der Räume ist für Beamte bestimmt, die an Schreibtischen oder Zeichentischen tätig sind. Die Ausbildung dieser Arbeitsplätze bestimmt die Breite der Fensterachsen, während die übrige Zimmerausstattung durch Kleider- und Aktenschränke usw. im Hintergrunde des Büroraums ihren Platz findet. Die Zimmer werden an ein- oder zweibündigen Fluren aufgereiht, die durch Festpunkte, insonderheit in Gestalt von Treppenhäusern und an diese angegliederten Nebenräumen, wie Zimmer für Amtsgehilfen, Warteräume, Aborte und Aufzüge, unterbrochen werden. Nach den meisten Bauordnungen ist vorgeschrieben, daß Treppenhäuser nicht weiter als 25 bis 30 m von der abgelegensten Stelle eines zum Aufenthalt von Menschen bestimmten Raumes entfernt sein dürfen. Treppenhäuser sind also in größeren Gebäuden in Abständen von etwa 50 m voneinander anzuordnen. Die Verkehrsentwicklung bringt es mit sich, daß auch die Bedeutung und der Geschäftsumfang der einzelnen Verwaltungsstellen in dauerndem Fluß ist. Dies ist auch für die räumliche Unterbringung von Einfluß, so daß Änderungen an den Büros nicht immer zu vermeiden sind. Hierauf ist auch in der Bauweise der Geschäftsgebäude Rücksicht zu nehmen. Größere Gebäude können in Stahl- oder Stahlbetonfachwerk ausgeführt werden, so daß die Zwischen- und tragenden Innenwände nur schwach zu sein brauchen und Änderungen leicht möglich sind. Auch bei massivem Außenmauerwerk sollten die tragenden Innenwände in

Stützen aufgelöst und ausgefacht werden, so daß auch hierbei Änderungen ohne größere Bauarbeiten möglich sind. Die Decken sind so tragfähig auszubilden, daß in den Achsen zwischen den Fenstern überall leichte Trennwände gestellt werden können. Bei kleineren Gebäuden mit geringer Geschoßzahl und infolgedessen schwachen tragenden Innenwänden werden diese zweckmäßig in massivem Mauerwerk ausgeführt.

Die Entfernung der Fensterachsen voneinander ergibt sich aus den üblichen Abmessungen des Schreibtisches von $0{,}80 \times 1{,}60$ m und dem davor nötigen Bewegungs- und Sitzraum von etwa 1 m Breite auf 1,80 bis 2 m. Wird nach dem Rastermaß von 1,25 m entworfen, so wird zweckmäßig das 1½fache desselben, also 1,875 m, als Achsenabstand angewendet. Dies Maß genügt für kleine Einzelzimmer, z. B. für Schreibmaschinenkräfte. Meist werden jedoch mehrere Achsen zu einem Zimmer zusammengefaßt. Als Raumtiefe ist ein Maß von 5 bis 6 m erforderlich, während als lichte Höhe 3,20 m genügen. Die Größe der einzelnen Zimmer ist durchschnittlich für jeden Beamten auf 9 bis 10 m² zu bemessen. Bei leitenden Beamten ergibt sich aus der Notwendigkeit, Platz für Besprechungen vorzusehen, das doppelte Maß. Es sind also zwei Fensterachsen erforderlich. Einbündige Flure sollten etwa 1,60 bis 1,80 m, zweibündige etwa 2 bis 2,50 m breit sein, wobei die Türen nach den Zimmern aufschlagen müssen. Dies ist stets zweckmäßig, weil nach dem Flur aufschlagende Türen den Verkehr behindern, während im Zimmer der von der aufschlagenden Tür eingenommene Raum auf jeden Fall als Verkehrsraum frei bleiben muß.

B. Geschäftsgebäude der Eisenbahndirektionen (Abb. 232 bis 244).

Je nach dem Geschäftsumfang handelt es sich darum, Räume für eine größere, zuweilen erhebliche Zahl von Arbeitsplätzen zu schaffen. Darüber hinaus werden noch einige größere Räume verlangt, wie für Kasse, Sitzungssäle, Bücherei, Plankammer u. dgl., sowie einige Dienstwohnungen für Pförtner, Heizer, Amtsgehilfen. Aus Zweckmäßigkeitsgründen wird das Geschäftsgebäude der Eisenbahndirektion gern nicht allzu weit vom Hauptbahnhof errichtet, was die Wege auswärtiger Besucher, der Beamten beim Antritt von Dienstreisen sowie die Beförderung von Briefen und Akten von und nach auswärtigen Dienststellen erleichtert. Wie bei anderen öffentlichen Gebäuden wird Wert darauf gelegt, daß sie leicht aufzufinden sind, daß sie also an verkehrsreichen Straßen und öffentlichen Plätzen möglichst so liegen, daß sie frei stehen, so daß eine Erweiterung leicht möglich ist und daß sie von Grünanlagen umgeben sind, um den Büros Licht und Luft zu geben.

Um die Größe des Gebäudes zu bestimmen, wird von der Zahl der Beamten ausgegangen, vermehrt um einen Zuschlag von 10 bis 15 vH. Bei der räumlichen Gliederung wird berücksichtigt, daß Stellen, die viel mit Außenstehenden zu tun haben, in den unteren Geschossen und nicht zu weit vom Haupteingang, Beamte, die viel miteinander zu tun haben, nicht zu weit voneinander entfernt untergebracht werden. Die Eisenbahndirektionen werden von einem Präsidenten geleitet. Sie sind nach Fachgebieten in 6 bis 7 Abteilungen gegliedert, denen je ein Abteilungsleiter vorsteht: I. Allgemeine Verwaltung und Finanzen, II. Personalwesen, III. Verkehr, IV. Betrieb, V. Bau, VI. Maschinendienst, VII. Werkstätten. (VII. nur bei einzelnen Direktionen, die das Werkstättenwesen für mehrere Bezirke gemeinsam bearbeiten.) Jeder Abteilung gehören, je nach Fachgebieten, mehrere leitende Beamte an. Diesen zugeteilt sind Sachbearbeiter, unter Bürovorständen zu Direktionsbüros vereinigt. Von den Sachbearbeitern ist ein Teil im reinen Verwaltungsdienst, also an Schreibtischen tätig, während insbesondere die in den technischen Büros tätigen Beamten mit Entwurfsarbeiten an Zeichentischen beschäftigt sind. Für ihre Arbeitsplätze bedarf es guter gleichmäßiger

Abb. 232. Ansicht.

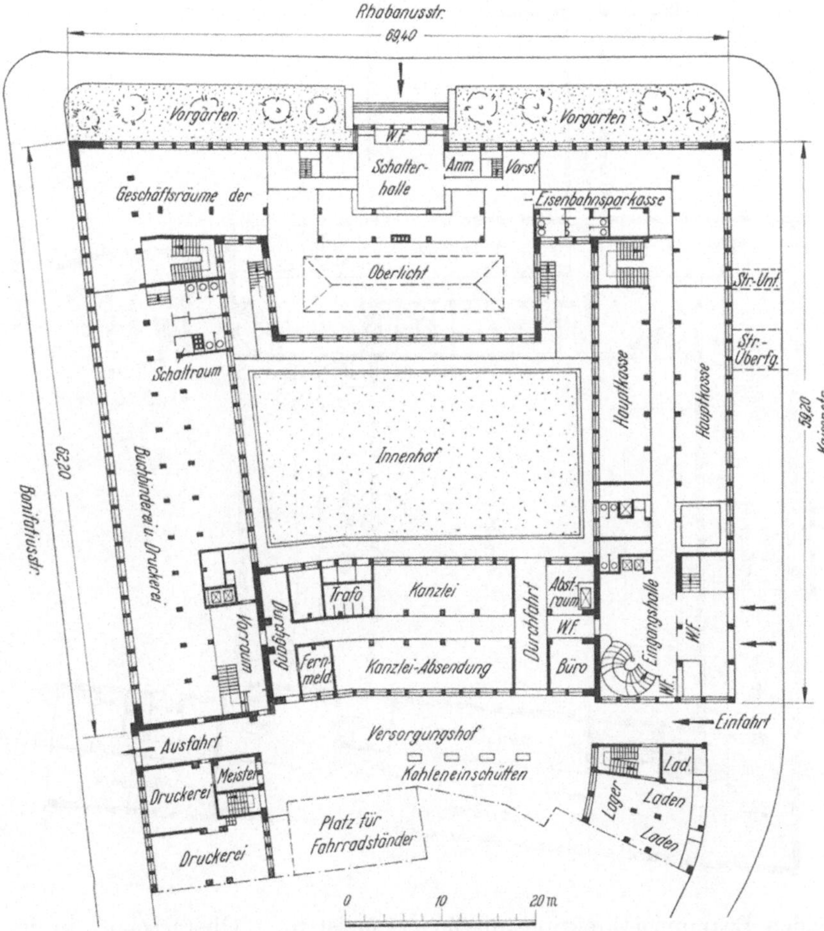

Abb. 233. Erdgeschoß.
Abb. 232 und 233. Eisenbahndirektion Mainz.

Belichtung, doch dürfte die oben beschriebene Fensterteilung auch für diese
Räume ausreichend sein. Während es früher üblich war, daß die Zimmer der

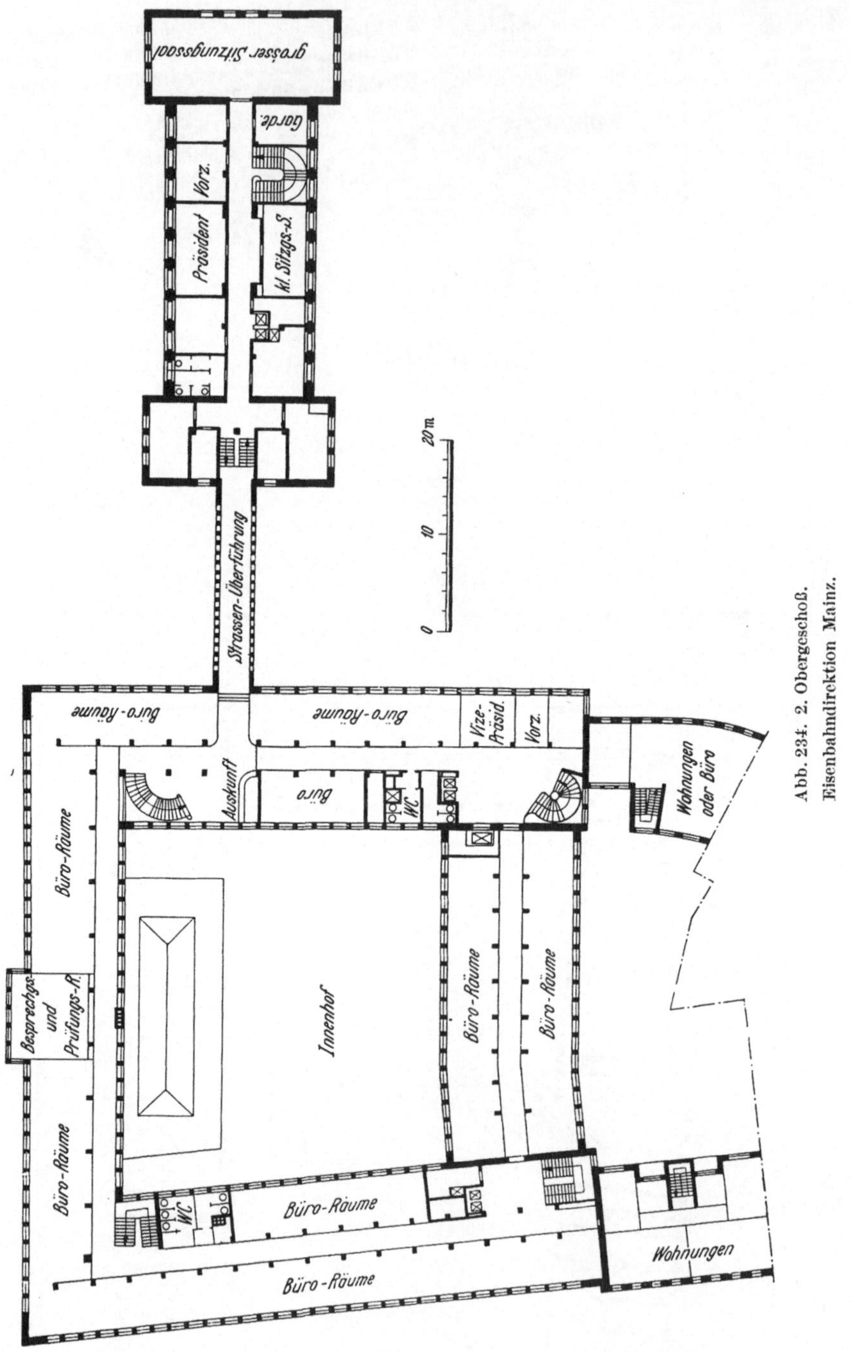

Abb. 234. 2. Obergeschoß.
Eisenbahndirektion Mainz.

leitenden Beamten (Direktionsmitglieder) meist im I. Obergeschoß, in der Nähe
des Präsidentenzimmers lagen, was für die Arbeit den Vorteil leichter gegen-
seitiger Fühlungnahme hatte, ist es neuerdings immer mehr Brauch geworden,

die Abteilungen mit ihren Dezernenten und Büros zusammenzufassen, was wiederum die Zusammenarbeit zwischen den Dezernenten und ihren Sachbearbeitern erleichtert. Hiervon muß bei der Raumanordnung ausgegangen

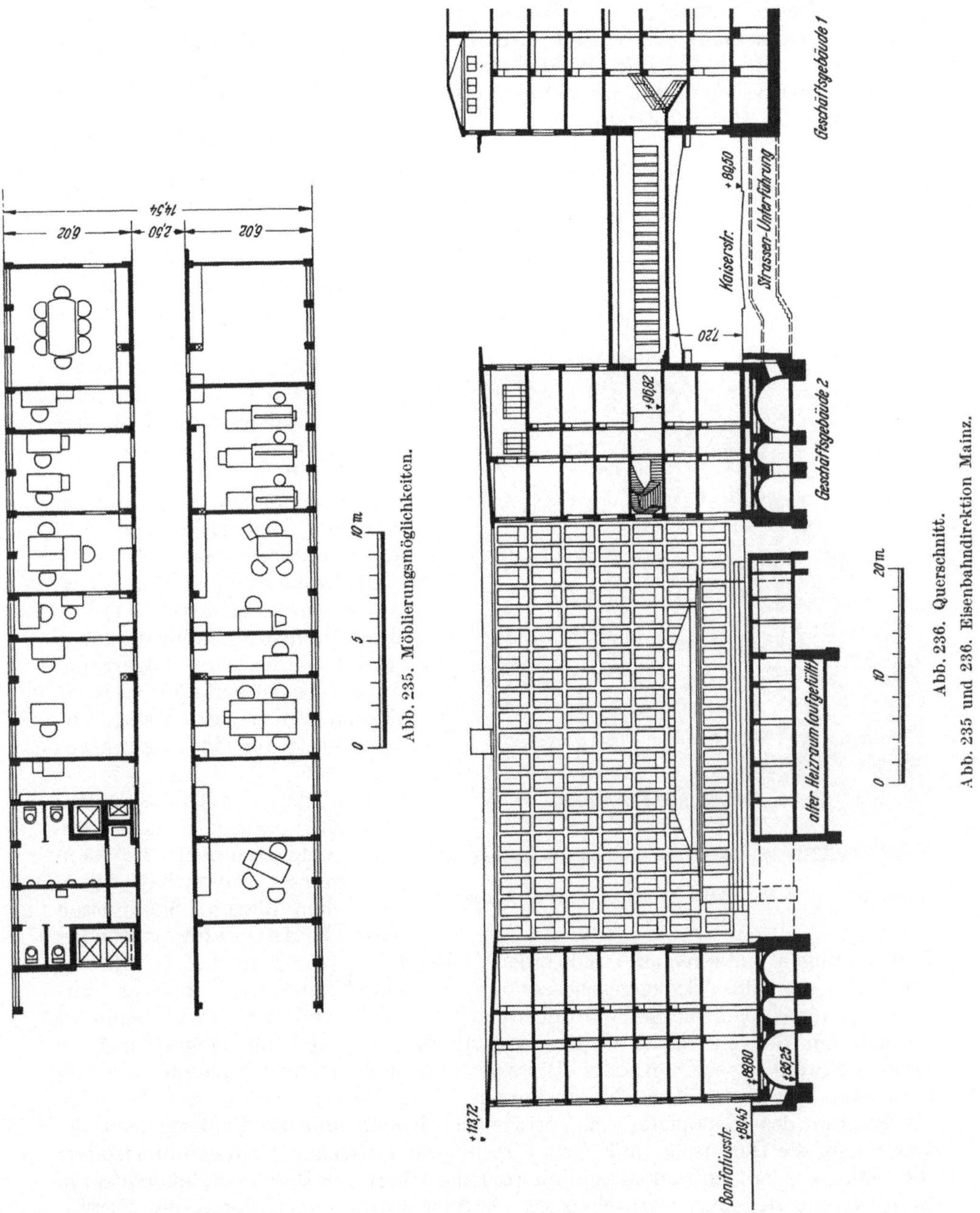

Abb. 235. Möblierungsmöglichkeiten.

Abb. 236. Querschnitt.

Abb. 235 und 236. Eisenbahndirektion Mainz.

werden. Bei den Zimmern des Präsidenten und der Abteilungsleiter ist zu berücksichtigen, daß in ihnen häufig größere Sitzungen stattfinden. Sie sind deshalb entsprechend zu bemessen und mit einem Sitzungstisch auszustatten. Diese Zimmer und auch die anderer, viel besuchter Dezernenten sind mit je einer Tür nach dem Flur und nach einem als Vorzimmer dienenden Nebenraum zu versehen, so daß der Zutritt für fremde Besucher von einer vorherigen Anmeldung abhängig gemacht werden kann.

Das *Sockelgeschoß* enthält gewöhnlich die Räume für die Sammelheizung, wenn das Gebäude nicht an eine Fernheizung angeschlossen ist oder von einem besonderen Kesselhaus aus beheizt wird. Der Heizraum muß eine größere Höhe haben als die übrigen Räume des Sockelgeschosses, damit die Kessel so tief aufgestellt werden können, daß bei Schwerkraftheizungen der Rücklauf möglich ist und daß sie vom Brennstoffraum aus von oben beschickt werden können. Er wird deshalb um ein Maß von 1,50 bis 2 m tiefer gelegt als der sonstige Fußboden im Sockelgeschoß. Die Brennstoffräume sollen so angeordnet werden, daß die Brennstoffe von außen leicht hereingebracht werden können. Es ist möglich, die Brennstoffräume unter einen befahrbaren Hof zu legen und in ihrer Decke Einschüttöffnungen vorzusehen, so daß die Brennstoffe vom Fahrzeug aus leicht hineingeworfen werden können. Der Heizraum muß dann entsprechend tief liegen und durch einen breiten Lichtgraben gut beleuchtet werden. Die Brennstoffe können durch Hängebahnen vom Lagerraum in die Kessel befördert werden. Neben dem Heizraum wird eine Werkstatt für den Heizer angeordnet.

Im übrigen wird das Sockelgeschoß vorwiegend von Räumen eingenommen, die zum dauernden Aufenthalt von Menschen dienen. Sie müssen deshalb den dafür geltenden

Abb. 237. Eisenbahndirektion Hamburg, Erweiterungsbau.

Bestimmungen entsprechen und eine Mindesthöhe von 3 m haben. Soweit der Fußboden des Sockelgeschosses unter Geländehöhe liegt, müssen derartige Räume gegebenenfalls durch breite Lichtgräben ausreichend belichtet werden. Im Sockelgeschoß werden vor allem solche Räume eingerichtet, in denen schwere Maschinen oder Pressen aufgestellt werden müssen, wie die Druckerei, diese samt ihren Nebenräumen zur Aufbewahrung der Drucksachen, der Platten, des Altpapiers, der Vorräte, der Kisten und der Packgegenstände. Maschinen, die Geräusche und Erschütterungen verursachen, müssen gut isoliert gegründet werden. Außerdem sind im Sockelgeschoß eine Reihe von feuersicheren Räumen mit Regalen vorzusehen zur Aufbewahrung der Grundakten, Grundstückspläne und -inventarien nebst Zubehörregister sowie zur Aufbewahrung der ausgereihten Kassenbelege und -bücher. Gegebenenfalls kann eine diebessichere Stahlkammer für Wertpapiere und Barbestände, die durch eine Treppe mit der darüber im Erdgeschoß liegenden Hauptkasse verbunden ist, hier eingerichtet werden. Im Sockelgeschoß kann auch die Kantine mit der Küche und sonstigen

Nebenräumen liegen, wobei dafür gesorgt werden muß, daß Küchengerüche nicht in das übrige Gebäude dringen. Um dies zu vermeiden, wird die Kantine

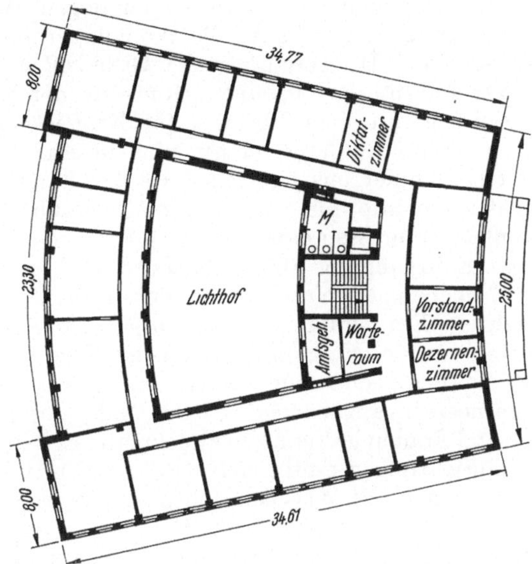

Abb. 238. 1. Obergeschoß.

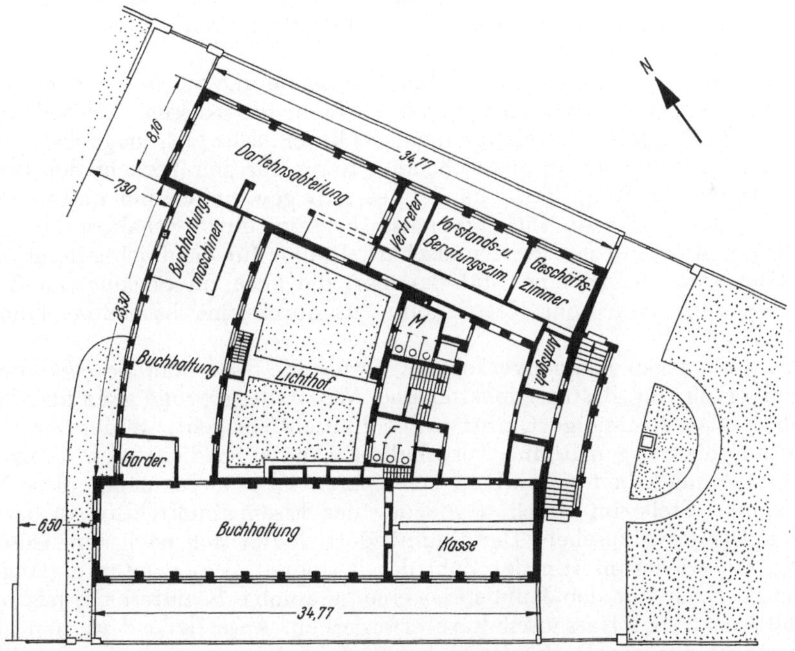

Abb. 239. Erdgeschoß.

Abb. 238 und 239. Eisenbahndirektion Dresden. Erweiterungsbau des Hauptgebäudes.

allenfalls in das oberste Geschoß gelegt, wobei allerdings für die Beförderung von Vorräten aus dem Keller nach oben ein Warenaufzug für die Küche zur Verfügung stehen muß. Weiterhin können im Sockelgeschoß Kraftwagen- und

Fahrradunterstellräume liegen. Der im Sockelgeschoß verbleibende Raum wird zu Lager- und Inventarräumen, zu Wirtschaftskellern sowie zu Wohnungen für die Pförtner, den Heizer, Kraftwagenfahrer und Amtsgehilfen verwandt. Die Wohnungen dürfen nicht ausschließlich nach Norden liegen. Wenn der Platz ausreicht, ist anzuraten, eigene Bauwerke für die Wohnungen und die Kraftwagenunterstellräume zu schaffen. Bei geschlossenem Grundriß mit Innenhöfen sind Durchfahrten zur Verbindung der einzelnen Höfe mit der Straße erforderlich.

Der *Haupteingang* liegt an einer Vorfahrt für Kraftwagen. Für Parkplätze ist zu sorgen. Durch einen Windfang gelangt man in eine geräumige Vorhalle, die von einem Pförtnerzimmer aus übersehen werden kann. Es ist erwünscht, daß von hier aus der gesamte Ein- und Ausgangsverkehr überwacht werden kann. Nebentreppenhäuser müssen einen Ausgang ins Freie haben. Dieser muß aber in einen durch Einfriedigung abgeschlossenen Hof führen. Ist dies nicht möglich, so müssen Nebeneingänge durch besondere Pförtner überwacht werden, was unwirtschaftlich ist. Ein geräumiges, gut ausgestattetes Haupttreppenhaus ist so zu legen, daß es von der Eingangshalle aus gesehen werden kann. In Verbindung damit ist ein Personenaufzug (Selbstfahrer), gegebenenfalls auch ein Umlaufaufzug (Paternoster), anzuordnen. In der Nähe der Treppenhäuser sind Aborte, für Männer und Frauen getrennt, in zweckmäßiger Verteilung vorzusehen. Die Zahl der Aborteinrichtungen ergibt sich nach Abschnitt V. Die Aborte sind mit entlüftbaren Vorräumen mit Wascheinrichtungen zu versehen. Ferner liegen neben den Treppenhäusern zweckmäßig die Räume für Amtsgehilfen, die mit Regalen zur Verteilung der Akten und mit einem Aktenaufzug auszustatten sind. Daneben kann gegebenenfalls in einer Flurerweiterung ein Warteraum vorgesehen werden. Die allgemeine Raumverteilung im Erd- und in den Obergeschossen ergibt sich aus dem eingangs Gesagten. Es ist deshalb nur auf einige Sonderräume noch einzugehen.

Im Erdgeschoß ordnet man zweckmäßig die Räume an, in denen ein starker öffentlicher Verkehr stattfindet, in erster Linie die Kassen. Sie sollen leicht auffindbar in der Nähe des Haupteinganges liegen, sehr gut, möglichst von zwei Seiten, beleuchtet sein und ausreichenden Raum für den Verkehr der Besucher bieten. Außer der Hauptkasse handelt es sich gewöhnlich um die Eisenbahnspar- und -darlehnskasse. Die *Hauptkasse* benötigt einen Schalterraum für den Verkehr der Kassierer mit der Kundschaft, Räume für die Buchhalterei und für den Leiter sowie ferner eine Stahlkammer, die auch im Sockelgeschoß liegen kann. Sie muß dann vom Kassenraum aus durch eine besondere Treppe zu erreichen sein.

Einen sehr regen Kundenverkehr hat ferner die *Spar- und Darlehnskasse*. Da der Zahlverkehr für Beamtengehälter und Angestelltenbezüge ganz überwiegend über diese als selbständige GmbH tätige Einrichtung geht, werden ihr von der Verwaltung die nötigen Räume vorgehalten. Um den Bediensteten zeitraubende Wege und damit Arbeitszeitverluste zu ersparen, ist es zweckmäßig, diese Räume an passender Stelle im Geschäftsgebäude der Eisenbahndirektion in der Nähe der Hauptkasse vorzusehen. Der Raumbedarf richtet sich nach dem Geschäftsumfang, der wiederum von der Zahl der betreuten Bediensteten abhängig ist. Für den Verkehr mit den Kunden ist eine geräumige Schalterhalle mit offenen Schaltertischen und Kassenschaltern erforderlich. Anschließend werden größere Arbeitsräume für die Buchhalterei benötigt. Außerdem sind Zimmer für den Vorsteher und seinen Vertreter, die Scheckabteilung usw. erforderlich. Auch eine Stahlkammer ist vorzusehen.

Im Hauptgeschoß — gewöhnlich dem ersten Obergeschoß — findet das *Zimmer des Präsidenten* nebst Vorzimmer von 70 bis 80 m² Größe seinen Platz. Möglichst in der Nähe sind ein Warteraum mit Kleiderablage, ein Raum für Amtsgehilfen sowie eine Abortanlage mit Wascheinrichtung vorzusehen. An die Räume

Abb. 240. Ansicht. Phot. Mäde

Abb. 241. Treppenhaus. Phot. Mäde

Abb. 242. Buchhaltung im Erdgeschoß. Phot. Mäde

Abb. 240 bis 242. Eisenbahndirektion Dresden. Erweiterungsbau des Hauptgebäudes.

des Präsidenten schließen sich diejenigen des Präsidialbüros, ein Beratungszimmer von 60 bis 80 m² Größe und der Sitzungssaal an.

Der *Sitzungssaal* dient hauptsächlich den regelmäßigen Direktionssitzungen. Er muß deshalb ausreichend Platz für alle Dezernenten und Hilfsarbeiter der Eisenbahndirektion bieten, wobei für jeden Sitzungsteilnehmer 1,50 bis 1,60 m² Grundfläche zu rechnen sind. Für etwaige Zunahme der Zahl der Beamten und für Sondersitzungen empfiehlt es sich, einen Zuschlag von etwa 25 vH zu berücksichtigen. Die Größe schwankt bei den bestehenden Direktionsgebäuden zwischen 75 und 175 m². Der Sitzungssaal erhält eine einfache, aber seiner Bedeutung würdige Ausstattung. Es empfiehlt sich, in die Wandbekleidung einen Bücherschrank einzubauen zur Aufstellung der Verwaltungs- und Dienstvorschriften, der Streckenpläne usw. Der Sitzungssaal ist an die Fernsprechleitung anzuschließen; auch auf die Aufstellung einer Einrichtung zum Aufhängen von Karten, Plänen usw. ist Bedacht zu nehmen. Für Lüftung ist zu sorgen. Neben dem

Abb. 243. Eisenbahndirektion Mainz. Sitzungssaal.

Sitzungssaal sind eine geräumige Kleiderablage, Aborte und Waschgelegenheit mit fließendem kaltem und warmem Wasser erwünscht. Sie muß von einem daneben gelegenen Amtsgehilfenzimmer gut überwacht werden können.

Außer den Dienstzimmern für Dezernenten und Sachbearbeiter kommen als *Sonderräume* in Betracht: Eine oder mehrere Plankammern, die 100 bis 200 m² große Bücherei, Akteien, die Lochkartenstelle, Lichtpaus- und Lichtbildstelle, die Eingangs- und Absendestelle sowie Unterrichtsräume. Für diese Räume ist zum Teil mit hohen Deckenbelastungen zu rechnen, z. B. durch Akten, Bücher, Pläne, Lochkartenmaschinen. Dasselbe würde auch für einen ferner erwünschten Raum zutreffen, in dem Baustoffproben und Muster sowie bei Bohrungen geförderte Boden- und Gesteinsarten aufbewahrt werden. Dies kann aber gegebenenfalls auch in einer besonderen Baustoffprüfstelle geschehen, die ihren Platz wegen der dort aufzustellenden Maschinen am besten im Sockelgeschoß oder in einem besonderen Gebäude findet. Zur Lichtbildstelle gehört eine Dunkelkammer mit Wasserspüleinrichtungen und ein Raum zum Aufbewahren von Platten und Filmen.

Die Räume für den *Oberbahnarzt* und seine Mitarbeiter werden zweckmäßig zu einer besonderen Gruppe zusammengefaßt, die vom Haupteingang leicht zu erreichen sein muß, für Kranke und Versehrte möglichst ohne Treppenbenutzung, also im Erdgeschoß. Hierfür müssen Warteräume und besondere Aborte mit Wascheinrichtung vorgesehen werden. Zwischen den Untersuchungszimmern und dem Flur sind Auskleidungszellen anzuordnen, um Zeit für die Untersuchungen zu gewinnen. Falls eine Röntgenanlage vorgesehen wird, sind Wände, Decken und Fußböden der dafür benötigten Räume so auszuführen, daß Schädigungen der in den Nachbarräumen tätigen Personen durch Röntgenstrahlen ausgeschlossen sind. Zu den Röntgenräumen gehört eine Dunkelkammer zum Einlegen und Entwickeln der Platten und Filme.

Die Fußböden der Diensträume und Flure werden zweckmäßig mit Linoleum oder ähnlichen möglichst fugenlosen Belägen ausgelegt. Die Wände und Decken werden geputzt, gefilzt und mit Leimfarbe hell gestrichen. Alle Leitungen sollten verdeckt verlegt werden. Die Dienstzimmer werden mit Waschbecken mit darüber angebrachten rahmenlosen Spiegeln ausgestattet. Die dahinterliegenden Wandflächen werden mit Fliesen bekleidet. Die Türbekleidungen können aus Holz sein oder als Stahlzargen aufgestellt werden. Jedes Dienstzimmer wird an die Fern-

Abb. 244. Eisenbahndirektion Wuppertal. Sitzungssaal.

sprechleitung und, soweit erforderlich, an die zentrale Uhrenanlage angeschlossen. Die Ausstattungen bestehen im allgemeinen aus Tischen, Stühlen, Schreibtischen, Aktenständern, Akten- und Kleiderschränken. Außerdem sind Sonnenschutzvorhänge anzubringen. Die Schränke können zu Schrankwänden zusammengefaßt werden. Schrankwände sollen nicht in den Trennwänden der Zimmer liegen, weil dadurch verhältnismäßig breite Fensterpfeiler nötig werden, der wertvolle Raum an der Fensterseite beschränkt wird und die Schränke zu einem Teil schlecht zugängig werden. Besser ist es, sie zwischen Flur und Zimmer anzuordnen. Der Raum über den Schränken kann dann bis zur Decke verglast und zur verdeckten Leitungsführung, insbesondere für Fernsprech- und Lichtleitungen, verwendet werden. Auch können in die Schrankwände Wascheinrichtungen verdeckt eingebaut werden. Schrankwände sind schalldicht auszubilden. Ist das Gebäude zweibündig, was aus wirtschaftlichen Gründen meist nötig ist, so muß für ausreichende Belichtung durch verglaste Türen und durch Verglasung über den Türen gesorgt werden, was sich bei der vorstehend beschriebenen Ausführung von Schrankwänden an Mittelfluren von selbst ergibt.

Während große Verwaltungsgebäude bisher meist in Form von geschlossenen Blöcken mit Innenhöhen entworfen und ausgeführt wurden, wird heute zur Erzielung einer besseren Belichtung und Belüftung meist eine offene Gestaltung mit einem Längsbau und angeschlossenen Querflügeln erstrebt. Hierbei können sich in den einzelnen Geschossen in der Waagerechten sehr weite Wege ergeben, die zu Fuß zurückgelegt werden müssen. Da in der Senkrechten die Wege durch Aufzüge — insbesondere Umlaufaufzüge — leicht und schnell zurückgelegt werden können, führt die Entwicklung zur vielgeschossigen Bauweise, wobei die großen Mauerstärken des überlieferten Mauerwerkbaues durch die knapp bemessenen, hoch beanspruchbaren Skelettbauweisen in Stahl oder Stahlbeton ersetzt werden können.

Verwaltungsgebäude der Zentralämter haben etwa den gleichen Umfang und eine ähnliche Einrichtung wie die der Direktionsgebäude.

C. Dienstgebäude der Ämter (Abb. 245 bis 247).

Den Dienstgebäuden der Betriebs-, Maschinen- und Verkehrsämter gleichzustellen sind die Verwaltungsgebäude der Eisenbahnausbesserungswerke. Selbst wenn mehrere Ämter in einem Gebäude vereinigt werden, erreichen sie nicht annähernd den Umfang der Eisenbahndirektionen. Es handelt sich um Gebäude mittleren Umfanges, bei denen in der Regel nicht zu empfehlen ist, eine neuzeitliche Stahl- oder Stahlbetonbauweise anzuwenden. Vielmehr werden die Außenwände in der üblichen Bauweise aus massivem Mauerwerk erstellt. Im übrigen gelten jedoch die vorstehenden allgemeinen Ausführungen über die Bauweise von Verwaltungsgebäuden auch hierfür.

Den Ämtern gehören an der Amtsvorstand, je nach Geschäftsumfang ein bis drei Vertreter, der erste Bürobeamte, eine Anzahl weiterer Beamter als Bearbeiter der einzelnen Sachgebiete, der Amtsgehilfe und gegebenenfalls ein Kraftfahrer. Bei den Eisenbahnausbesserungswerken handelt es sich um den

Abb. 245. Ämtergebäude in Hannover. Modellansicht.

Werkdirektor, mehrere Abteilungsleiter und weitere Beamte wie bei den Ämtern.

Das Zimmer für den Amtsvorstand oder den Werkdirektor muß so bemessen werden, daß es auch zu Besprechungen mit mehreren Beteiligten ausreichend ist. Es wird also etwa 25 bis 30 m² groß sein. Bei großen Ämtern außerhalb des Sitzes der Eisenbahndirektion, bei Ausbesserungswerken und wenn mehrere Ämter in einem Gebäude vereinigt sind, ist ein besonderes Beratungszimmer von etwa 40 bis 50 m² erwünscht. Häufig wird auch ein Unterrichtszimmer vorgesehen. Für die Größenbemessung der übrigen Büroräume gelten die Ausführungen unter A. Für die technischen Ämter ist eine Plankammer und eine Einrichtung zum Anfertigen von Lichtpausen erforderlich. Die Zimmer für den Vorstand, den ersten Vertreter und den ersten Bürobeamten sollen nebeneinanderliegen. Vom Zimmer des Amtsgehilfen soll die Überwachung des Einganges möglich sein. Erwünscht ist ein Zimmer zum Abhalten von Prüfungen und eins für Referendare oder Assessoren. Bei der Vereinigung mehrerer Ämter in einem Gebäude können die Amtsgehilfenzimmer und die Aborte gemeinsam sein. Die Ausstattung

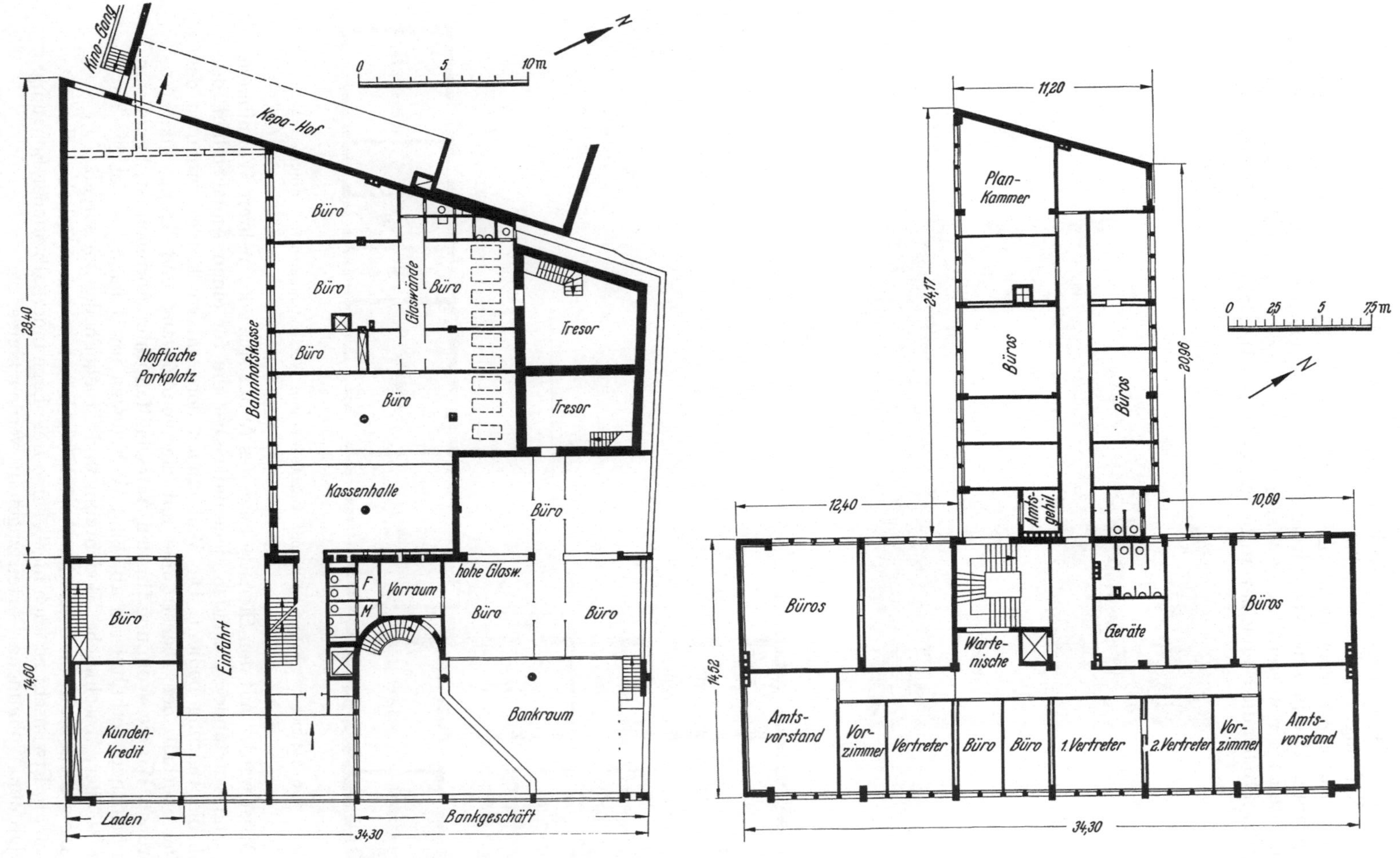

Abb. 246. Erdgeschoß (an der Straße Läden und Bankräume).   Abb. 247. Obergeschoß für 2 Ämter.

Abb. 246 und 247. Ämtergebäude in Hannover.

der Räume ist die gleiche wie in der Direktion. Die Ämtergebäude erhalten Sammelheizung, für die im Keller die Heiz- und Kohlenräume vorzusehen sind. In den Ausbesserungswerken wird die Wärme im Heizwerk erzeugt und hochgespannter Dampf zum Verwaltungsgebäude geleitet, der dort in Gegenstromapparaten Warmwasser für eine Warmwasserheizung erzeugt. Außer der Heizung liegen im Keller die Räume zur Aufbewahrung des Altpapiers und ein Fahrradraum.

Abb. 248. Ansicht.

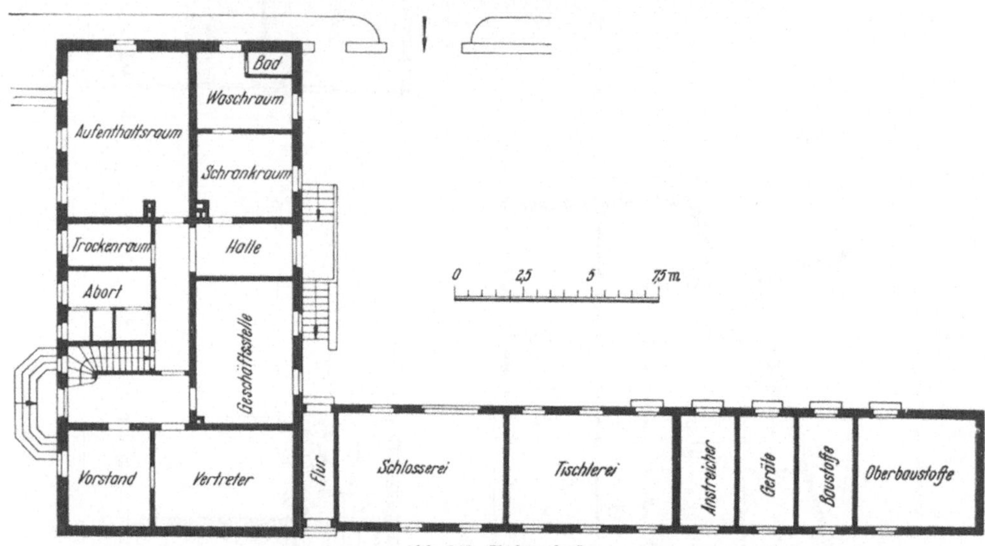

Abb. 249. Erdgeschoß.

Abb. 248 und 249. Bahnmeisterei mit Aufenthalts- und Werkstatträumen in Glashütte.

  Meist werden mit den Diensträumen des Amtes eine oder mehrere Wohnungen für Amtsvorstände verbunden, jedenfalls aber die für einen Amtsgehilfen, der auch die Heizung bedient. Die Wohnungen der Amtsvorstände werden in der Regel oberhalb der Diensträume mit eigenem Zugang und Treppenhaus angeordnet. Wo die Wohnung für den Amtsgehilfen unterzubringen ist, hängt von den örtlichen Verhältnissen ab. Sind Wohnungen im Gebäude, so ist für Wirtschaftskeller, Waschküche, Bodenraum und Trockenboden zu sorgen.

  Die Geschoßzahl und sonstige Ausbildung hängt von den örtlichen Verhältnissen ab. Erwünscht ist auch hierbei eine freie Lage innerhalb offener Bebauung, so daß den Wohnungen Gärten zugeteilt werden können.

D. Bahnmeistereien (Abb. 248 u. 249).

Da die Vorsteher der Bahnmeistereien bei Unfällen und sonstigen Störungen schnell dienstbereit sein müssen, empfiehlt es sich, ihre Wohnungen mit den Diensträumen in einem Gebäude zu vereinigen.

Die Diensträume der Streckenbahnmeisterei bestehen meist aus dem Dienstzimmer des Vorstehers von etwa 15 bis 18 m², seines Vertreters in der gleichen Größe und einer Schreibstube, welche auch die Planschränke enthält, von 18 bis 20 m². Oft wird die Bahnmeisterei mit Werkstatträumen verbunden. Neben den Büroräumen im Erdgeschoß sind die Aufenthaltsräume für Arbeiter unterzubringen. Hierfür sind ein Rottenführerraum, ein Aufenthaltsraum für etwa 14 bis 18 Mann, ein entsprechender Wasch- und Schrankraum und außerdem die nötigen Aborte erforderlich. Die Werkstätten liegen entweder in einem Anbau oder in einem freistehenden Gebäude, das durch einen überdeckten Gang mit dem Hauptbau verbunden ist. Erforderlich sind eine Telegrafenwerkstatt, eine Tischlerei, Schlosserei, Lagerräume für Baustoffe, Oberbaustoffe, Geräte zu je etwa 18 m². Das Dach über den Werkstätten ist möglichst so weit vorzuziehen, daß die nach außen schlagenden Tore vor Schlagregen geschützt sind. Vorteilhaft ist die Lage der Bahnmeisterei am Gleis, damit Baustoffe und Geräte leicht verladen werden können und schließlich der Bahnmeistereikleinwagen rasch eingesetzt werden kann, dessen Unterstellraum neben den Werkstätten liegt. Andererseits müssen die Bahnmeisterei und die Wohnung auch von der Straße oder einem öffentlichen Platz unmittelbar erreicht werden können. Eine Wohnung für den Vorsteher liegt im Obergeschoß. Sie erhält einen besonderen Zugang. Im Keller liegen die Waschküche und ein Kohlen- und Wirtschaftskeller für den Vorsteher. Außerdem sind darin Lagerkeller der Bahnmeisterei und gegebenenfalls auch ein Bad für das Personal anzuordnen. Insbesondere bei Bauten auf dem Lande und in kleinen Städten ist in der Außengestaltung und der Bauweise auf örtliche Gepflogenheiten Rücksicht zu nehmen. Gartenland ist dem Vorsteher zuzuteilen.

E. Bahnselbstanschlußämter (Basa).

Fernmeldeanlagen haben im Eisenbahnbetrieb eine große Bedeutung gewonnen, so daß beim Entwurf von Hochbauten darauf besondere Rücksicht genommen werden muß. Immer mehr werden die Handvermittlungsstellen durch Selbstanschlußämter ersetzt. Der hierfür benötigte Raumbedarf richtet sich nach der Größe des Bahnhofs bzw. der Dienststelle und nach der daraus sich ergebenden Zahl der Teilnehmer.

Für eine Kleinbasa mit 4 bis 10 Teilnehmern kommt eine Wandausführung in Betracht. Die Anlage benötigt einschließlich des Batterieschrankes eine Wandfläche von 1,20 m Breite. Sie soll möglichst nicht neben dem Ofen liegen und nicht an Wänden, die Erschütterungen ausgesetzt sind. Die Aufstellung ist in Diensträumen möglich, jedoch wegen des unvermeidlichen Geräusches und der Verstaubungsgefahr nicht erwünscht. Besser ist ein eigener, etwas temperierter Raum von mindestens 1,50 × 2,50 m, um auch dem Unterhaltungsbeamten Arbeits- und Abstellmöglichkeit zu bieten. Eine Vermittlung ist nicht vorhanden.

Für eine 30teilige Kleinbasa wird eine Gestellausführung notwendig. Erforderlich ist eine Gestellreihe aus drei Einzelgestellen mit zusammen 2 m Länge. Der Raum vor dem Gestell muß 1,70 m, der dahinter 1 m breit sein, so daß der Gestellraum 2,70 m breit und 3,50 m lang sein muß. Erwünscht sind 3,50 × 4 m und eine Höhe von 3,20 m. Ein Batterieraum muß möglichst nahe liegen. Er erhält eine Größe von 2,20 × 3,50 m, säurefesten Fußboden, Wandfliesen in 1,20 m Höhe und im übrigen säurefesten Ölfarbenanstrich. Wenn nicht zu kalt gelegen, ist Heizung nicht notwendig. Der Basaraum ist staubfrei zu heizen, also durch Warmwasserheizung oder von außen geheizten Kachelofen. Die Kleinvermittlung liegt im Betriebsraum.

Eine 100 teilige Basa (bis 60 Teilnehmer) benötigt einen Gestellraum von 4,50 × 4,50 m Grundfläche und 3,20 m Höhe. Für den Batterieraum sind 2,50 × 4 m nötig bei 2,50 m Höhe. Er muß gelüftet sein. Wenn der Keller trocken ist, kann die Batterie auch dort möglichst unter der Basa aufgestellt werden. Da diese Bedingung jedoch selten bei jedem Wetter und auf die Dauer erfüllt ist, empfiehlt sich die Kelleraufstellung meist nicht. Die Vermittlung wird in eigenem 2,50 × 3,50 m großem Raum meist mit der Fernschreibstelle vereinigt, und zwar möglichst in der Nähe des Fahrdienstleiters wegen der nächtlichen Bedienung.

Für größere Anlagen ergibt sich folgender Raumbedarf:

	200 Teilnehmer	500 Teilnehmer	1000 Teilnehmer
a) Wählerraum	3,5 × 4,5 m	8,5 × 5,5 m	15,0 × 8,0 m
b) Verstärkerraum (durch Glaswand getrennt)	3,5 × 4,5 m	7,0 × 5,5 m	10,0 × 8,0 m
c) Raum für Unterhaltungsbeamte	3,5 × 4,5 m	3,5 × 5,5 m	4 × 3,0 × 5,0 m
d) Werkstatt	—	3,5 × 5,5 m	2 × 4,0 × 5,0 m
e) Batterieraum	3,5 × 4,5 m	3,5 × 5,5 m	10,0 × 7,5 m
f) Vermittlung	3,0 × 3,5 m	3,0 × 3,5 m	3,0 × 5,0 m
g) Fernschreibstelle	3,0 × 3,5 m	3,5 × 4,5 m	8,0 × 8,0 m * 5,0 × 8,0 m
h) Kabelabschlußgestell (ggf. im Keller unter der Basa)	—	3,5 × 4,5 m	6,0 × 7,5 m 6,0 × 8,0 m
i) Netzersatzraum	—	2,5 × 3,5 m	6,0 × 7,5 m
k) Maschinenraum	—	—	10,0 × 7,5 m
l) Heizungsraum	—	—	6,0 × 5,0 m
m) Rohrpost	—	—	3,0 × 5,0 m
n) Klimaanlage	—	—	6,0 × 5,0 m
o) Raum für Nachrichtenleitstelle	—	—	4,0 × 7,5 m

* Sprungschreibergestellraum.

Bei einer Basa für 1000 Teilnehmer handelt es sich meist um eine Anlage am Sitz der Eisenbahndirektion mit Nachrichtenleitstelle. Sie wird oft in einem eigenen Fernmeldegebäude untergebracht.

V. Wohlfahrtseinrichtungen.

A. Allgemeines.

Die Eisenbahnen müssen an ihre Bediensteten große und besondere Anforderungen stellen. Der Eisenbahndienst erstreckt sich über Tag und Nacht. Zug- und Lokomotivbedienstete müssen oft ihre Ruhepausen fern von ihrem Wohnort zubringen, oft auch außerhalb ihrer Wohnung am Tage oder in der Nacht ihre Bettruhe halten. Viele Arbeiten, insbesondere auf den Lokomotivstationen, in den Werkstätten, auf Güterböden und in der Bahnunterhaltung führen zu einer unvermeidlichen Verschmutzung. Die Unregelmäßigkeit des Dienstes und die Tätigkeit außerhalb der Heimatstation bringen es mit sich, daß die Mahlzeiten nicht zu Hause eingenommen werden können. Um die Leistungsfähigkeit und Gesundheit ihrer Bediensteten zu erhalten, sind die Eisenbahnverwaltungen deshalb von jeher bestrebt gewesen, Einrichtungen zu schaffen, die diesen besonderen Verhältnissen entsprechen und den Bediensteten ihre schwere Arbeit erleichtern. Diese Einrichtungen können entweder in Gebäuden des allgemeinen Dienstes oder in besonderen Gebäuden untergebracht und sollen als Wohlfahrtseinrichtungen bezeichnet werden. Es ist dabei selbstverständlich, daß auch bei allen Dienstgebäuden und Werkstätten auf die Wohlfahrt der Bediensteten, z. B. durch die Schaffung gut belichteter und belüfteter sowie auch sonst gesundheitlich einwandfreier Arbeitsplätze und alle nötigen Sicherheitsvorkehrungen Bedacht genommen werden muß.

Zur Wohlfahrtsfürsorge gehört auch die wohnliche Unterbringung der Eisenbahnbediensteten. Schon vor den beiden Weltkriegen verfügten die deutschen Eisenbahnverwaltungen über einen erheblichen Bestand an bahneigenen Dienst- und Mietwohnungen, die z. T. in Empfangs- und anderen Dienstgebäuden lagen, z. T. aber auch in besonderen Wohngebäuden und zuweilen in geschlossenen Siedlungen. Dienstwohnungen waren für solche Beamte erforderlich, die, um ihrer Aufsichts- und Dienstpflicht zu genügen, in der Nähe ihrer Dienststelle wohnen müssen und solche, die bei besonderen Vorkommnissen zu jeder Tages- und Nachtzeit erreichbar sein sollen. Mietwohnungen wurden besonders dann gebaut, wenn an Orten mit wachsendem und großem Personalbedarf geeignete und gesunde Wohnungen nicht in ausreichender Zahl auf dem öffentlichen Wohnungsmarkt zu haben waren. Durch Wohnungsvorschriften waren zulässige Wohnungsgrößen für Arbeiter, untere, mittlere und obere Beamte festgelegt. Nach dem ersten Weltkriege trat ein allgemeiner verschärfter Wohnungsmangel ein, der sich besonders für Eisenbahnbedienstete sehr fühlbar machte, weil sie häufig versetzt wurden und deshalb lange von ihren Familien getrennt leben mußten. Um diesem großen Wohnungsbedarf zu genügen, ging die Eisenbahnverwaltung dazu über, in verstärktem Maße Wohnungen durch Unterstützung gemeinnütziger Wohnungsbaugenossenschaften und -gesellschaften zu schaffen und vertraglich ihren Bediensteten zu sichern. Später wurden eigene gemeinnützige Gesellschaften zum Zwecke des Wohnungsbaues und der Wohnungsverwaltung gegründet. Die als Folge des zweiten Weltkrieges entstandene, erheblich verschärfte Wohnungsnot hat auch das Bedürfnis nach Wohnungen für Eisenbahnbedienstete weiter gesteigert. Der Wohnungsbedarf wird ganz überwiegend durch den gemeinnützigen Wohnungsbau befriedigt, der hinsichtlich der Wohnungsgrößen und der baulichen Gestaltung an die dafür geltenden Bestimmungen gebunden ist, so daß es sich hier erübrigt, näher darauf einzugehen.

B. Aufenthaltsgebäude und Speiseanstalten (Abb. 250 bis 257).

Aufenthalts- und Nebenräume sind, abgesehen von ganz kleinen Bahnhöfen, auf allen Personen-, Güter- und Verschiebebahnhöfen sowie in Verbindung mit den Werkstätten erforderlich, damit die Bediensteten bei Antritt ihres Dienstes ihre Arbeitskleidung anlegen und sie in ihrer freien Zeit aufbewahren können, in den Arbeitspausen Schutz gegen die Unbilden der Witterung finden, sich reinigen und mitgebrachte Speisen erwärmen oder zubereiten und in geeigneten Räumen verzehren können. Auf größeren Bahnhöfen sind meist auch Räume notwendig, in denen sich Reservemannschaften während der Dauer ihrer Bereitschaft aufhalten können.

Hierfür sind nicht immer besondere Gebäude notwendig. Vielmehr werden die Aufenthaltsräume mit ihrem Zubehör oft in den sonstigen Bauten, z. B. den Empfangs- oder anderen Bahnhofsdienstgebäuden, in den Güterhallen oder Güterabfertigungsgebäuden, in Verbindung mit den Dienstgebäuden der Bahnmeistereien und der Betriebs- oder Eisenbahnausbesserungswerke untergebracht. Außer für die Bürobediensteten sind Aufenthaltsräume für fast alle Gruppen von Bediensteten erforderlich. Diese Räume können wegen der dadurch zu erzielenden Ersparnisse für mehrere Gruppen in einem Gebäude vereinigt werden. Die Wege zu den Arbeitsstellen sollen kurz sein, um keine Zeit zu verlieren. Bei vereinigter Unterbringung kommen deshalb nur solche Gruppen in Betracht, deren Tätigkeit in der Nähe ausgeübt wird. Sonst sind getrennte Gebäude zu errichten. In den Gebäuden sind die Aufenthaltsräume für die verschiedenen Gruppen der Bediensteten nach ihrer Stellung und Tätigkeit zu trennen, also z. B. die Wagenputzer von den Kohlenladern, von den Werkmeistern usw. Nach Möglichkeit sollen auch die Wasch- und Schrankräume getrennt werden.

Außer den eigentlichen Aufenthaltsräumen werden in derartigen Gebäuden Schrank- und Umkleideräume, Waschräume, Räume zum Trocknen durchnäßter Kleidungsstücke, Aborte und zuweilen auch Bäder vorgesehen. Die Aufenthalts-

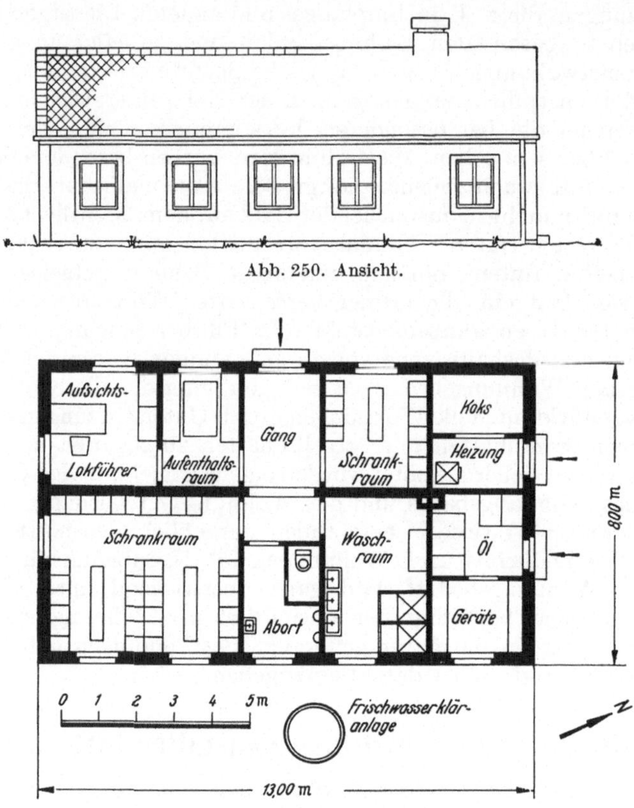

Abb. 250. Ansicht.

Abb. 251. Grundriß.

Abb. 250 und 251. Aufenthaltsgebäude in Wiesau.

räume erhalten stets einen als Windfang dienenden Vorraum. Die Räume müssen durch ausreichend große Fenster erhellt werden und gut belüftbar sein. Sie sind deshalb in der Regel im Erdgeschoß oder in den Obergeschossen unterzubringen. Müssen die Räume ausnahmsweise in das Untergeschoß verlegt werden, so ist durch einen breiten Lichtgraben Tageslicht hereinzulassen. Die Heizung muß als Sammelheizung richtig bemessen sein. Elektrische Beleuchtung ist vorzusehen. Alle Leitungen der verschiedenen Installationen sind möglichst verdeckt und so zu verlegen, daß sie in den Räumen nicht störend wirken. Bei Abflußleitungen sind Reinigungsverschlüsse in genügender Zahl einzubauen. An geeigneter Stelle ist eine Einrichtung zum Füllen und Reinigen der Karbidlaternen mit wirksamer Lüftung vorzusehen. Waschräume, Umkleideräume, Aborte und Bäder sind für Männer und Frauen getrennt anzuordnen. Es ist notwendig, daß schon im Entwurfsplan die gesamte Ausstattung maßstäblich eingetragen wird.

Die *Waschräume* sind so zu bemessen, daß im allgemeinen auf höchstens 4 bis 5 Belegschaftsmitglieder ein Waschplatz von ungefähr 60 cm Breite mit fließendem, möglichst kaltem und warmem Wasser kommt. Für kleinere Anlagen genügen keramische Waschbecken, bei größeren werden Waschrinnen oder Waschbrunnen verwendet. Kippbecken sind als gesundheitlich nicht einwandfrei abzulehnen. Über jedem Waschplatz wird ein Kalt- und gegebenenfalls Warmwasserbrausehahn mit einer Mischbatterie so angebracht, daß jedes Belegschaftsmitglied die Wassertemperatur selbst regeln kann. Heißes Wasser ist nur bis zu solchem Wärmegrad zuzuführen, daß Verbrühungen unmöglich sind. Seifenschalen sind an jedem Waschplatz anzubringen. Waschrinnen aus Steinzeug oder emailliertem Gußeisen werden entlang den Wänden oder frei stehend als Doppelrinnen aufgestellt. Die Oberkante der Rinnen liegt 70 bis 80 cm über dem Fußboden. Alle 2 bis 3 m erhalten sie Abflüsse. Die Abstände zwischen den Rinnen müssen mindestens 1,50 m betragen. Es können auch runde Waschbrunnen für 6, 8 oder 10 Personen mit Einzelmischbatterien und mit einem Durchmesser von 91, 114 und 137 cm angeordnet werden. Sie erhalten einen Abstand von 1 m von der Wand und von 1,50 m voneinander und von Schränken. In besonderen Fällen können auch etwa 55 × 55 × 35 cm große Fußbadewannen mit Mischbatterien für Kalt- und Warmwasser vorgesehen werden. Zu jedem Fußwaschbecken gehört ein Hocker. Bei derartigen Abflußleitungen sind ausreichende Reinigungsstellen anzuordnen mit Sandfängen und nötigenfalls Ölabscheidern. Zum Ausspritzen und Reinigen der Waschräume sind Wasseranschlüsse anzulegen. Der Fußboden wird aus Fliesen oder Terrazzo mit Gefälle nach den Abflußstellen hergestellt, damit keine Wasserpfützen entstehen. Die Wände werden bis etwa 2 m Höhe mit hell glasierten Fliesen bekleidet. Darüber erhalten sie abwaschbaren Anstrich. Die Decke wird mit heller Leimfarbe gestrichen.

Die *Aufenthaltsräume* erhalten je Kopf der Belegschaft ungefähr 1 bis 1,5 m² Grundfläche bei mindestens 2,80 m lichter Höhe. Wände und Decken werden geputzt. Die Wände erhalten hellen, abwaschbaren Anstrich; die Decken werden mit Leimfarbe gestrichen. Im übrigen sind die Räume so auszustatten, daß sie einen freundlichen und behaglichen Eindruck machen, daß sie leicht saubergehalten werden können und daß sie einer derben und rauhen Benutzung gewachsen sind. Als Fußboden kommen Hartholz, Linoleum, Steinholz, Hartasphaltplatten oder anderer abriebfester, fußwarmer Belag in Frage. Um die Wände zu schonen, empfiehlt sich der Einbau von festen Wandbänken mit Rückenlehnen. Die verbleibenden Wandflächen können außer Sockelleisten solche in Höhe der Stuhllehnen erhalten, um Beschädigungen durch die Stühle zu vermeiden. Auch kommt eine geeignete Wandbekleidung in Brüstungshöhe in Betracht. Stühle und Tische sind in ausreichender Zahl vorzusehen. An den Wänden sind Bilder oder Karten sauber unter Glas und Rahmen oder als Wandmalerei anzubringen. Anschläge irgendwelcher Art sind zu vermeiden. Sie sind auf besonderen Tafeln im Vorraum anzubringen, nicht aber unmittelbar auf Wände zu heften. Die Fenster erhalten einfache, farbige Sonnenschutzvorhänge aus waschfesten Stoffen. Die Leitungen der elektrischen Beleuchtung sind verdeckt zu verlegen. Wenn sich für kleinere Anlagen eine Sammelheizung nicht lohnt, sind Öfen der ortsüblichen Bauart aufzustellen, mit deren Bedienung die Bediensteten vertraut sind. Öfen mit Dauerbrandeinsätzen sind wirtschaftlich. Gegebenenfalls kommt auch eine Kachelofenluftheizung in Betracht, mit der mehrere zusammenliegende Räume beheizt werden können. In den Aufenthaltsräumen dürfen keine Arbeitsgeräte irgendwelcher Art untergebracht werden. Dafür ist ein besonderer Raum vorzusehen.

In der Nähe des Aufenthaltsraumes ist ein *Kochraum* anzuordnen. Er erhält Gas- oder elektrischen Herd, Wasserzapfstelle, Spülbecken und Ausguß, Anrichte, Tisch, ein Gestell zum Abstellen der Töpfe und einen Abfalleimer mit Deckel.

Abb. 252. Seitenansicht.

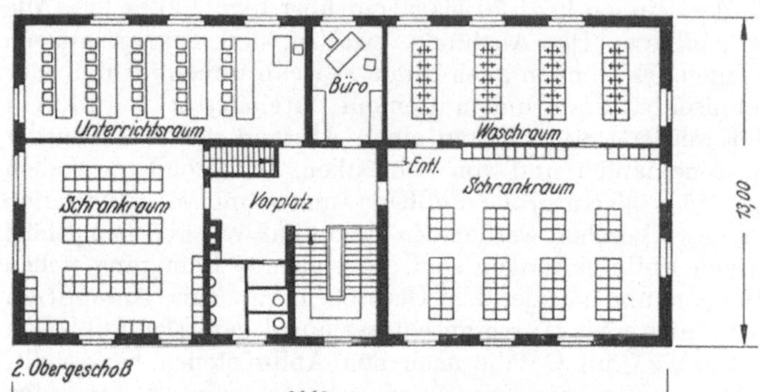

Abb. 253. 2. Obergeschoß.

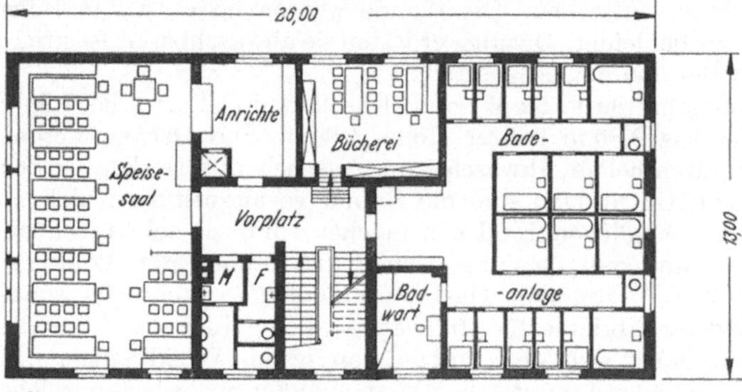

Abb. 254. 1. Obergeschoß.

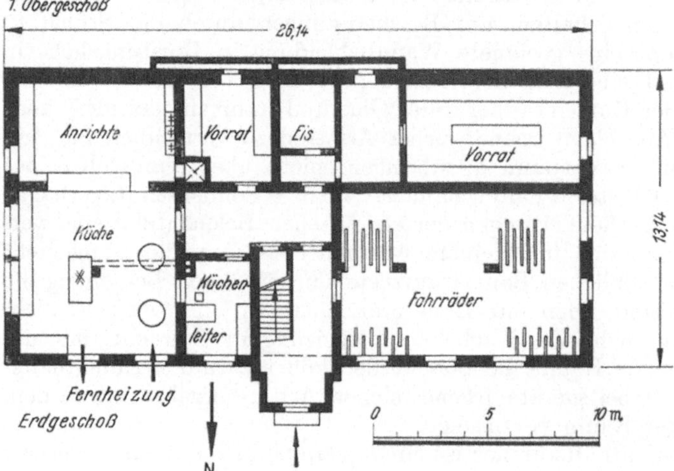

Abb. 255. Erdgeschoß.

Abb. 252 bis 255. Aufenthaltsgebäude in Regensburg.

Die *Schrank- und Umkleideräume* liegen in der Regel neben den Waschräumen.
Sie erhalten Kleiderschränke aus Stahlblech, Holz oder Zementasbest. Diese sind
je Einheit mindestens 35 cm breit, 50 cm tief und 1,85 m hoch in ein- oder mehr-
teiliger Ausführung und erhalten unten und oben Entlüftungsschlitze. Wenn mit

Abb. 256. Ausbesserungswerk Neumünster. Waschraum.

Veränderungen nicht zu rechnen ist, werden am besten feste Schrankreihen
eingebaut. Diese können dann mit einer angebauten, durchlaufenden Bank versehen werden, oder zwischen den Schrankreihen werden doppelseitige Bänke
aufgestellt, die etwa 85 cm Abstand von den Schränken haben. In die Umkleide-

Abb. 257. Aufenthaltsraum in Augsburg.

räume gehören außerdem Papierkörbe und Spiegel mit Ablegebord. Für den
Fußboden werden Fliesen, Terrazzo, Hartasphalt- oder Asphaltverbundplatten
verwendet. Die Wände erhalten abwaschbaren Anstrich, die Decke Leimfarben-
anstrich.

Kleidertrockenräume sind neben den Schrankräumen anzuordnen, wenn es
die Arbeitsverhältnisse erfordern. Sie werden stark beheizt, aus ihnen kann die
feuchte Luft abgesaugt und bei großen Anlagen trockene Luft eingedrückt werden.
Bei kleineren Verhältnissen werden möglichst mehrere gegenüberliegende Fenster
angeordnet. Eckräume sind dazu gegebenenfalls geeignet. In derartigen Räumen

wird eine Kleideraufhängevorrichtung aus Röhren mit unlöslich angehängten, verschiebbaren Kleiderbügeln eingebaut. Die weitere Einrichtung besteht aus einem Gestell zum Trocknen der Schuhe, einem Putzplatz zum Reinigen der Kleidungsstücke und einem Ablegeschrank für Putzzeug.

Das Bedürfnis nach bahneigenen *Speise- und Erfrischungsanstalten* tritt hauptsächlich auf Bahnhöfen mit zahlreicher Belegschaft und Werkstattbetrieben auf, wo die Bediensteten regelmäßig zu längerem Aufenthalt außerhalb ihrer Häuslichkeit genötigt sind. Wenn es nicht möglich ist, für die Verpflegung der Bediensteten die Bahnhofswirtschaft unter Verwendung eines besonderen Raumes derselben heranzuziehen, so ist eine für sich stehende Speiseanstalt einzurichten, zu der außer dem Speisesaal ein Raum zum Anwärmen und Warmstellen von mitgebrachten Speisen, der meist mit dampfgeheizten Wärmschränken ausgerüstet ist, eine Küche mit Speisenausgabe und den nötigen Nebenräumen sowie die Wohnung des Wirtschaftsleiters gehören. Zuweilen werden auch besondere Räume für Lehrlinge, Werkmeister usw. abgeteilt. Die Größe der Speiseräume richtet sich nach der Zahl der Bediensteten je Dienstschicht, die von diesen Räumen Gebrauch machen, wobei als Platzbedarf für eine Person etwa 1 m² anzunehmen ist. Die Größe der Küche und ihrer Nebenräume wird dadurch bedingt, in welchem Maße Speisen für die Belegschaft angeboten werden müssen, was, abgesehen von der Zahl der Bediensteten, auch von örtlichen Gewohnheiten bestimmt wird.

C. Übernachtungsgebäude (Abb. 258 bis 261).

1. Zweck, Lage, Bauweise.

Wenn Zug- oder Lokomotivpersonal durchgehende Züge auf der ganzen Strecke oder ihren größeren Teilen begleiten müssen, ergibt sich das Bedürfnis, für diese Bediensteten an den Endpunkten der Begleitstrecken Räume zu schaffen, in denen sie schlafen und, durch ausreichende Ruhe gestärkt, Züge in der Gegenrichtung bis zu ihrem Heimatort begleiten können. Der Dienstplan läßt diese Ruhezeit nicht immer mit der Nachtzeit zusammenfallen. Diese Übernachtungsräume werden vor allem auf größeren Bahnhöfen in eigenen Gebäuden mit allen für die Erholung notwendigen Einrichtungen vereinigt.

Die Lage und Bauweise der Übernachtungsgebäude muß vor allem so gewählt werden, daß die Bediensteten darin wirklich Ruhe finden und daß diese nicht durch Geräusche, Kälte oder Hitze beeinträchtigt wird. Da den Zug- und Lokbediensteten nach Beendigung ihrer Fahrzeit mit ihrem Gepäck, insbesondere bei schlechtem Wetter oder bei Dunkelheit, kein weiter Weg mehr zugemutet werden sollte, kann nur ein möglichst bahneigener Bauplatz in der Nähe der von den Bediensteten begleiteten Züge oder Lokomotiven in Frage kommen. Er sollte aber eine freie, ruhige Lage am Rande der eigentlichen Bahnanlagen und vor allem in genügender Entfernung von Verschiebegleisen haben, so daß die Nachtruhe nicht durch das geräuschvolle Zusammensetzen der Züge gestört wird. Die Lage muß ferner möglichst so gewählt werden, daß die Bediensteten das Gebäude erreichen können, ohne Gleise zu überschreiten. Erforderlichenfalls sind die Gleise zu überbrücken. Es muß Wert darauf gelegt werden, daß die Gebäude außen und innen einen freundlichen, sauberen Eindruck machen. Wesentlich kann dabei mithelfen, daß sie von Bäumen und Grünanlagen umgeben sind und in landesüblicher Bauweise errichtet werden. Bei kleineren Gebäuden ist deshalb die Ausführung in Fachwerk nicht ausgeschlossen. Im allgemeinen wird sich jedoch die Ausführung in Massivbau als Putz- oder Ziegelrohbau mit Ziegel- oder Schieferdach empfehlen. Im Inneren werden helle Anstriche nach passender Farbengebung wesentlich zu einem freundlichen Gesamteindruck beitragen können.

2. Größe.

Die Größe der Übernachtungsgebäude wird hauptsächlich durch die Anzahl der erforderlichen Betten bestimmt. Bei deren Ermittlung ist davon auszugehen, daß zwischen je zwei Benutzungen desselben Bettes durch verschiedene Bedienstete mindestens vier Stunden Pause liegen, um Bett und Raum gut lüften zu können. Auf Erweiterungsfähigkeit der Gebäude ist Bedacht zu nehmen. Auch empfiehlt sich die Anordnung eines Steildaches, damit der Dachboden bei Bedarf zu Aushilfsschlafräumen ausgebaut werden kann.

Für Lokomotivbedienstete sind in der Regel Zimmer mit zwei Betten vorzusehen, also für je eine Mannschaft, bestehend aus Lokomotivführer und Heizer. Ebenso sind dem Zugführer und dem Packmeister oder, wenn ein solcher nicht vorhanden ist, dem ältesten Zugschaffner als Mannschaft ein eigenes Zimmer

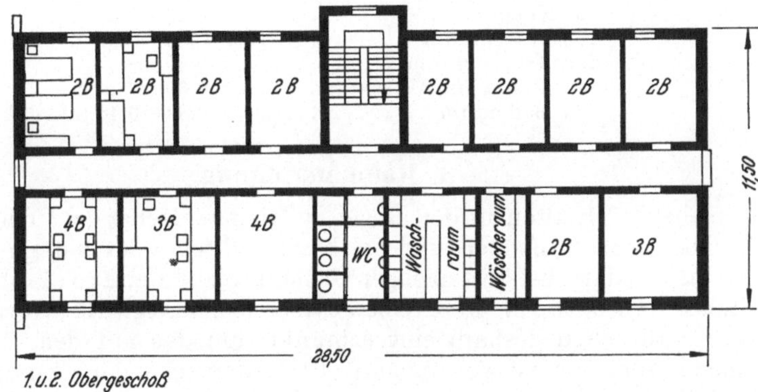

Abb. 258. 1. und 2. Obergeschoß.

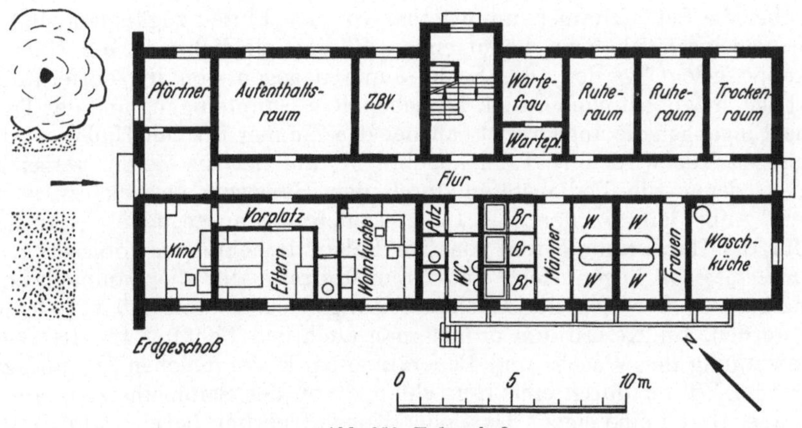

Abb. 259. Erdgeschoß.

Abb. 258 und 259. Übernachtungsgebäude in Regensburg.

zuzuweisen. Für die übrigen Wagenmannschaften sind die Schlafräume so einzurichten, daß eine Zugmannschaft stets für sich in einem Schlafraum untergebracht wird. Dies ist notwendig, weil bei Unterbringung mehrerer Mannschaften oder einer größeren Bettenzahl in einem Zimmer die Schlafenden bei dem fortwährenden Kommen und Gehen anderer Bediensteter gestört werden würden und ihre Ruhezeit nicht richtig ausnutzen können. Schlafräume mit nur einem Bett sind unwirtschaftlich und deshalb zu vermeiden. Für jedes Bett sind ungefähr 6 bis 8 m² Grundfläche und etwa 15 bis 20 m³ Luftraum bei einer Stockwerkhöhe von mindestens 2,80 m anzustreben. Im allgemeinen wird es zweckmäßig sein, die Tiefe der Schlafzimmer zu 5 m und ihre lichte Höhe zu 3 m anzunehmen. Bei 6 m² Grundfläche für 1 Bett ergeben sich dann Zweibettzimmer von 12 m² Grundfläche und 2,4 m Breite. Es ist erwünscht, daß die Betten in der Längsrichtung der Zimmer hintereinander aufgestellt werden. Werden Betten nebeneinandergestellt, so soll zwischen ihnen ein Mindestabstand von 1 m sein.

In den Übernachtungsgebäuden sind möglichst ein gemeinschaftlicher Waschraum, ein kleiner Aufenthaltsraum, ein kleiner Kochraum und Aborte in jedem Geschoß vorzusehen. Außerdem sind für die Bediensteten ein Trockenraum, ein Raum für Wäsche und ein Baderaum erforderlich.

Die Größen dieser Nebenräume sind so zu bemessen, daß an Grundfläche für das Bett entfallen für

den Aufenthaltsraum . . . . . . 0,60 m²
die Küche . . . . 0,30—0,60 m²
den Waschraum . . . . 0,30—0,40 m²
den Trockenraum . . . . 0,50 m²
den Raum für Wäsche . . . . 0,30 m² und
den Baderaum . . . . 0,30—0,40 m².

3. Raumanordnung.

Die Gebäude erhalten in der Regel außer dem Keller und dem Erdgeschoß nur ein Obergeschoß. Jedoch sind bei beschränktem oder teurem Bauplatz, bei großem Raumbedarf, bei kostspieliger Gründung und wenn es die städtebaulichen Verhältnisse bedingen, mehrere Obergeschosse zulässig. Die Anzahl der Obergeschosse wird schon deshalb eingeschränkt, um das mit dem Treppensteigen verbundene Geräusch zu vermindern. Bei entsprechender Grundrißanordnung und Bauweise bestehen aber keine wesentlichen Bedenken gegen die Anordnung mehrerer Obergeschosse.

Bei der Grundrißbildung ist davon auszugehen, daß sämtliche Räume, mindestens aber die Schlafzimmer, unmittelbar von den Fluren zugänglich sind und daß alle gemeinschaftlich zu benutzenden Räume möglichst in die Nähe der Haupttreppe gelegt werden, die Schlafräume dagegen von ihr entfernter, in ruhiger Lage, möglichst nach Osten. Zwischen dem Haupteingang und der Treppe wird eine Eingangshalle angeordnet, an der das Zimmer für den Hauswart liegt. Neben dessen Tür wird eine Tafel angebracht, auf der die Zeiten verzeichnet werden, zu denen die Bediensteten durch den Hauswart geweckt zu werden wünschen. Außerdem werden mit Innenbeleuchtung ausgestatteten Aushangkästen für die Hausordnung und sonstige Bekanntmachungen vorgesehen.

Im *Kellergeschoß* liegen Heiz- und Brennstoffraum für die Sammelheizung. Der Heizraum muß wegen der Rücklaufleitungen etwa 1 bis 1,5 m tiefer eingesenkt werden. Im Kesselraum ordnet man auch den Behälter für die Warmwasserversorgung der Wasch- und Baderäume sowie der Küchen an, und zwar so, daß er im Winter durch eine Heizschlange von der Sammelheizung aus, im Sommer aber durch eine eigene Gas- oder Kohlenfeuerung beheizt wird. Zweckmäßig sieht man neben dem Heizraum eine kleine Werkstätte für den Heizer vor. Heiz- und Brennstoffraum erhalten einen besonderen Zugang von außen, damit Asche und Brennstoffe leicht heraus- und hereingebracht werden können. Schlackenaufzug ist für tiefliegende Keller nicht zu entbehren. Weiter liegt im Kellergeschoß ein Wirtschaftskeller für den Hauswart. Ist das Geschoß hell, trocken und gut zu lüften, so können in ihm auch Wäsche, Möbel usw. aufbewahrt und die Waschküche mit Rollkammer untergebracht werden, wenn nicht vorgezogen wird, diese im Dachgeschoß anzuordnen.

Die Badeanlagen liegen in der Regel im Keller, wenn nötig unter Tieferlegung seiner Sohle, um die für die Brausebäder etwa notwendige etwas größere Höhe zu gewinnen. Brausebäder verdienen in Übernachtungsgebäuden im allgemeinen den Vorzug vor Wannenbädern, weil es sich hier meist mehr um eine Erfrischung, als um eine gründliche Reinigung handeln wird.

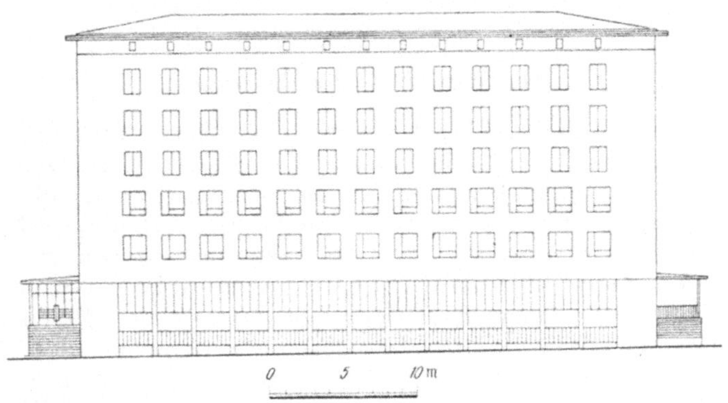

Abb. 260. Ansicht.

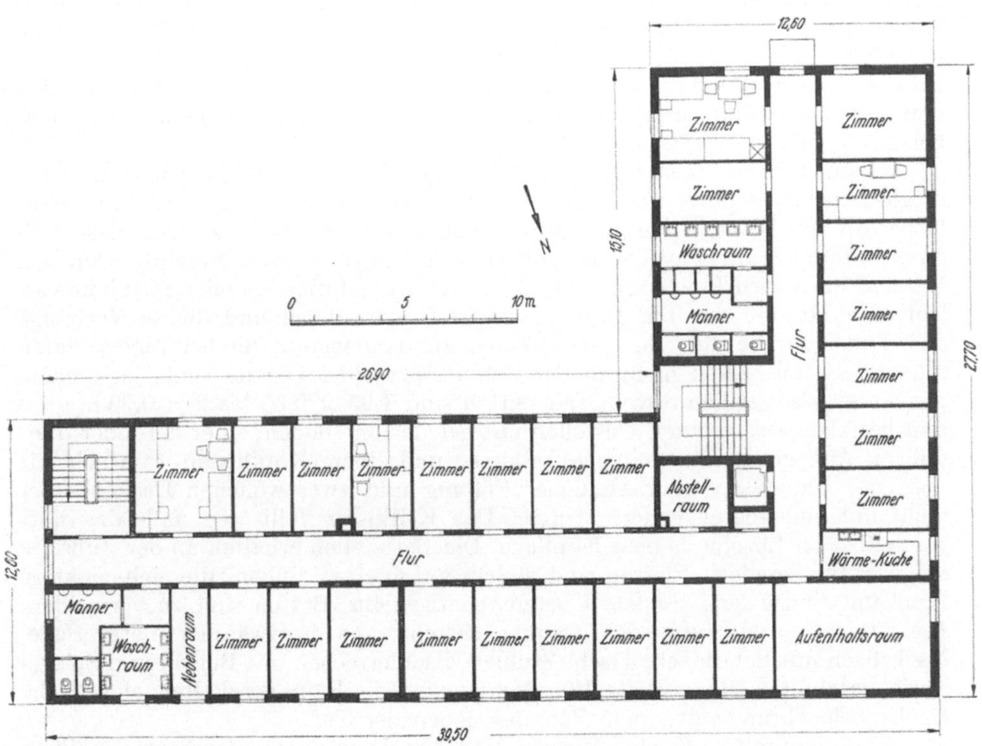

Abb. 261. Obergeschoß.
Übernachtungsgebäude in München.

Im *Erdgeschoß* liegt der Dienstraum des Hauswarts, und daran anschließend, an einem besonderen Eingang, dessen Wohnung.

Nur der Dienstraum des Hauswarts steht mit den übrigen Räumen in Verbindung. In der Nähe des Haupteingangs wird auch ein Trockenraum und der Raum für die Wäsche vorgesehen. Neben der Treppe liegen die gemeinschaftlich

zu benutzenden Räume, wie Aufenthalts-, Koch- und Waschraum sowie die
Aborte. Der verbleibende Raum wird durch die Schlafräume eingenommen.

In den *Obergeschossen* liegen die gemeinschaftlich zu benutzenden Räume
wie im Erdgeschoß, neben der Treppe, während die weiteren Räume als Schlafräume dienen.

4. Bauliche Einzelheiten.

Die Treppenhäuser, die recht hell belichtet sein sollen, werden zweckmäßigerweise in der Mitte des Gebäudes angelegt, um die Wege abzukürzen. Glaswände
mit Pendeltüren zur Abdämpfung der Geräusche bilden den Abschluß nach den
Fluren. Aus dem gleichen Grunde werden die Treppenstufen mit schalldämpfen-
dem Linoleum oder Gummi belegt. Die Stufenkanten bestehen zweckmäßig aus
Gummi. Die stets feuersicher auszuführenden Treppen erhalten Stufen mit einem
Steigungsverhältnis 16 : 32 cm. Die in der Regel massiv auszuführenden Decken
müssen schalldämpfend wirken. Die Flure werden aus Gründen der Wirtschaftlichkeit meist zweibündig sein. Auf ihre gute Belichtung von den Kopfseiten her oder
durch Stichflure muß deshalb Wert gelegt werden, weil es sich nicht empfiehlt,
Türen zu verglasen und Fenster in den Innenwänden vorzusehen. Die Flurbreite
sollte deshalb bei zweibündigen Anlagen nicht zu gering (etwa 2 bis 2,20 m)
sein, während bei einbündigen Fluren 1,50 m Breite genügt. Die Türen öffnen
sich nicht nach dem Flur, sondern nach dem Zimmer, weil sie im Flur den Verkehr behindern, während im Zimmer der Verkehrsraum doch frei gehalten werden
muß. Auch die Flure erhalten zweckmäßig einen schalldämpfenden Fußbodenbelag.

In den *Übernachtungsräumen* werden die Wände nicht tapeziert, sondern
möglichst glatt geputzt und hell abwaschbar gestrichen, die Decken mit Leimfarbe. An den Wänden werden breite Sockelleisten zum Schutz gegen Beschädigungen durch Stühle angebracht. Auf Holzbalkendecken wird Holzfußboden, auf
Massivdecken wird Linoleum, aufgeklebter Hartholzfußboden oder Steinholz verlegt. Die Fenster erhalten Lüftungsklappen oder -flügel und dichte Vorhänge
oder Läden zur Verdunkelung des Raumes für Bedienstete, die bei Tage schlafen
müssen. Betten sollen nicht in der Zugluft zwischen Fenster und Tür stehen,
am besten also seitlich davon. Die Betten sind 1,95 $\times$ 0,85 bis 2 $\times$ 0,90 m groß
und bestehen aus eisernen Gestellen mit gefedertem Boden, einer ein- oder drei-
teiligen Auflegematratze, einem Keilkissen und einem Kopfkissen, sämtlich mit
Seegras-, Indiafaser- oder ähnlicher Füllung und zwei wollenen Decken, aber
nicht mit einlegbarer Federmatratze. Das Keilkissen fällt weg, falls das Bett
verstellbar ist für eine höhere Kopflage. Die Bettstellen erhalten an der Fußseite
keine Stäbe, sondern Platten und stehen auf breiten Füßen, die sich nicht in
Linoleum eindrücken können. Übereinandergestellte Betten sind zu vermeiden.
Die übrige Ausstattung der Räume besteht aus Bettwäsche, Bettvorlage,
Nachttisch mit Schubfach, Tisch, Stühlen, Kleiderrechen mit Bügeln und Spiegel
sowie gerahmten Bildern als Wandschmuck. Die Räume erhalten elektrische
Deckenbeleuchtung mit einem Schalter neben der Tür.

Die Aufenthalts-, Koch-, Wasch- und Trockenräume entsprechen in ihrer
Ausstattung denen in den Aufenthaltsgebäuden.

5. Heizung und Lüftung.

Nur in kleinsten Anlagen kommt Beheizung mit Einzelöfen in Betracht. Meist
wird eine Sammelheizung eingebaut, die auch die Wärme für Trockenräume und
die Warmwasserversorgung für Waschräume und Bäder liefert. Aus gesundheitlichen Gründen und wegen der einfachen Bedienung eignet sich am besten für

solche Tag und Nacht belegten Gebäude die Niederdruckwarmwasserheizung,
zumal ununterbrochener Betrieb nötig ist und die Gefahr des Einfrierens nicht
in Frage kommt. Bei der Berechnung ist als Wärmebedarf zu fordern: 20° C für
Aufenthalts- und Übernachtungsräume, 25° C für Bade- und Waschräume, 30° C
für Trockenräume und 15° C für Flure und Treppenhäuser. Die Heizkörper werden
zweckmäßig in Fensternischen, und zwar nicht auf Füßen, sondern auf Stützeisen
an der Wand befestigt, damit der Fußboden unter ihnen gut gereinigt werden
kann. Zur leichteren Sauberhaltung und besseren Wärmeabgabe werden die
Heizkörper nicht verkleidet, die Wandflächen hinter ihnen wohl aber gefliest.
Für die Lüftung können Oberlichtflügel oder Entlüftungsklappen aus Glas oder
kleinformatige metallgerahmte Flügel im Rahmen der Fensterflügel verwendet
werden. Gegebenenfalls sind einfache Lüftungseinrichtungen derart vorzusehen,
daß frische Luft durch Öffnungen in den Fensterpfeilern einströmt und die ver-
brauchte Luft durch in den Flurwänden vorzusehende Abzugsrohre entweichen
kann. Diese Rohre erhalten einen Querschnitt von 14×20 cm und werden etwa
30 cm über Dach geführt. Die Öffnungen in den Fensterwänden müssen leicht
gehandhabt und dicht abgeschlossen werden können, um eine zu große Abkühlung
im Winter zu vermeiden.

D. Bäder und Aborte.

Bäder und Aborte für Eisenbahnbedienstete kommen sowohl in den Auf-
enthalts- und Übernachtungsgebäuden als auch in anderen Dienstgebäuden und
als besondere Bauten vor. Sie sollen deshalb hier für sich behandelt werden.
Insbesondere in kleineren Orten mit großer Eisenbahnbelegschaft, wo aber öffentliche Badeanstalten fehlen, werden die Badeanlagen für Einsenbahnbedienstete
gegen geringes Entgelt auch von deren Familienangehörigen mitbenutzt. Auf
diese Mitbenutzung ist bei der Ausgestaltung Rücksicht zu nehmen.

1. Bäder.

Die Zellen für *Wannenbäder* erhalten 1,80 bis 2 m Breite bei mindestens 2 m
Tiefe. Der starken Beanspruchung ist am besten eine Wandbekleidung mit
glasierten Fliesen oder Badeanstaltsteinen gewachsen und deshalb auf die Dauer
am wirtschaftlichsten. Die Trennwände können in Rabitz mit beiderseitiger
Fliesenbekleidung zwischen Stahlrahmen hergestellt oder aus beiderseits glasierten Badezellensteinen mit Rundstahleinlage gemauert werden. Der Übergang
zum Fußboden wird mit Hohlkehlsteinen gebildet. Der Fußboden besteht am
besten aus Fliesen oder Terrazzo und erhält unter der Wanne einen Ablauf,
in den auch das Badewasser einlaufen kann. Die Wanne besteht aus Gußeisen,
ist innen weiß emailliert und hat eine Größe von etwa $0,77 \times 1,72 \times 0,60$ m.
Sie kann frei aufgestellt oder außen mit Fliesen bekleidet werden. Im letzteren
Falle müssen der Geruchverschluß und Wasserablauf zugänglich bleiben. Zur
Wanne gehört eine Mischbatterie für Kalt- und Warmwasser in Verbindung mit
fest eingebauter Brause oder Handschlauchbrause. In der Wand neben der Wanne
wird eine keramische Seifenschale eingemauert. Die Zelle ist ferner in einfacher,
aber zweckentsprechender Weise mit einem etwa $1\,\text{m}^2$ großen Holzrost (aus
Eichenlatten mit Messingschrauben), einer Bank, einem Spiegel mit Wandbrett,
mehreren kräftigen Kleiderhaken, einem Stiefelknecht und einer Kokosmatte
auszustatten.

Die Zellen für *Brausebäder* sollen 1,20 m breit und 2 m lang sein. Der Ankleideraum ist durch eine Schutzwand von etwa halber Zellenbreite vom Brauseraum

abzutrennen. Der Fußboden im Brauseraum ist 5 cm tiefer zu legen als im Ankleideraum. Die Vertiefung kann auch als fertige Mulde aus Steinzeug oder emailliertem Gußeisen mit Innenabmessungen von etwa 80 × 80 cm eingebaut werden. Der Ablauf erhält einen herausnehmbaren Überlaufstutzen, damit sich Wasser zum Füßewaschen in der Vertiefung sammeln kann. Ein Fußtritt in etwa 30 cm Höhe an der Zellenwand ist nützlich. Der Ankleideraum wird in ähnlicher Weise ausgestattet wie in den Wannenbädern. Auch die Wände können wie bei den Wannenbädern ausgebildet werden. Damit der Flur ausreichendes Licht erhält, empfiehlt es sich jedoch, die Flur- und Trennwände nicht über 2 bis 2,20 m hoch auszuführen und sie auf 15 cm hohe Stützen zu stellen, was gleichzeitig die Reinigung erleichtert. Die Trennwände können bei Brausezellen auch aus undurchsichtigem Drahtglas, Zementasbestplatten od. dgl. in Winkeleisenrahmen hergestellt werden. Nur in Ausnahmefällen kommen statt Einzelzellen Massenbrausen in Frage. Hierbei ist die Wassermulde so anzulegen, daß das Schmutzwasser unter einem Holzrost rasch abfließt. Der Abstand der einzelnen Brausen untereinander muß etwa 1 m betragen. Der Umkleideraum ist in unmittelbarer Nähe anzuordnen. Der Fußboden im Brause- und Umkleideraum ist im Gefälle zu verlegen, damit keine Wasserpfützen entstehen. Bade- und Duschräume dürfen keinen unmittelbaren Ausgang ins Freie haben. Vielmehr ist ein Vor- und Warteraum anzuordnen, gegebenenfalls auch ein Raum für den Wärter. Bei einer größeren Belegschaft rechnet man auf je 20 Mann eine Brause, in Schmutzbetrieben auf je 15 Mann, bei Jugendlichen auf je 10 Mann. Dazu sind, je nach Bedarf und den örtlichen Verhältnissen, auch einige Wannenbäder vorzusehen.

2. Aborte.

Abortanlagen sind stets durch gut lüftbare Vorräume, von den übrigen Räumen getrennt, anzuordnen. Für je 20 männliche oder 15 weibliche Personen rechnet man einen Abort, außerdem für je 20 männliche Personen einen Pißstand. Die Abortzellen werden im Lichten mindestens 0,80 m breit und 1,20 m lang, wenn die Tür nach außen aufgeht, und 1,50 m lang, wenn diese nach innen schlägt. Die Klosettbecken bestehen aus Hartsteingut mit eingelassenen Hartholzsitzbacken. Die Spülung geschieht bei weniger als 2 atü Wasserdruck durch Spülkasten, bei höherem Druck mittels Druckspüler. Die entsprechende lichte Rohrweite ist vorgeschrieben. Die Aborträume müssen gut entlüftet und reichlich belichtet werden. Wo keine Wasserspülung möglich ist, sind in den Trockenklosetts gleichfalls Hartsteingutbecken ohne Geruchverschluß, jedoch mit tief in die Grube geführtem Fallrohr zu verwenden. Die Trockenklosetts sind mit Wasserkannen und Abortbürsten auszustatten. In allen Zellen sind Papierbehälter und Kleiderhaken anzubringen.

Die Pißstände sind etwa 70 cm breit, die Pißwände mindestens 1,50 m hoch herzustellen. Etwa 0,80 m hohe Schamwände sind gegebenenfalls in 50 cm Höhe über dem Fußboden anzubringen. Sie sollen 8 cm von der Wand abstehen und etwa 50 cm vorspringen. Die Pißwände werden aus säurefesten Platten hergestellt, erhalten für jeden Stand einen Spritzkopf für die selbsttätige Sammelwasserspülung. Unten ist eine breite Pißrinne mit starkem Gefälle vorzusehen. Wo Wasserspülung nicht möglich ist, haben sich Torfitanlagen gut bewährt. Sie müssen jedoch ausschließlich mit Torfitöl unterhalten werden.

Der Fußboden besteht in Aborträumen zweckmäßig aus Tonfliesen oder Terrazzo. Er muß nach der Pißrinne hin gut im Gefälle verlegt werden. Die Räume erhalten Wasseranschlüsse zum Ausspritzen und Reinigen der Aborte und Pißstände. Im Vorraum zu den Aborten sind Handwaschbecken und Spiegel anzubringen.

E. Ledigenheime.

Ledigenheime werden gelegentlich in der Nähe von abgelegenen Güter- und Verschiebebahnhöfen sowie von Eisenbahnausbesserungswerken errichtet und an solchen Orten, wo infolge deren schnellen Entwicklung starker Wohnungsmangel eintritt. Sie binden wohnlich einen Stamm ausgebildeter Leute an die Nähe ihrer Arbeitsstätte. Ledigenheime sind ähnlich wie die Übernachtungsgebäude einzurichten. Sie werden von einem Hausverwalter bewirtschaftet, für den deshalb eine abgeschlossene Wohnung vorzusehen ist. Wenn nicht eine Werkspeiseanstalt in der Nähe liegt, werden die Ledigenheime mit einem Speisesaal und den nötigen Küchen und Wirtschaftsräumen verbunden.

Abb. 262. Waisenhort Lindenberg. Ansicht.

F. Erholungsheime, Heilstätten, Waisenhorte (Abb. 262 bis 266).

Die soziale Fürsorge der Eisenbahnverwaltung erschöpft sich nicht in Einrichtungen, die der Wohlfahrt ihrer Bediensteten während des Dienstes dienen. Auf die Fürsorge für die wohnliche Unterbringung wurde in der Einleitung bereits hingewiesen. Weitere Einrichtungen dienen der Gesundheitspflege und der Fürsorge für verwaiste Kinder von Eisenbahnbediensteten. Manche davon sind mit Unterstützung durch die Verwaltung auf genossenschaftlicher Grundlage geschaffen worden. Sie werden heute meist vom Eisenbahnsozialwerk betreut. Andere, wie die Heilstätten, sind aus Mitteln der Betriebskrankenkassen, die Waisenheime aus den Mitteln des Eisenbahnwaisenhorts errichtet.

Die Erholungsheime liegen in landschaftlich schöner und gesunder Lage. Sie sollen insbesondere minderbemittelten Bediensteten die Möglichkeit bieten, sich mit ihrer Familie in gesunder Luft von den Anstrengungen des Dienstes zu erholen. Sie haben die Einrichtungen mittlerer und größerer Gasthäuser in Kur- und Badeorten.

14*

Heilstätten dienen der Wiederherstellung der Gesundheit erkrankter Eisenbahnbediensteter, ihrer Frauen und Kinder. Sie sollen ebenfalls in besonders
gesunder, ruhiger und landschaftlich schöner Lage errichtet werden. Ihre Ein-

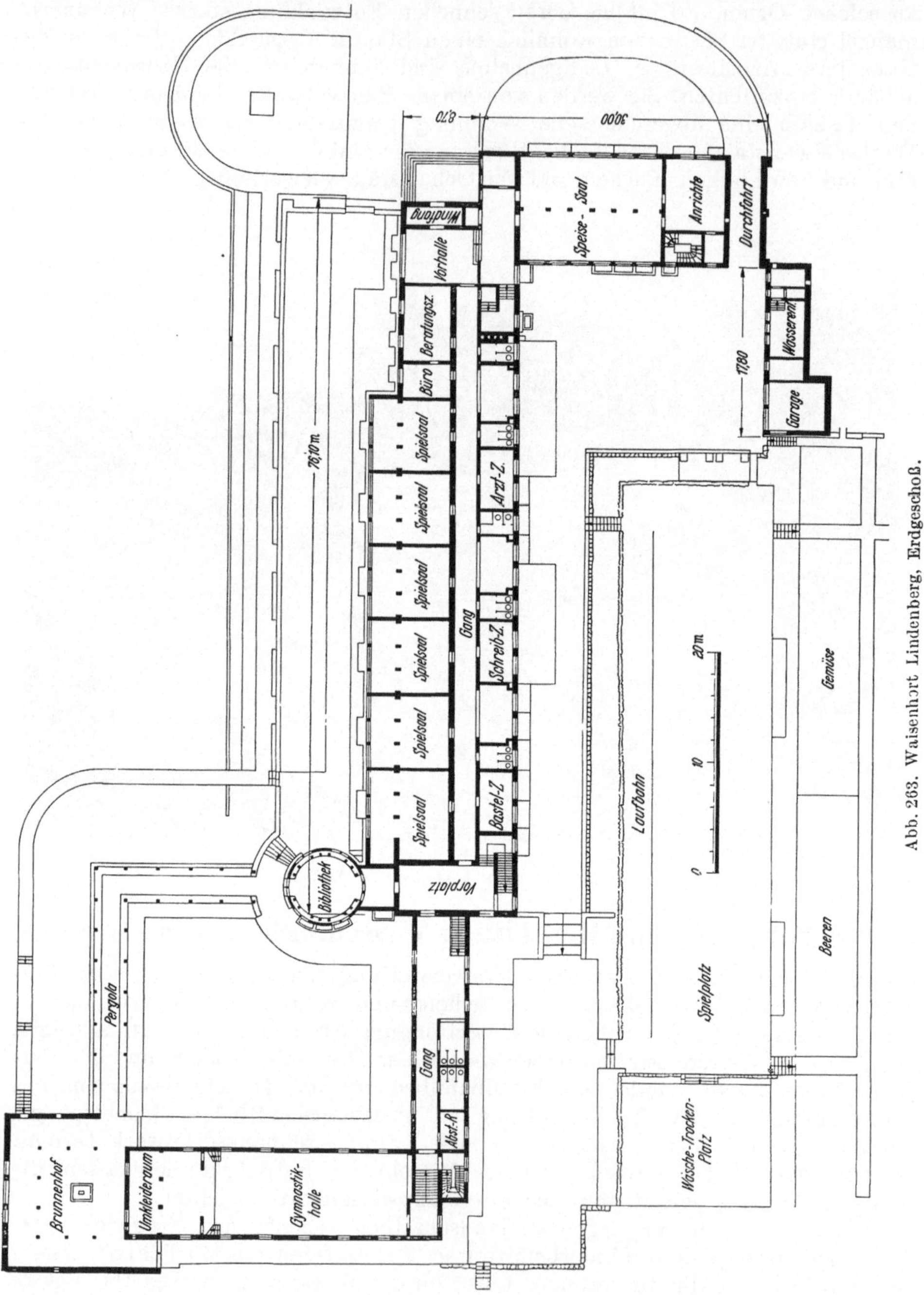

Abb. 263. Waisenhort Lindenberg, Erdgeschoß.

richtungen entsprechen denen von Kuranstalten und Krankenhäusern für Lungen-
und andere Kranke. Sie sind deshalb z. T. mit Röntgen- und Operationsräumen,
Heilbädern, Liegehallen usw. ausgestattet.

Abb. 264. Ansicht.

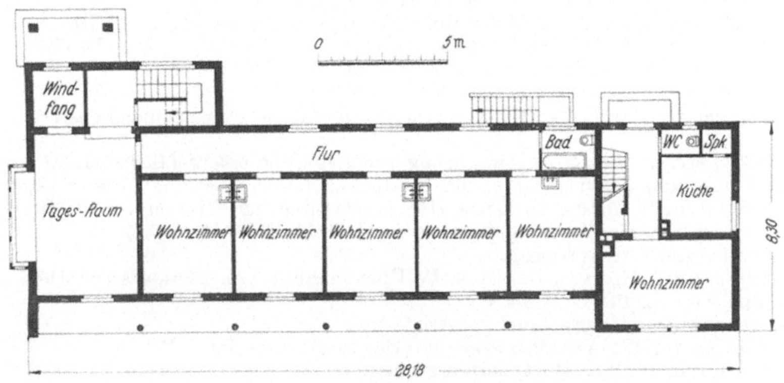

Abb. 265. Grundriß.
Abb. 264 und 265. Lungenheilstätte Melsungen. Schwesternhaus.

Abb. 266. Waisenhort Lindenberg. Eingang.

Waisenheime dienen der Fürsorge und Erziehung von verwaisten Kindern verstorbener Eisenbahnbediensteter. Auch für sie ist eine gesunde und freundliche Umgebung erforderlich. Der Schulbesuch muß von ihnen aus leicht möglich sein.

Auf die bauliche Einrichtung dieser Anlagen im einzelnen näher einzugehen, verbietet der Zweck und der Umfang dieses Buches. Es muß deshalb auf die jeweils in Frage kommende neuere Literatur über Gasthäuser, Hotels, Kuranstalten, Krankenhäuser, Schulen, Internate u. dgl. verwiesen werden.

Verzeichnis von Vorschriften und Bestimmungen der Deutschen Bundesbahn für den Hochbau.

DV	Bezeichnung
300	Eisenbahnbau- und Betriebsordnung.
427	Richtlinien für das Entwerfen von Bahnhofs- und Sicherungsanlagen.
	Teil I Entwerfen von Bahnhofsanlagen
	Teil II noch nicht erschienen.
	(Richtlinien für das Entwerfen von Stellwerkgebäuden)
815	Vorläufige Bestimmungen für Holztragewerke.
824	Anweisung für Mörtel und Beton (A M B).
827	Technische Vorschriften für Stahlbauwerke (T V St).
835	Vorläufige Anweisung für Abdichtung von Ingenieurbauwerken (A I B).
840	Richtlinien für die bauliche Ausbildung von Verschiebebahnhöfen (Ri Vbf).
868	Richtlinien über Ausführung und Anordnung von Turmuhren.
	(Turmuhrrichtlinien).
902	Richtlinien für das Entwerfen von Anlagen des Betriebsmaschinendienstes.
1–4	
936	Dienstvorschrift für die Aufbewahrung und Lagerung feuergefährlicher, sprenggefährlicher und zum Zerknall neigender Stoffe und den Verkehr mit diesen Stoffen.
937	Dienstvorschrift für die zulässige Höchstbelastung der Decken von Stofflagern.
130	Richtlinien für die Wohnungsfürsorge der DB mit Erläuterungen.
123	Wohnungsvorschrift (Wovo)
964	Dienstvorschrift für den Bau und die Überwachung von Bahnwasserwerken und für die Speisewasserpflege (Bawa DV).
987	Bauvorschriften für Entseuchungsanstalten.
165	Richtlinien für die Verkehrswerbung (Eigenwerbung) der DB.
167	Dienstvorschrift über Wirtschaftswerbung.
170	Dienstvorschrift für die Verpachtung der Nebenbetriebe.
	Grundsätze und Grundrißmuster für die Aufstellung von Entwürfen zu Stationsgebäuden sowie Grundsätze und Bestimmungen für das Entwerfen und den Bau von Lokomotiv- und Güterschuppen. Eisenbahn-Verordnungsblatt Nr. 32 vom 23. 6. 1901 — Nr. 66.
	Technische Vorschriften des Vereins deutscher Eisenbahnverwaltungen.
	Merkblätter für den Entwurf von Betriebs- und Verkehrsanlagen.
	Blatt 1: Güterhallen
	Blatt 2: Güterabfertigungsgebäude.
	Merkblätter für Fahrzeugbehandlungs- und maschinelle Anlagen.
	Richtlinien für das Entwerfen von Übernachtungs-, Aufenthalts-, Umkleide-, Warte- und Baderäumen sowie Abortanlagen für Bedienstete. (HVB Verfg 49 Hgü 1 vom 31. 10. 1949.)
	Vorläufige Richtlinien für Fußbodenbeläge auf Massivdecken. Schreiben des EZA MÜNCHEN 1610 Haw vom 10. 8. 1950.
	Merkblatt für Holzschutz (HVB Verfg 49. 491 Ha 166 vom 6. 5. 1949).
	Baulicher Schallschutz im Hochbau. Schreiben des EZA München 1614 Haw von Febr. 1951.
	Wiegehäuschen für Gleiswaagen. EZA Minden 2704 Mvmg (94) v. 10. 6. 1950.

Literaturverzeichnis.

1. BLUM, O., SCHIMPFF und SCHMIDT: Städtebau (Handbibliothek für Bauingenieure II. Teil 1. Bd.) Berlin: Springer 1921.
2. BLUM, O.: Personen- und Güterbahnhöfe (Handbibliothek für Bauingenieure II. Teil 5. Bd.) Berlin: Springer 1930.
3. CAUER, W.: Personenbahnhöfe. 2. Aufl. Berlin: Springer 1926.
4. CORNELIUS, C.: Eisenbahnhochbauten (Handbibliothek für Bauingenieure II. Teil 6. Bd.) Berlin: Springer 1921.
5. GROESCHEL: Bahnhofshochbauten. 2. Aufl. (Eisenbahntechnik der Gegenwart 2. Bd. 3. Abschnitt II. Teil) Berlin: Springer 1914.
6. — Hütte, Des Ingenieurs Taschenbuch Bd. III. 1951.
7. KÜHNE: Erhaltungswirtschaft. 1933.
8. NEUFERT: Bauentwurfslehre. 1944.
9. ODER: Die Bahnhofsanlagen und Eisenbahnhochbauten (Das deutsche Eisenbahnwesen der Gegenwart Bd. 1 Kap. IV). 1911.
10. — Allgemeine Anordnung der Empfangsgebäude und Bahnsteige. Handbuch der Ingenieurwissenschaften. V. Teil, 4. Bd., 2. Abt., VIII. Kap., II. Abschn. 1914.
11. RADDE: Technische Anlagen der Eisenbahnbetriebswerke. 1947.
12. RÖLL: Enzyklopädie des Eisenbahnwesens. 1913.
13. RÖTTCHER: Empfangsgebäude der Deutschen Reichsbahn. 1933.
14. RÜDELL: Neuere Eisenbahnhochbauten. Zbl. Bauverw. 1902, S. 590; 1903, S. 289, 400 u. 502; 1904, S. 357 u. 405; 1905, S. 573; 1906, S. 619 u. 632; 1909, S. 418, 420 u. 437.
15. SCHMIDT: Empfangsgebäude der Bahnhöfe und Bahnsteigüberdachungen. Handbuch der Architektur IV. Teil, 2. Halbbd., 4. Heft. 1911.
16. BRADEMANN: Wasmuths Lexikon der Baukunst. 1929 bis 1932.
    Stichwörter: Bahnanlagen, Eisenbahnhochbauten, Empfangsgebäude, Güterschuppen, Lokomotivschuppen, Stellwerke, Elektr. Bahnen, Kraftwerke, Umformergebäude.